Ralf und Elke Korn

Optionsbewertung und Portfolio-Optimierung

Ralf und Elke Korn

Optionsbewertung und Portfolio-Optimierung

Moderne Methoden der Finanzmathematik

2., verbesserte Auflage

STUDIUM

Bibliografische Information der Deutschen Nationalbibliothek
Die Deutsche Nationalbibliothek verzeichnet diese Publikation in der Deutschen Nationalbibliografie; detaillierte bibliografische Daten sind im Internet über <http://dnb.d-nb.de> abrufbar.

Prof. Dr. Ralf Korn
Dipl.-Math. Elke Korn
Fachbereich Mathematik
Universität Kaiserslautern
67653 Kaiserslautern

E-Mail (Ralf Korn): korn@mathematik.uni-kl.de

1. Auflage 1999
2., verbesserte Auflage 2001
Nachdruck 2009

Lektorat: Ulrike Schmickler-Hirzebruch | Nastassja Vanselow

Vieweg+Teubner ist Teil der Fachverlagsgruppe Springer Science+Business Media.
www.viewegteubner.de

Umschlaggestaltung: KünkelLopka Medienentwicklung, Heidelberg
Gedruckt auf säurefreiem und chlorfrei gebleichtem Papier.

ISBN-13: 978-3-528-16982-4 e-ISBN-13: 978-3-322-83210-8
DOI: 10.1007/ 978-3-322-83210-8

Vorwort

Es gibt wohl nur wenige Dinge im täglichen Leben, die in der landläufigen Meinung so als Synonym für Unsicherheit angesehen werden wie Aktienkurse. Niemand ist in der Lage, ihren genauen zukünftigen Wert vorherzusagen, da er von vielen Faktoren bestimmt wird, die auf nicht exakt vorhersehbaren Ereignissen (wie z.B. allgemeine Wirtschaftslage, politische Ereignisse, firmenspezifische Einflüsse, Käufer-/Verkäuferverhalten, ...) basieren. Es ist daher naheliegend, Finanzmärkte, in denen Aktien (und andere Wertpapiere) gehandelt werden, durch stochastische Modelle zu beschreiben.

Die Geschichte dieser stochastische Modellierung hatte ihren Anfang in der Dissertation von L. Bachelier (1900). Das wahrhaft bahnbrechende Ergebnis der modernen Finanzmathematik war hingegen die gut siebzig Jahre später entwickelte Black-Scholes-Formel zur Bewertung europäischer Optionen (siehe Black und Scholes (1973)). Sie brachte die Theorie der zeitstetigen Modelle für Finanzmärkte um einen wesentlichen Schritt weiter. Vor allem bewährte sich die Formel so gut in der Praxis, dass der Handel mit Optionen regelrecht aufblühte. Dieser große Erfolg in Theorie und Praxis wurde dokumentiert durch die Verleihung des Nobelpreises an Merton und Scholes 1997. In der Folge entstanden und entstehen an den Finanzmärkten immer weitere, neue und zum Teil in der Vertragsausgestaltung komplexe Derivate. Für die quantitative Bewertung vieler solcher neuartiger Derivate ist eine fundierte Kenntnis des mathematischen Modells und des mathematischen Handwerkszeugs, das der Black-Scholes-Formel zugrunde liegt, insbesondere des Itô-Kalküls, nötig. Nur das verstärkte Vordringen des Itô-Kalküls in die Finanzmathematik gegen Ende der siebziger Jahre hat überhaupt erst die große Entwicklung des organisierten Handels mit Derivaten ermöglicht und ihm viel an Risiko genommen. Dem wird auch von den Finanzhäusern Rechnung getragen, indem verstärkt Mathematiker, Physiker und Wirtschaftsmathematiker mit entsprechenden Kenntnissen eingestellt und teils aus dem Ausland rekrutiert werden.

Ein Ziel unseres Buches ist eine schnelle **und** gründliche Einführung in den Itô-Kalkül, die genau auf die Anwendungen in der Finanzmathematik zugeschnitten ist und insbesondere auf für die Anwendung nicht benötigte Allgemeinheit verzichtet.

Des weiteren wird in unserem Buch in die Methodik der Optionsbewertung nach dem Duplikationsansatz eingeführt. Dies ist der in Theorie und Praxis akzeptierte Ansatz, der auf dem Prinzip basiert, dass der Preis einer Option gerade dem Geldbetrag entspricht, der benötigt wird, um die sich aus dem Besitz einer Option ergebenden Zahlungen, durch Verfolgen einer Handelsstrategie in Aktien und Bargeld synthetisch erzeugen zu können.

Gerade in den letzten Jahren tauchten am Markt immer wieder neue Optionstypen, sogenannte "exotische Optionen" auf. Anhand zahlreicher Beispiele stellen wir verschiedene Wege vor, Preise für solche Optionen zu finden. Es wird gezeigt, wie man die Methoden aus den vorhergehenden Kapiteln anwenden kann, wie man mit Hilfe einfacher logischer Überlegungen Preisgrenzen festsetzen kann und wie man mit Hilfe numerischer Methoden, näherungsweise Preise für Optionen bestimmen kann, für die keine Preisformel bekannt ist. Dies gibt dem Financial Engineer in der Bank die Möglichkeit, Verfahren zu implementieren, mit deren Hilfe er auch neue, bisher nicht am Markt bekannte Produkte bewerten kann.

Schließlich ist auch die Bestimmung optimaler Investmentstrategien eine zentrale Fragestellung in der modernen Finanzmathematik. Auf diesem Gebiet ist die Anwendung des Itô-Kalküls bei weitem noch nicht so weit in der Praxis verbreitet, wie bei der Optionsbewertung. Die Darstellung dieser modernen Portfoliotheorie innerhalb unseres Buches kann eventuell eine Startfunktion für ihre Verbreitung in der Praxis haben.

Auch wenn die Basis unseres Buchs eindeutig in der Stochastik liegt, so wollen wir doch ausdrücklich auf die mathematische Breite der „neuen" Finanzmathematik hinweisen. Man wird beim Lesen des Buchs feststellen, dass sowohl Anwendungen aus dem Bereich der partiellen Differentialgleichungen, der Optimierung, der Numerik und auch der Funktionalanalysis eine wichtige Rolle spielen.

Benötigte Vorkenntnisse

Zum Verständnis des größten Teils des Buchs genügt ein Grundkurs in Wahrscheinlichkeitstheorie, da fast alle darüber hinaus gehenden Hilfsmittel hier entwickelt werden. Zwar sind Kenntnisse aus der Theorie stochastischer Prozesse wünschenswert, unbedingt notwendig ist aber lediglich die Kenntnis des bedingten Erwartungswerts und seiner Haupteigenschaften.

Nicht nötig sind weitreichende Vorkenntnisse im Gebiet der Finanzwirtschaft. Die für das Verständnis der mathematischen Modelle benötigten wirtschaftlichen Zusammenhänge werden jeweils kurz erläutert. Weitere Hintergründe zum Handel mit Optionen erfährt man z.B. aus den Büchern von Hull (1993) oder Jarrow und Turnbull (1996).

Inhalt und Konzept

Bis auf eine kurze Einführung in den Erwartungswert-Varianz-Ansatz nach Markowitz konzentrieren wir uns in diesem Buch auf die Darstellung sogenannter zeitstetiger Modelle. Da es unser Ziel ist, eine gründliche Einführung in die mathematischen Methoden der zeitstetigen Finanzmathematik zu geben, wollen wir auch die benötigten mathematischen Hilfsmittel entwickeln und nicht nur bereit stellen. Hierbei besteht unser Konzept darin, diese Hilfsmittel (wie z.B. stochastische Integration, Maßwechsel, stochastische Steuerung, ...) immer dort zu entwickeln, wo sie zum ersten Mal in der Finanzmathematik angewendet werden. Hierdurch soll eine strikte Trennung von Anwendung und mathematischem Hilfsmittel vermieden werden. Umgekehrt soll das Buch aber keine bloße Sammlung mathematischer Resultate beinhalten, die dann in der Finanzmathematik angewendet werden. Deshalb werden die wesentlichen Hilfsmittel immer in eigenständigen Exkursen zusamengefasst. Des weiteren sind diese Exkurse kompakt gehalten und beinhalten meist nur die tatsächlich in der Anwendung benötigten theoretischen Resultate. Dies hat den Vorteil, dass es möglich ist, den Großteil des Stoffs innerhalb einer 4-stündigen Vorlesung zu präsentieren. Um diese Vorgabe zu verwirklichen haben wir uns an einigen wesentlichen Stellen beschränkt. Wir verzichten auf die Darstellung der stochastischen Integration bezüglich einem beliebigen stetigen Semi-Martingal und schränken uns statt dessen auf die Klasse der Itô-Prozesse als Integratoren ein. Für die Anwendung stellt dies keine wesentliche Einschränkung dar, für die Theorie ermöglicht es aber die Darstellung des Stoffs **ohne** Verwendung der Doob-Meyer-Zerlegung. Ihre Darstellung hätte sowohl den Umfang als auch den Schwierigkeitsgrad des Buchs erheblich erhöht.

Je nach Vorkenntnis und Interesse gibt es verschiedene sinnvolle Möglichkeiten, dieses Buch zu lesen. Die von uns empfohlene ist, der Reihenfolge des Buchs zu folgen. Allerdings ist es auch möglich, die Optionskapitel III und IV zu überspringen und nach Kapitel II sofort die Portfolio-Optimierung in Kapitel V zu lesen. Eine eher konventionelle Vorgehensweise bestünde in der „Abarbeitung“ aller Exkurse und anschließendem Lesen der finanzmathematischen Anwendungen.

Einzelne Rechnungen und Anwendungen wurden von uns nicht (im Detail) durchgeführt und sind statt dessen als Übungsaufgaben vorhanden. Wir empfehlen dem Leser unbedingt zumindest einige dieser Aufgaben zu lösen.

Da ein Einführungsbuch wie das hier vorliegende bei moderatem Seitenumfang lediglich einen ersten Eindruck eines Gebiets der Mathematik vermitteln kann, wollen wir hier noch einige weiterführende Quellen angeben. So sei für weiterführende Darstellungen der stochastischen Integration auf Karatzas und Shreve (1991), Øksendal (1992), Revuz und Yor (1991), Rogers und Williams (1987) oder von Weizsäcker und Winkler (1990) verwiesen. Neuere Entwicklungen der Portfolio-Optimierung sind in Korn (1997) zu finden, während Karatzas und Shreve (1998) sowohl weiterführende Aspekte zur Optionsbewertung als auch zur Portfolio-Optimierung und zu Marktgleichgewichten beinhaltet.

Macht Mathematik reich ?

Diese Frage muß man sich als Autoren eines Buchs über Optionsbewertung und Portfolio-Optimierung sicherlich gefallen lassen. So wie Geld allein nicht glücklich macht, macht auch Finanzmathematik allein nicht reich. Das beste mathematische Modell ist nutzlos, wenn die von ihm benötigten Parameter nicht einigermaßen genau angegeben werden. Hier wird das Wissen der Händler und Ökonomen um interne Sachverhalte nach wie vor eine große Rolle spielen. Auch nutzt ein gutes mathematisches Modell nichts, wenn es falsch angewendet wird. Unter diesem Gesichtspunkt muss man auch die neuerlichen Milliardenverluste mancher Anlagefonds sehen. Hier hat man fahrlässig stark risikobehaftete Wertpapiere als sichere Anlage eingestuft und ist ein viel zu hohes Risiko eingegangen. Der Hauptnutzen der von uns vorgestellten mathematischen Werkzeuge besteht sicher in der korrekten Bewertung zufälliger Zahlungen (wie z.B. Optionen) und der optimalen Kombination vorhandener Information (wie z.B. der Portfolio-Optimierung bei bekannten Marktkoeffizienten). Mathematik kann das Marktrisiko nicht vollständig ausschalten, aber ein gutes Hilfsmittel sein, um es zu beschränken und zu beurteilen.

Danke

An dieser Stelle möchten wir allen, die an der Entstehung dieses Buchs beteiligt waren, ganz herzlich danken. Das Buch ist aus Vorlesungen des ersten Autors an den Fachbereichen für Mathematik der Johannes Gutenberg-Universität Mainz und der Technischen Universität München hervorgegangen. Insbesondere die in München gehaltene Vorlesung spiegelt sich im Inhalt des Buch in wesentlichen Zügen wieder. Professor Claudia Klüppelberg gebührt unser erster Dank für die Initiierung des gesamten Buchprojekts und ihre Unterstützung während seiner Durchführung. Nicht zuletzt haben wir ihr den Kontakt zum Vieweg Verlag zu verdanken. Wir möchten hier auch all unseren Lehrern für die gute Ausbildung danken, insbesondere den Professoren Wolfgang J. Bühler, Heinrich Mülthei, Claus Schneider und Hans-Jürgen Schuh. Dr. Milan Borkovec hat durch viele

Diskussionen zum Stoff und die Betreuung der Übungen zur in München gehaltenen Vorlesung einen wesentlichen Teil zu unserem Buch beigetragen. Frau Ulrike Schmickler-Hirzebruch und dem gesamten Vieweg Verlag danken wir für die angenehme Zusammenarbeit und das uns entgegengebrachte Vertrauen. Nicht zuletzt aber wollen wir uns bei unserem Sohn Uwe für sein großes Verständnis bedanken, das er für unsere oft knapp bemessene Zeit während der Entstehung des Buchs aufbrachte.

Hallgarten, im Januar 1999 *Ralf Korn, Elke Korn*

Ergänzung zur zweiten Auflage

Wir haben uns sehr über das große Interesse an der ersten Auflage unseres Buchs gefreut. Insbesondere möchten wir uns ganz herzlich bei all denen bedanken, die uns auf Fehler aufmerksam gemacht haben, namentlich bei Dr. M. Borkovec, Dr. M. Helm, Dipl. Math. Dipl. Kfm. H. Kraft, Dipl. Math. M. Krekel, Dr. O. Schein, Dr. G. Schlüchtermann, Dipl. Math. J. Sutor, und Dipl. Math. T. Volz.

Stelzenberg, im August 2001 *Ralf Korn, Elke Korn*

Inhaltsverzeichnis

Abkürzungs- und Symbolverzeichnis

Abkürzungen

bzgl.	bezüglich
bzw.	beziehungsweise
d.h.	das heißt
i.i.d.	unabhängig und identisch verteilt
oBdA	ohne Beschränkung der Annahme
u.a.	unter anderem
usw.	und so weiter
vgl.	vergleiche
z.B.	zum Beispiel
min	minimiere
max	maximiere
inf	Infimum
sup	Supremum
NB	unter der/den Nebenbedingung/en

Symbole

N	natürliche Zahlen
Z	ganze Zahlen
R	reelle Zahlen
$\varnothing$	leere Menge
$exp(x)$	$=e^x$
$C([0,1])$	Raum der stetigen Funktionen auf $[0,1]$
C^1	Raum der einmal stetig differenzierbaren Funktionen
C^2	Raum der zweimal stetig differenzierbaren Funktionen

$C^{1,2}$	Raum der stetigen Funktionen, die nach der ersten Komponente stetig differenzierbar sind und nach der zweiten Komponente zweimal stetig differenzierbar sind
$f_t(t,x), f_x(t,x)$	partielle Ableitungen
a^+	$max\{a,0\}$
a^-	$max\{-a,0\}$
$x \wedge y$	$min\{x,y\}$
$B(U)$	Borel-σ-Algebra über U (die kleinste σ-Algebra, die alle offenen Teilmengen des topologischen Raums U umfasst)
$\sigma(G)$	kleinste σ-Algebra, die alle Mengen des Mengensystems G umfasst
$\sigma(X)$	kleinste σ-Algebra, für die die Zufallsvariable X messbar ist
δO	Rand der Menge O
$\overline{O}$	Abschluss der Menge O, d.h. $\overline{O} = O \cup \delta O$
$N(0,1)$	Standard-Normalverteilung
$N(\mu, \sigma^2)$	Normalverteilung mit Erwartungswert μ und Varianz σ^2
$\sim$	verteilt wie
$A := B$	A wird durch B definiert
x'	Transponierte des Vektors x
$\underline{1}$	$=(1,1,...,1)'$
$E(X)$	Erwartungswert der Zufallsvariable X
$Var(X)$	Varianz der Zufallsvariable X
$Cov(X)$	Kovarianz der Zufallsvariable X
$E(X \mid F)$	bedingter Erwartungswert der Zufallsvariable X bzgl. der σ-Algebra F
$\langle X \rangle$	quadratische Variation des Itô-Prozesses X
$\langle X, Y \rangle$	quadratische Kovariation der Itô-Prozesse X und Y

Kapitel I: Der Erwartungswert-Varianz-Ansatz im Ein-Perioden-Modell

Bevor wir uns mit den zeitstetigen Marktmodellen beschäftigen, wollen wir hier als Einführung ein einfaches Ein-Perioden-Modell betrachten. Der mathematische Startpunkt der Theorie der Portfolio-Optimierung war 1952 die Arbeit von H. Markowitz (1952) über den Erwartungswert-Varianz-Ansatz zur Beurteilung von Investmentstrategien an Wertpapiermärkten. Aufgrund seiner Einfachheit und Plausibilität wurde er schnell sehr populär in Theorie und Praxis und wird auch heute noch häufig angewendet. Verdientermaßen erhielt Markowitz 1990 zusammen mit zwei anderen Wissenschaftlern den Nobelpreis für Wirtschaftswissenschaften. Allerdings liegen in der Einfachheit des Erwartungswert-Varianz-Ansatzes auch erhebliche Nachteile, was später zwangsläufig zur Betrachtung zeitstetiger Modelle führte (siehe z.B. Merton (1969)). Das zugrunde liegende Modell ist ein sogenanntes Ein-Perioden-Modell, d.h. es werden zu Beginn der Periode Entscheidungen über Investmentstrategien getroffen, die hieraus folgenden Konsequenzen werden dann am Ende der Periode beobachtet, und dazwischen findet kein Eingriff in den Markt statt. Man nennt solche Modelle auch statische Modelle, weil nach dem Festlegen der Strategie nicht mehr gehandelt wird.

Beschreibung des Ein-Perioden-Modells

Am Markt werden d verschiedene Wertpapiere mit Preisen $p_1, p_2, \ldots, p_d > 0$ zum Anfangszeitpunkt $t=0$ gehandelt. Die Wertpapierpreise $P_1(T), P_2(T), \ldots, P_d(T)$ zum Endzeitpunkt $t=T$ sind nicht vorhersehbar und werden deshalb als nichtnegative Zufallsvariablen auf einem Wahrscheinlichkeitsraum (Ω, F, P) modelliert. Im folgenden werden die sogenannten **Renditen der Wertpapiere**

$$R_i(T) := \frac{P_i(T)}{p_i}, \qquad i=1,\ldots, d,$$

betrachtet, von denen wir annehmen, dass wir ihre Erwartungswerte, Varianzen und Kovarianzen

$$E\big(R_i(T)\big) = \mu_i \qquad \text{für } i=1,\ldots, d$$

$$Cov\left(R_i(T), R_j(T)\right) = \sigma_{ij} \qquad \text{für } i,j=1,\ldots, d\,.$$

kennen. Es sei jede beliebige Stückelung der Wertpapiere zulässig, man kann also $\varphi_i \in \mathbf{R}$ Anteile vom i-ten Wertpapier erwerben. Negative Anteile entsprechen sogenannten Wertpapierleerverkäufen (siehe auch Abschnitt II.2), die wir aber im Folgenden ausschließen wollen, um die Möglichkeit eines negativen Endvermögens zu vermeiden. Wir verlangen also $\varphi_i \geq 0$. Außerdem gebe es auf diesem Markt keine Transaktionskosten, anders als in Wirklichkeit sollen beim Kauf oder Verkauf von Wertpapieren keine zusätzlichen Kosten anfallen.

Bemerkung

Die Matrix $\sigma := (\sigma_{ij})_{i,j\in\{1,\ldots,d\}}$ ist als Varianz-Kovarianz-Matrix positiv semidefinit !

Definition 1

Ein Investor mit Anfangsvermögen $x>0$ halte $\varphi_i \geq 0$ Anteile vom i-ten Wertpapier, i=1,..., d, mit

$$\sum_{i=1}^{d} \varphi_i \cdot p_i \;=\; x \qquad \textbf{"Budgetgleichung"}.$$

Dann ist der **Portfoliovektor** $\pi=(\pi_1,\ldots,\pi_d)$ definiert durch

$$\pi_i := \frac{\varphi_i \cdot p_i}{x}, \qquad i=1,\ldots, d$$

und

$$R^\pi := \sum_{i=1}^{d} p_i \cdot R_i(T)$$

heißt die zugehörige **Portfolio-Rendite**.

Bemerkungen

a) Die Komponenten des Portfoliovektors geben an, welche Anteile am Gesamtvermögen in die einzelnen Wertpapiere investiert werden. Insbesondere gilt

$$\sum_{i=1}^{d} \pi_i = \frac{\sum_{i=1}^{d} \varphi_i \cdot p_i}{x} = \frac{x}{x} = 1\,.$$

b) Ist $X^\pi(T)$ das zum Anfangsvermögen x und zum Portfoliovektor π gehörende Endvermögen

$$X^\pi(T)=\sum_{i=1}^{d}\varphi_i\cdot P_i(T),$$

so gilt

$$R^\pi=\sum_{i=1}^{d}\pi_i\cdot R_i(T)=\sum_{i=1}^{d}\frac{\varphi_i\cdot p_i}{x}\cdot\frac{P_i(T)}{p_i}=\frac{X^\pi(T)}{x},$$

was die Bezeichnung Portfolio-Rendite rechtfertigt.

c) Der Erwartungswert und die Varianz der Portfolio-Rendite lauten

$$E\left(R^\pi\right)=\sum_{i=1}^{d}\pi_i\cdot\mu_i\ ,$$

$$Var\left(R^\pi\right)=\sum_{i=1}^{d}\sum_{j=1}^{d}\pi_i\cdot\sigma_{ij}\cdot\pi_j\ .$$

Kriterien für die Auswahl eines Portfolios

Natürlich besteht bei der Auswahl eines Portfolios der Wunsch, eine möglichst hohe Rendite zu erzielen. Nimmt man nun den Erwartungswert der Portfolio-Rendite als Zielkriterium, so wird das in der Regel dazu führen, dass man das gesamte Vermögen in die Aktie mit der größten erwarteten Rendite investiert. Dies kann aber gerade eine sehr risikoreiche Aktie sein und als Folge ist der Ertrag sehr großen Schwankungen unterworfen. Man führt deshalb das Minimieren des Risikos als zweites Zielkriterium ein, wobei als Maß für das Risiko die Varianz der Portfolio-Rendite gewählt wird. Die Idee von Markowitz basiert nun darauf, entweder eine untere Schranke für den Erwartungswert der Rendite (**Minimal-Rendite**) zu fordern und dann den Portfoliovektor mit minimaler Varianz der Rendite auszuwählen oder aber eine obere Schranke für die Varianz der Portfolio-Rendite vorzugeben und unter den verbleibenden Portfoliovektoren den mit dem maximalen Erwartungswert auszuwählen. Wir stellen diese beiden Varianten des Erwartungswert-Varianz-Ansatzes nun explizit vor.

Problemstellungen im Erwartungswert-Varianz-Ansatz

a) Man stellt sich die Aufgabe, den Erwartungswert der Portfolio-Rendite $E(R^\pi)$ bei vorgegebener oberer Schranke c_1 für die Varianz $Var(R^\pi)$ zu maximieren.

$$\max_{\pi \in \mathbf{R}^d} E\left(R^\pi\right) \qquad \textbf{(EVP)}$$

$$NB \quad \pi_i \geq 0 \text{ für } i=1,\ldots,d, \ \sum_{i=1}^{d} \pi_i = 1, \ Var\left(R^\pi\right) \leq c_1$$

In Worten: Unter allen möglichen Portfolios $\pi \in R^d$ betrachtet man nur die, die die Nebenbedingungen erfüllen (das ist der sogenannte „zulässige Bereich"), also insbesondere unter der vorgegebenen Schranke für die Varianz liegen, und sucht dann das Portfolio, das die größte erwartete Rendite liefert.

b) Die zweite mögliche Formulierung führt zur Aufgabe, die Varianz der Portfolio-Rendite $Var(R^\pi)$ bei vorgebenen Mindesterwartungswert $E(R^\pi) \geq c_2$ zu minimieren.

$$\min_{\pi \in \mathbf{R}^d} Var\left(R^\pi\right) \qquad \textbf{(VEP)}$$

$$NB \quad \pi_i \geq 0 \text{ für } i=1,\ldots,d, \ \sum_{i=1}^{d} \pi_i = 1, \ E\left(R^\pi\right) \geq c_2$$

In Worten: Unter allen möglichen Portfolios $\pi \in R^d$ betrachtet man nur die, die die Nebenbedingungen erfüllen, also insbesondere im Mittel eine Mindestrendite liefern, und sucht dann das Portfolio, das die kleinste Varianz hat.

Lösungsmethoden

a) **(EVP)** ist ein lineares Optimierungsproblem mit einer zusätzlichen quadratischen Nebenbedingung. Für solche Probleme gibt es keine speziellen Standard-Algorithmen. Man kann die Aufgabe mit allgemeinen Methoden der nichtlinearen Optimierung angehen, was allerdings oft zu aufwendigen Algorithmen führt.

b) **(VEP)** ist ein quadratisches Optimierungsproblem mit positiv semidefiniter Zielfunktionsmatrix, nämlich σ. Die Aufgabe lässt sich effizient mit Standard-Algorithmen der gewöhnlichen Optimierung lösen, z.B. Algorithmus von Goldfarb und Idnani (1983) oder Algorithmus von Gill und Murray (1978). Der zulässige Bereich des Optimierungsproblems ist genau dann nicht-leer, d.h. es gibt genau dann mindestens ein π, das die Nebenbedingungen erfüllt, wenn

$$c_2 \leq \max_{1 \leq i \leq d} \mu_i .$$

Falls die Matrix σ sogar positiv definit und der zulässige Bereich nicht-leer ist, besitzt das Problem eine eindeutige Lösung. Dies gilt auch dann, wenn z.B. das erste Wertpapier risikolos ist (d.h. der Preis des ersten Wertpapiers $P_1(T)$ ist nicht zufällig) und die zu den restlichen Wertpapieren gehörende Varianz-Kovarianz-Matrix positiv definit ist.

Zwischen den beiden Problemen (EVP) und (VEP) besteht eine Äquivalenz im folgenden Sinne, die durch Anwendung von Standard-Ergebnissen aus der Theorie der nicht-linearen Optimierung gezeigt werden kann (siehe Korn (1997), S.8):

Satz 2

Gegeben seien die Probleme (EVP) und (VEP). Die Matrix σ sei positiv definit. Die Konstanten c_1, c_2 mögen die nachstehenden Bedingungen erfüllen:

$$c_* := \min_{1\le i\le d} \mu_i\ ,\quad c^* := \max_{1\le j\le d} \mu_i\ ,\quad c_* < c_2 < c^*$$

$$\min_{\pi\ge 0,\pi'\underline{1}=1} \sigma^2(\pi) \le c_1 \le \max_{\pi\ge 0,\pi'\underline{1}=1} \sigma^2(\pi) \quad \text{mit } \underline{1} := (1,\dots,1)' \in \mathbf{R}^d.$$

Dann gilt:

a) Löst π^* das Problem (VEP) mit $E\left(R^{\pi^*}\right) = \sum_{i=1}^{d} \pi_i^* \mu_i = c_2$,

so löst π^* auch das Problem (EVP) mit $c_1 := Var\left(R^{\pi^*}\right)$.

b) Löst $\hat{\pi}$ das Problem (EVP) mit $Var\left(R^{\hat{\pi}}\right) = \sum_{i=1}^{d}\sum_{j=1}^{d} \hat{\pi}_i \cdot \hat{\pi}_j \cdot \sigma_{ij} = c_1$,

so löst $\hat{\pi}$ auch das Problem (VEP) mit $c_2 := E\left(R^{\hat{\pi}}\right)$.

Bemerkung

Aus dieser Äquivalenzbeziehung kann man nun ein Iterationsverfahren zur Lösung von (EVP) konstruieren (siehe Korn (1997), S.8), auf das wir hier aber nicht näher eingehen wollen.

Beispiel zum Diversifikationseffekt

Um die varianzreduzierende Wirkung der Verteilung des Kapitals in verschiedene Aktien zu verdeutlichen, geben wir das folgende einfache Beispiel. Wir betrachten den Spezialfall $d=2$, also nur zwei verschiedene Wertpapiere. Die Varianz der Rendite der beiden Aktien sei positiv (also σ_{11}, $\sigma_{22}>0$), d.h. insbesondere, dass der Preis der Aktien zufällig schwankt. Die Preise dieser Wertpapiere sollen aber voneinander unabhängig sein. Daraus folgt $\sigma_{12}=\sigma_{21}=0$. Hier gilt für das Portfolio $\pi=(1/2,1/2)$:

$$Var\left(R^{\pi}\right)=Var\left(\tfrac{1}{2}\cdot R_1+\tfrac{1}{2}\cdot R_2\right)=\frac{\sigma_{11}}{4}+\frac{\sigma_{22}}{4}$$

Im Fall $\sigma_{11}=\sigma_{22}$ bedeutet dies, dass die Varianz des Portfolios (1/2,1/2) gerade gleich der Hälfte der Varianz der Strategien (1,0) oder (0,1) ist. Diese Reduktion der Varianz nennt man **Diversifikationseffekt**. Allgemein wird der Diversifikationseffekt umso größer, je größer *d*, die Anzahl der Wertpapiere, ist.

Ein einfaches Beispiel

Wir werden im folgenden einfachen Beispiel zeigen, dass unter dem Erwartungswert-Varianz-Kriterium auch die Investition in eine – vordergründig – schlechte Aktie optimal sein kann. Dazu betrachten wir ein Modell mit zwei Wertpapieren, deren Preise negativ korreliert sind, was in der Tendenz bedeutet, dass der eine Preis steigt, wenn der andere fällt. Wir veranschaulichen die Lösung dieses Problems auch graphisch.

Die Parameter der Wertpapiere seien:

$$\begin{aligned}&\mu_1=1 && \sigma_{11}=0.1\\ &\mu_2=0.9 && \sigma_{22}=0.15\\ &\sigma_{12}=\sigma_{21}=-0.1\end{aligned}$$

Das Problem lautet somit:

$$\min_{\pi}\ Var\left(R^{\pi}\right)=\min_{\pi}\ 0.1\cdot\pi_1^2+0.15\cdot\pi_2^2-0.2\cdot\pi_1\pi_2$$

$$NB\quad E\left(R^{\pi}\right)=1\cdot\pi_1+0.9\cdot\pi_2\geq 0.96$$

$$\pi_1+\pi_2=1,\quad \pi_i\geq 0\ ,\ i=1,2$$

Auf den ersten Blick würde man wohl nicht in das zweite Wertpapier investieren, seine erwartete Rendite ist schlechter als die des ersten Wertpapiers, und das Risiko von Kursschwankungen (gemessen in der Varianz der Rendite) ist bei diesem Wertpapier größer. Allerdings führt die Tatsache, dass die beiden Wertpapiere sich gegenseitig beeinflussen dazu, dass es sich tatsächlich lohnen kann, auch in das zweite Wertpapier zu investieren. Wir vergleichen zunächst die beiden Portfolios (1,0) und (1/2,1/2):

$$Var\left(R^{(1,0)}\right) = 0.1 \qquad E\left(R^{(1,0)}\right) = 1$$

$$Var\left(R^{\left(\frac{1}{2},\frac{1}{2}\right)}\right) = 0.0125 \qquad E\left(R^{\left(\frac{1}{2},\frac{1}{2}\right)}\right) = 0.95$$

Wir stellen fest, dass beim Portfolio (1/2,1/2) die Varianz deutlich geringer ist. Allerdings ist hier die Erwartungswert-Nebenbedingung verletzt. Wir suchen jetzt das Mimimum der Varianz unter allen zulässigen Portfolios ohne Beachtung der Erwartungswert-Nebenbedingung. Wegen $\pi_1+\pi_2=1$ lässt sich dieses Problem umschreiben zu:

$$min\ \left(0.1\cdot\pi_1^2 + 0.15\cdot(1-\pi_1)^2 - 0.2\cdot\pi_1(1-\pi_1)\right),\ \text{also}$$

$$min\ \left(0.15 + 0.45\cdot\pi_1^2 - 0.5\cdot\pi_1\right)$$

Wir erhalten in diesem Fall als minimales Portfolio

$$(\pi_1,\pi_2) = \left(\tfrac{5}{9},\tfrac{4}{9}\right)$$

mit Varianz und Erwartungswert

$$Var\left(R^{\left(\frac{5}{9},\frac{4}{9}\right)}\right) = 0.0\bar{1} \qquad E\left(R^{\left(\frac{5}{9},\frac{4}{9}\right)}\right) = 0.9\bar{5}.$$

Dies ist wieder nicht die Lösung unserer Aufgabe, da die Erwartungswert-Nebenbedingung verletzt ist, aber wir haben ein noch besseres Portfolio als (1/2,1/2) gefunden. Wir betrachten nun die beiden folgenden Schaubilder. Oberhalb der gestrichelten Linie in Bild I.1 liegen alle Paare (π_1, π_2), die die Erwartungswert-Nebenbedingung erfüllen. Der Schnitt dieses Bereichs mit der Geraden $\pi_1+\pi_2=1$ ergibt den zulässigen Bereich unseres Erwartungswert-Varianz-Problems, den wir als dicke Linie dargestellt haben. Die Parabel in Bild I.2 stellt die Varianz aller Paare, die $\pi_1+\pi_2=1$ erfüllen, als Funktion von π_1 dar. Ihr Minimum im zulässigen Bereich für π_1, so dass die Erwartungswert-Nebenbedingung erfüllt wird, nämlich [0.6,1], liegt offensichtlich in $\pi_1= 0.6$. Somit ergibt sich als optimale Lösung das Portfolio, das die Erwartungswert-Nebenbedingung genau erfüllt:

$$\left(\pi_1^*,\pi_2^*\right) = (0.6, 0.4)$$

$$Var\left(R^{\pi^*}\right) = 0.012,\ E\left(R^{\pi^*}\right) = 0.96$$

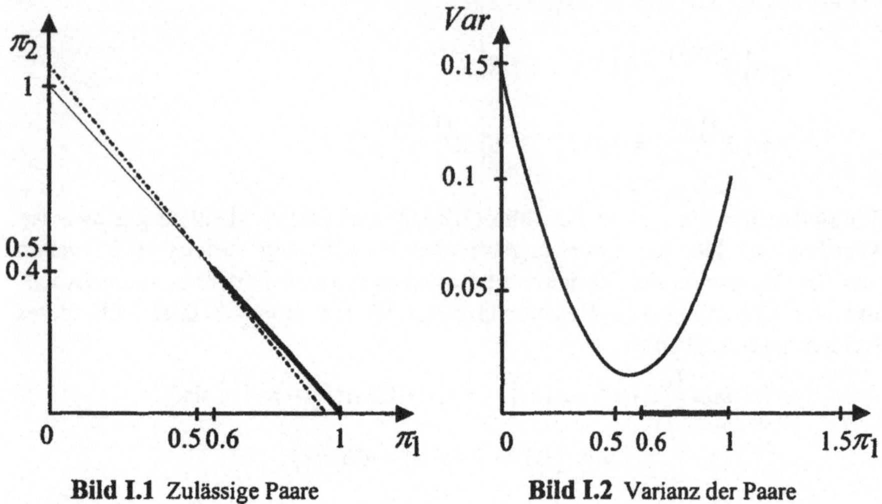

Bild I.1 Zulässige Paare

Bild I.2 Varianz der Paare

Bei diesem Portfolio hat man die Varianz (das "Schwankungs-Risiko") im Vergleich zum Portfolio (1,0) drastisch reduziert und erzielt trotzdem im Mittel eine zufriedenstellende Rendite.

Ein erstes Preismodell

Im bisher vorgestellten Ein-Perioden-Modell war eine explizite Verteilungsannahme für die Wertpapierrenditen bzw. für die Wertpapierpreise nicht nötig, da zur Lösung des Erwartungswert-Varianz-Problems nur die Erwartungswerte und Kovarianzen benötigt wurden. Man könnte deshalb jede Verteilung mit obigen Momenten für die Renditen wählen, die gewissen Minimalanforderungen genügt. So sollte sie auf den nicht-negativen reellen Zahlen konzentriert sein, da $P_i(T)$ als Preis nicht-negativ ist. In zeitdiskreten Marktmodellen (insbesondere auch in Mehrperioden-Modellen) weit verbreitet ist der sogenannte Binomialansatz (auch Cox-Ross-Rubinstein-Modell genannt, siehe Cox, Ross, Rubinstein (1979)).Im Ein-Perioden-Fall hat er die folgende Gestalt, wenn wir der Einfachheit halber nur das erste Wertpapier betrachten:

Zum Zeitpunkt $t=0$ hat das Wertpapier den Preis p_1, mit Wahrscheinlichkeit q verändert sich der Preis zum Zeitpunkt T um den Faktor u, mit Wahrscheinlichkeit $(1-q)$ um den Faktor d, wobei $d<u$ angenommen wird, d.h. es hat als mögliche Preise $u \cdot p_1$ oder $d \cdot p_1$ zum Endzeitpunkt. Damit gilt für den Erwartungswert und die Varianz der Rendite:

$$E\left(R_1(T)\right)=E\left(\frac{P_1(T)}{p_1}\right)=q\cdot\frac{u\cdot p_1}{p_1}+\left(1-q\right)\cdot\frac{d\cdot p_1}{p_1}=q\cdot u+\left(1-q\right)\cdot d$$

$$Var\left(R_1(T)\right)=Var\left(\frac{P_1(T)}{p_1}\right)=q\cdot u^2+\left(1-q\right)\cdot d^2-\left(q\cdot u+\left(1-q\right)\cdot d\right)^2$$

Man kann dieses Modell nun mit gleichen Parametern u, d, q über mehrere Perioden fortsetzen und erhält nach n Perioden einen Wertpapierpreis

$$P_1(n\cdot T)=p_1\cdot u^{X_n}\cdot d^{n-X_n}$$

bei dem die Anzahl der Aufwärtsbewegungen X_n binomial-verteilt ist mit Parametern n und q, also

$$X_n\sim B(n,q),$$

was die Bezeichnung Binomialmodell erklärt.

Im obigen Beispiel führt die Annahme $E(R_1(T))=\mu_1=1$, $Var(R_1(T))=\sigma_{11}=0.1$, bei Wahl von $q=1/2$ implizit zum Binomialansatz mit:

$$u=1+\sqrt{0.1}\,,\quad d=1-\sqrt{0.1}$$

In diesem Buch wollen wir nur im Rahmen der numerischen Berechnung von Optionspreisen (siehe Abschnitt IV.3) ausführlicher auf das Binomialmodell eingehen.

Beurteilung des Erwartungswert-Varianz-Ansatzes

Der Erwartungswert-Varianz-Ansatz ist leicht zu verstehen und einfach implementierbar. Dies erklärt seine große Beliebheit in der Praxis. Allerdings wird nur im Zeitpunkt T=0 gehandelt, es ist kein Reagieren auf die aktuellen Kursbewegungen möglich. Das Risiko einer Investition wird dabei nur über die Varianz erfaßt. Generell wird der Aktienkurs stark vereinfacht modelliert, es handelt sich hier um ein rein statisches Modell. Dieses Fehlen der zeitlichen Dynamik, sowohl in der Modellierung der Aktienkurse als auch in den vorgesehenen Handlungsmöglichkeiten, ist als der Hauptgrund für die Notwendigkeit der Entwicklung zeitstetiger Modelle anzusehen, zumal auch die Komplexität zeitdiskreter Mehrperiodenmodelle mit wachsender Periodenzahl schnell wächst und sich Optimierungsprobleme in ihnen auch mit schnellen Computern nicht mehr in angemessener Zeit lösen lassen.

Kapitel II: Das zeitstetige Marktmodell

II.1 Modellierung der Wertpapierpreise

Beschreibung des zeitstetigen Marktmodells

Wir betrachten einen Markt, auf dem d+1 Wertpapiere gehandelt werden. Darunter befinden sich d Aktien mit Preisen $p_1, p_2, ..., p_d$ zur Zeit $t=0$ und zufälligen Preisen $P_1(t), ..., P_d(t)$ zur Zeit t, sowie ein risikoloses Wertpapier, genannt „**Bond**", mit Preis p_0 zur Zeit $t=0$, und deterministischem Preis $P_0(t)$ sonst. Das risikolose Wertpapier wird in seiner Modellierung eher einem Sparguthaben als einem Bond entsprechen (siehe unten), es wird aus historischen Gründen weiterhin von uns als Bond bezeichnet. Wir betrachten den endlichen Handlungszeitraum $[0,T]$. In unserem Modell sei jede beliebige Stückelung der Wertpapiere zulässig und es gebe keine Transaktionskosten bei Kauf bzw. Verkauf der Wertpapiere. Anders als im Ein-Perioden-Modell sei es nun möglich, zu jedem beliebigen Zeitpunkt in $[0,T]$ zu handeln. Da uns diesmal nicht nur der Anfangs- und Endpreis der Wertpapiere interessiert, müssen wir uns näher mit den Preisverläufen beschäftigen, die wir im Folgenden möglichst realistisch modellieren wollen.

Der Bondpreis

Da wir den Preisverlauf des Bonds ähnlich dem eines typischen Sparguthaben modellieren wollen, betrachten wir uns zunächst die zeitliche Entwicklung einer Spareinlage genauer:
Bei einem Sparguthaben werden üblicherweise nach einem Jahr die Zinsen dem Guthaben zugeschlagen und dann erst im weiteren Verlauf mit ihm zusammen verzinst. In seinem ersten Jahr wächst solch ein Guthaben also linear an. Sei nun r die Zinsrate pro Zeiteinheit für eine Spareinlage der Größe K. Werden Zinsen nur im Zeitpunkt t=1 gezahlt, so wächst das Guthaben auf

$$K + r \cdot K = K \cdot (1+r) \quad \text{in } t=1$$

an. Werden bereits in $t=1/2$ die Zinsen in der Höhe $r/2$ dem Sparguthaben gutgeschrieben, so verzinsen sich diese auch in der Zeitspanne $[1/2,1]$. Mit der nächsten Zinszahlung ergibt sich somit ein Guthaben von

$$\left(K+\tfrac{r}{2}K\right)+\left(K+\tfrac{r}{2}K\right)\cdot\tfrac{r}{2}=K\cdot\left(1+\tfrac{r}{2}\right)^2 \quad \text{in } t=1.$$

In der Zeitspanne $[0,1/2]$ wächst das Kapital linear mit der Steigung $r\cdot K$, und in $[1/2,1]$ wächst es linear mit der Steigung $r\cdot(K+½\cdot rK)$. Allgemein erhält man so bei Zinszahlungen in den Zeitpunkten i/n, $i=1,\ldots, n$, $n\in\mathbb{N}$, ein Guthaben von

$$K\cdot\left(1+\tfrac{r}{n}\right)^n \quad \text{in } t=1.$$

Indem man den Grenzübergang $n\to\infty$ als Zinszahlungen in kontinuierlicher Zeit interpretiert, erhält man in diesem Fall ein Endvermögen von

$$K\cdot e^{r\cdot 1} \quad \text{in } t=1$$

und zwischenzeitlich das Kapital

$$K\cdot e^{r\cdot t} \quad \text{in } t\in[0,1].$$

In der folgenden Grafik wird dargestellt, wie sich ein Sparguthaben der Größe $K=1$ bei den oben beschriebenen verschiedenen Arten von Verzinsung im Laufe eines Jahres entwickelt. Hierbei stellt $P_1(t)$ die Entwicklung bei einmaliger, $P_{1/2}(t)$ bei zweimaliger und $P_s(t)$ bei stetiger Verzinsung dar.

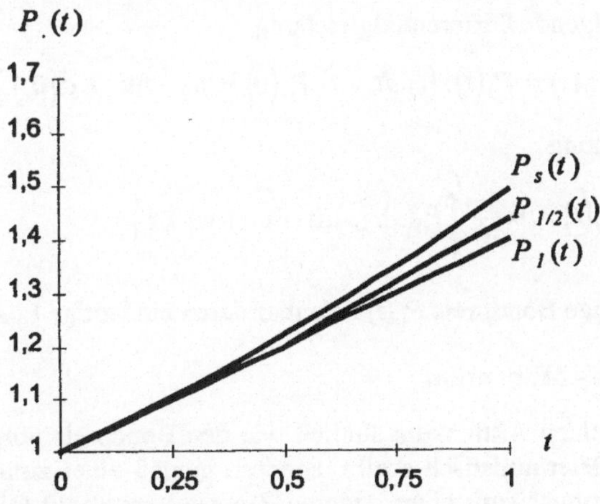

Bild II.1 Entwicklung einer Spareinlage bei unterschiedlichen Verzinsungsarten

Offensichtlich ist die kontinuierliche Verzinsung bei gleichem Zinssatz günstiger für den Inhaber des Sparguthabens als die einmalige Verzinsung. Allerdings lässt sich ohne Probleme der Zinssatz $\tilde{r}$ bestimmen, mit dem die Verzinsung in stetiger Zeit mit der uns so vertrauten Verzinsung in den Zeitpunkten $t=1,2,3,\ldots$ übereinstimmt, nämlich

$$\tilde{r} = ln(1+r).$$

Den Zinssatz r nennt man auch den effektiven Jahreszinssatz, $\tilde{r}$ den stetigen oder nominellen Jahreszinssatz (für eine Einführung in die Begriffe der Zinsrechnung siehe Tietze (1996)).

Im Folgenden nehmen wir Verzinsung in stetiger Zeit mit konstanter Zinsrate r an und erhalten so als Bondpreis

$$P_0(t) = p_0 \cdot e^{r \cdot t} \quad \text{für} \quad t \in [0,T] \tag{1}$$

Man kann dies verallgemeinern, indem man eine nicht-konstante, zeitabhängige, integrierbare Zinsrate $r(t)$ annimmt und so

$$P_0(t) = p_0 \cdot e^{\int_0^t r(s)ds} \quad \text{für} \quad t \in [0,T] \tag{2}$$

als Bondpreis ansetzt.

Fasst man die folgende Differentialgleichung

$$dP_0(t) = P_0(t) r(t)\, dt \quad , \quad P_0(0) = p_0, \text{ für } \; t \in [0,T]$$

als Integralgleichung

$$P_0(t) = p_0 + \int_0^t P_0(s) r(s)\, ds \quad \text{für} \quad t \in [0,T]$$

auf, so ist der obige Bondpreis $P_0(t)$ offenbar deren eindeutige Lösung.

Die Aktienkurse - Motivation

Wir stellen uns einen Aktienkurs ähnlich wie den Bondpreis vor, nur dass sich der Preis nicht deterministisch ergibt, sondern gemäß einer zufälligen Störung um einen "Bondpreis" (mit einer anderen Zinsrate) schwankt (siehe Bild II.2). Als Ausgleich für das Risiko, dass sich durch die zufälligen Schwankungen ergibt, wird man für die i-te Aktie eine höhere Zinsrate $\widetilde{b}_i$ als die Zinsrate r des Bonds erwarten.

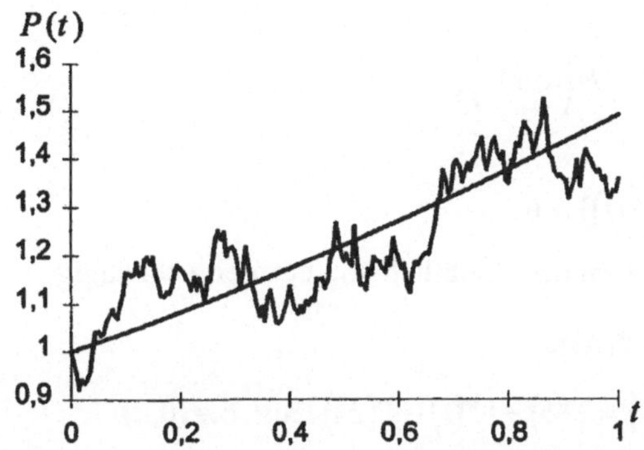

Bild II.2 Aktienkurs mit prognostizierter Entwicklung

Da der Logarithmus des Bondpreises im Falle konstanter Verzinsung linear ist – man sagt auch: der Bondpreis ist log-linear –,

$$ln\left(P_0(t)\right) = ln\left(p_0\right) + r \cdot t,$$

legt dies den folgenden sogenannten log-linearen Ansatz für den Aktienkurs nahe:

$$ln\left(P_i(t)\right) = ln\left(p_i\right) + \widetilde{b}_i \cdot t + \text{"}Zufall\text{"}.$$

Für den *„Zufall"* nehmen wir an, dass er

- ohne Tendenz ist, d.h. E(*„Zufall"*)=0
- von der Zeit t abhängig ist
- die Summe der Abweichungen von $ln\left(P_i(t)\right)$ von $ln\left(p_i\right) + \widetilde{b}_i \cdot t$ auf $[0,T]$ darstellt

Nimmt man sogar an, dass sich die Abweichungen von $\widetilde{b}_i \cdot t$ als Summe vieler gleichartiger, unabhängiger Abweichungen ergeben, so legt der zentrale Grenzwertsatz den Ansatz

$$\text{„}Zufall\text{"} \sim N\left(0, \sigma^2 t\right)$$

mit einem $\sigma > 0$ nahe. Definiert man die Abweichung zur Zeit t als

$$ln(P_i(t)) - ln(p_i) - \tilde{b}_i \cdot t =: Y(t)$$

und wählt

$$Y(t) \sim N(0, \sigma^2 t),$$

dann gilt

- $E(Y(t)) = 0$
- $Y(t)$ ist offensichtlich von der Zeit t abhängig

Betrachtet man außerdem

$$Y(t) = Y(\delta) + (Y(t) - Y(\delta)) \quad \text{mit } \delta \in (0, t).$$

so wäre es eine sinnvolle Forderung, dass die Verteilung der Differenzen der Abweichung $(Y(t) - Y(\delta))$ nur von der Zeitlänge $(t - \delta)$ abhängt und unabhängig von $Y(s)$, $s \leq \delta$, ist, d.h. insbesondere, dass $(Y(t) - Y(\delta))$ gemäß $N(0, \sigma^2(t - \delta))$ verteilt sein soll.

Die Existenz und Eigenschaften einer solchen Familie von Zufallsvariablen $\{Y(t)\}_{t \in [0,\infty)}$ (man spricht auch von einem stochastischen Prozess) werden im folgenden Exkurs zur Brownschen Bewegung näher betrachtet.

Exkurs 1: Brownsche Bewegung und Martingale

> ***Allgemeine Voraussetzungen***
>
> Gegeben sei der vollständige Wahrscheinlichkeitsraum (Ω, F, P) mit Ergebnisraum Ω, σ-Algebra F und Wahrscheinlichkeitsmaß P.

Wir führen zunächst den Begriff der Filterung ein. Sie stellt die Formalisierung der Entwicklung einer Informationsstruktur in der Zeit dar.

Definition 1

$\{F_t\}_{t\in I}$ sei eine Familie von Sub-σ-Algebren von F, I sei eine geordnete Indexmenge, und es gelte $F_s \subset F_t$ für $s<t$, $s,t \in I$. Eine solche Menge $\{F_t\}_{t\in I}$ heißt **Filterung**.

Die Menge $F_t, t \in I$, modelliert in der Regel die bis zur Zeit t beobachtbaren Ereignisse. Wenn also eine Zufallsvariable X_t F_t-messbar ist, so können wir aufgrund der gegebenen Information zum Zeitpunkt t bestimmen, welchen Wert sie annimmt. Im Folgenden werden wir den Begriff eines stochastischen Prozesses immer im Zusammenhang mit einer Filterung betrachten.

Definition 2

Eine Menge $\{(X_t, F_t)\}_{t\in I}$ bestehend aus einer Filterung $\{F_t\}_{t\in I}$ und einer Familie von $\mathbf{R}^n$-wertigen Zufallsvariablen $\{X_t\}_{t\in I}$, wobei X_t F_t-messbar ist, heißt ein **stochastischer Prozess** mit Filterung $\{F_t\}_{t\in I}$.

Bemerkungen

a) Im Folgenden werden wir als Indexmenge meistens $I=[0,\infty)$ oder $I=[0,T]$ wählen.

b) Reden wir kurz von einem Prozess $\{X_t\}_{t\in I}$ oder X_t, so heißt das in der Regel, dass wir

$$F_t := F_t^X := \sigma\left\{X_s \middle| s \le t, s \in I\right\}$$

setzen. Diese Filterung heißt die zu $\{X_t\}_{t\in I}$ gehörende **kanonische** oder **natürliche Filterung.**

c) Statt $\{X_t\}_{t\in I}$ schreibt man oft auch $\{X(t)\}_{t\in I}$ oder ganz kurz X. Für festes $\omega \in \Omega$ kann man die Menge

$$X.(\omega) := \left\{X_t(\omega)\right\}_{t\in I} = \left\{X(t,\omega)\right\}_{t\in I}$$

als Funktion der Zeit t interpretieren. Man nennt dies einen **Pfad** oder eine **Realisierung des Prozesses.** So gesehen ist ein stochastischer Prozess lediglich eine funktionenwertige Zufallsvariable.

Wichtig wird es für uns werden, zu entscheiden, ob zwei stochastische Prozesse als „gleich" anzusehen sind. Wir unterscheiden hierbei:

Definition 3

$\{(X_t, F_t)\}_{t\in[0,\infty)}$ und $\{(Y_t, G_t)\}_{t\in[0,\infty)}$ seien stochastische Prozesse. Y heißt dann eine **Modifikation** von X, falls

$$P\{\omega \mid X_t(\omega) = Y_t(\omega)\} = 1 \text{ für alle } t \geq 0.$$

Definition 4

$\{(X_t, F_t)\}_{t\in[0,\infty)}$ und $\{(Y_t, G_t)\}_{t\in[0,\infty)}$ seien stochastische Prozesse. X und Y heißen dann **ununterscheidbar**, falls

$$P\{\omega \mid X_t(\omega) = Y_t(\omega) \text{ für alle } t \in [0,\infty)\} = 1.$$

Falls X und Y ununterscheidbar sind, dann ist Y auch eine Modifikation von X. Die umgekehrte Richtung gilt dagegen nicht, auch wenn Y eine Modifikation von X ist, können trotzdem beide Prozesse vollkommen unterschiedliche Pfade haben. Es gilt aber (siehe Übung Ü.1):

Satz 5

Sei Y eine Modifikation von X. Besitzen außerdem beide Prozesse P-fast sicher stetige Pfade, dann sind X und Y ununterscheidbar.

Das für uns wichtigste Beispiel eines stochastischen Prozesses ist:

Die Brownsche Bewegung

Der reellwertige Prozess $\{W_t\}_{t\geq 0}$ mit stetigen Pfaden und

i) $W_0 = 0$ P-fast sicher

ii) $W_t - W_s \sim N(0, t-s)$ für $0 \leq s < t$ **„stationäre Zuwächse"**

iii) $W_t - W_s$ unabhängig von $W_u - W_r$ für $0 \leq r \leq u \leq s < t$ **„unabhängige Zuwächse"**

heißt **eindimensionale Brownsche Bewegung.**

Als **n-dimensionale Brownsche Bewegung** bezeichnen wir den $\mathbf{R}^n$-wertigen Prozess

$$W(t) = \left(W_1(t),\ldots,W_n(t)\right),$$

dessen Komponenten W_i unabhängige eindimensionale Brownsche Bewegungen sind.

Brownsche Bewegung und Filterung

Man kann die Brownsche Bewegung mit der natürlichen Filterung

$$F_t^W := \sigma\left\{W_s \middle| \, 0 \le s \le t\right\} \quad , \quad t \in [0,\infty)$$

versehen. Aus technischen Gründen arbeiten wir jedoch häufig mit der **P-Erweiterung der natürlichen Filterung,**

$$F_t := \sigma\left\{F_t^W \cup N \middle| N \in F, P(N) = 0\right\} \quad , \quad t \in [0,\infty)$$

und nennen diese Filterung die **Brownsche Filterung**. Dies hat den Vorteil, dass, wenn Y eine Modifikation von X ist, aus der F_t-Messbarkeit von X_t auch die von Y_t folgt. Sie sind also dann bzgl. der gleichen Filterung messbar.

In der Literatur wird die Bedingung iii) für eine eindimensionale Brownsche Bewegung $\{(W_t, F_t)\}_{t\ge 0}$ mit gegebener Filterung $\{F_t\}_{t\ge 0}$ oft so formuliert:

iii)* $\quad W_t - W_s$ unabhängig von F_s für $0 \le s < t$.

Dies ist mit der natürlichen Filterung oder mit der Brownschen Filterung äquivalent mit der Bedingung iii), allerdings gilt dies nicht für alle Filterungen! Ein triviales Gegenbeispiel wäre die Filterung

$$G_t := \sigma\left\{W_T, W_s \middle| 0 \le s \le t\right\} \quad \text{für ein } T > 0,$$

bei der iii) aber nicht iii)* erfüllt ist, denn offensichtlich ist W_T nicht von G_0 unabhängig.

Wenn wir nun in Zukunft Brownsche Bewegungen $\{(W_t, F_t)\}_{t\ge 0}$ im Zusammenhang mit einer beliebigen Filterung betrachten, dann fordern wir damit implizit, dass für diese Filterung Bedingung iii)* erfüllt sein muss.

Bemerkungen zur Existenz der Brownschen Bewegung

Man muß natürlich noch die Existenz der Brownschen Bewegung als stochastischer Prozess zeigen. Es gibt verschiedene Methoden, einen solchen Prozess zu konstruieren, die Beweise sind durchweg lang und technisch. Nachzulesen ist eine solche Konstruktion z.B. in Billingsley (1968). Ein weiterer Ansatz besteht darin, für die endlich-dimensionalen Verteilungen (d.h. die gemeinsamen Verteilungen von $\left(W_{t_1},\ldots,W_{t_n}\right)$ für beliebige n-Tupel $\left(t_1,\ldots,t_n\right)$, $n \in \mathbf{N}$, $t_i \neq t_j$) zu fordern, dass sie unabhängige, stationäre und normalverteilte Zuwächse besitzen, und dann mit Hilfe des Satzes von Kolmogorov ein geeignetes Wahrscheinlichkeitsmaß auf einem geeigneten Meßraum zu konstruieren (siehe Karatzas/Shreve (1991), Abschnitt 2.2). Der erste, der die Existenz eines solchen Maßes zeigte, war Wiener in Wiener (1923), nach ihm heißt das Maß auch **Wiener Maß**, woraus sich auch unsere Abkürzung W ergibt.

In der Theorie der stochastischen Integration fordert man aus technischen Gründen in der Regel, dass die zugrunde liegende Filterung rechtsstetig ist (siehe auch Übung Ü.4).

Satz 6

Die Brownsche Filterung $\{F_t\}_{t\geq 0}$ ist sowohl **rechtsstetig** als auch **linksstetig**, d.h. es gilt

$$F_t = F_{t+} := \bigcap_{\varepsilon>0} F_{t+\varepsilon} \text{ und } F_t = F_{t-} := \sigma\left(\bigcup_{s<t} F_s\right).$$

Beweis: siehe Karatzas/Shreve (1991), Abschnitt 2.7.

Die Brownsche Filterung erfüllt somit die üblichen Bedingungen im Sinne der folgenden

Definition 7

Eine Filterung $\{F_t\}_{t\geq 0}$ erfüllt die **üblichen Bedingungen** ("usual conditions"), falls sie rechtsstetig ist und F_0 bereits alle P-Nullmengen aus F enthält.

Allgemeine Voraussetzung für diesen Abschnitt

$\{F_t\}_t$ sei eine Filterung, die die üblichen Bedingungen erfüllt.

Wir führen nun noch eine für unsere Anwendungen in stochastischer Integration und Finanzmathematik fundamentale Prozessklasse ein.

Definition 8

Der reellwertige Prozess $\{(X_t, F_t)\}_{t\in I}$ mit $E|X_t|<\infty$ für alle $t\in I$, wobei I geordnete Indexmenge ist, heißt

a) ein **Super-Martingal**, falls für alle $s, t \in$ I mit $s \le t$ gilt :

$$E\left(X_t \middle| F_s\right) \le X_s \ P\text{-fast sicher.}$$

b) ein **Sub-Martingal**, falls für alle $s, t \in$ I mit $s \le t$ gilt :

$$E\left(X_t \middle| F_s\right) \ge X_s \ P\text{-fast sicher.}$$

c) ein **Martingal**, falls für alle $s, t \in$ I mit $s \le t$ gilt :

$$E\left(X_t \middle| F_s\right) = X_s \ P\text{-fast sicher.}$$

Bedeutung des Martingalbegriffs

Martingale werden oft zur Modellierung von Glücksspielen verwendet. Stellt man sich unter der Folge X_n, $n \in \mathbb{N}$, das Vermögen eines Spielers nach der n-ten Teilnahme an einem Glücksspiel vor, so sollte ein faires Spiel gerade die Martingal-Bedingung

$$E\left(X_{n+1} \middle| F_n\right) = X_n \quad P\text{-fast sicher}$$

erfüllen, d.h. im Mittel besitzt der Spieler nach dem Spiel genauso viel wie vorher. Ein für den Spieler günstiges Spiel entspricht einem Sub-Martingal. Ein Super-Martingal wäre für den Spieler ungünstig. Ein typisches Beispiel für ein Martingal ist das Werfen einer (fairen) Münze, bei dem der Spieler bei Auftreten von "Kopf" eine Geldeinheit erhält und bei "Zahl" eine Geldeinheit zahlen muss.

Satz 9

Die eindimensionale Brownsche Bewegung W_t ist ein Martingal.

Beweis:

Da wir hier Brownsche Bewegungen immer im Zusammenhang mit einer Filterung betrachten, die Bedingung iii)* erfüllt, ist der Zuwachs $W_t - W_s$ von F_s für $s \le t$ unabhängig. Es gilt daher

$$E(W_t|F_s) = E(W_t - W_s + W_s|F_s)$$
$$= E(W_t - W_s|F_s) + W_s = E(W_t - W_s) + W_s = W_s$$

für $s<t$ P-fast sicher. □

Bemerkungen

a) Allgemein gilt: Jeder Prozess mit unabhängigen, zentrierten Zuwächsen ist ein Martingal bzgl. seiner natürlichen Filterung.

b) Die **Brownsche Bewegung mit Drift** μ **und Volatilität** σ

$$X_t := \mu t + \sigma W_t, \quad \mu \in \mathbf{R}, \quad \sigma \in \mathbf{R}, \quad t \geq 0$$

ist ein Martingal, falls $\mu=0$, ein Super-Martingal, falls $\mu<0$, ein Sub-Martingal, falls $\mu>0$.

Satz 10

a) $\{(X_t, F_t)\}_{t\in I}$ sei ein Martingal und $\varphi : \mathbf{R} \to \mathbf{R}$ eine konvexe Funktion, so dass für alle $t \in I$ $E\,|\varphi(X_t)|<\infty$ gilt. Dann ist

$\{(\varphi(X_t), F_t)\}_{t\in I}$ ein Sub-Martingal.

b) $\{(X_t, F_t)\}_{t\in I}$ sei ein Sub-Martingal und $\varphi : \mathbf{R} \to \mathbf{R}$ eine konvexe, nichtfallende Funktion, so dass für alle $t \in I$ $\mathrm{E}|\varphi(X_t)| < \infty$ gilt. Dann ist

$\{(\varphi(X_t), F_t)\}_{t\in I}$ ein Sub-Martingal.

Beweis:

Aus der Jensenschen Ungleichung folgt für $t>s$:

$$E(\varphi(X_t)|F_s) \geq \varphi(E(X_t|F_s)) \begin{cases} = \varphi(X_s), \text{ falls } X_s \text{ Martingal} \\ \geq \varphi(X_s), \text{ falls } X_s \text{ Sub-Martingal} \end{cases}$$ □

Bemerkungen

a) Typische Anwendungen des Ergebnisses dieses Satzes erhält man z.B. für

$\varphi(x)=x^2$, $\varphi(x)=|x|$.

b) Der Satz gilt auch für d-dimensionale Vektoren

$$X(t) = \left(X_1(t), \ldots, X_d(t)\right)$$

von Martingalen und konvexes $\varphi : \mathbf{R}^d \to \mathbf{R}$.

In der stochastischen Analysis spielt der Begriff des lokalen Martingals eine zentrale Rolle. Um diesen wichtigen Begriff einführen zu können, brauchen wir den Begriff der Stoppzeit.

Definition 11

Eine **Stoppzeit** bezüglich einer Filterung $\{F_t\}_{t\in[0,\infty)}$ bzw. $\{F_n\}_{n\in\mathbf{N}}$ ist eine F-messbare Zufallsvariable

$$\tau : \Omega \to [0,\infty] \text{ bzw. } \tau : \Omega \to \mathbf{N} \cup \{\infty\}$$

mit $\{\omega \in \Omega \mid \tau(\omega) \le t\} \in F_t$ für alle $t \in [0,\infty)$ bzw. $\{\omega \in \Omega \mid \tau(\omega) \le n\} \in F_n$ für alle $n \in \mathbf{N}$.

Satz 12

Sind τ_1 und τ_2 Stoppzeiten, dann ist auch $\tau_1 \wedge \tau_2 := \min\{\tau_1, \tau_2\}$ eine Stoppzeit. (Der einfache Beweis bleibt dem Leser als Übung überlassen.)

Der gestoppte Prozess

$\{(X_t, F_t)\}_{t\in I}$ sei ein stochastischer Prozess, I sei entweder $\mathbf{N}$ oder $[0,\infty)$, und τ eine Stoppzeit. Man kann damit einen neuen Prozess, den **gestoppten Prozess** $\{X_{t\wedge\tau}\}_{t\in I}$, definieren als

$$X_{t\wedge\tau}(\omega) := \begin{cases} X_t(\omega), & \text{falls } t \le \tau(\omega) \\ X_{\tau(\omega)}(\omega), & \text{falls } t > \tau(\omega) \end{cases}.$$

Die Stoppzeit gibt so den Moment an, zu dem wir den Prozess stoppen und in seinem gegenwärtigen Zustand festhalten. Die Bedingung $\{\omega \in \Omega \mid \tau(\omega) \le t\} \in F_t$ an eine Stoppzeit besagt gerade, dass wir zum Zeitpunkt t in der Lage sein müssen, zu entscheiden, ob wir jetzt stoppen oder nicht.

Bemerkung

Ein typisches Beispiel für einen gestoppten Prozess ist das Vermögen eines Spielers, der solange an einem Glücksspiel teilnimmt, bis er entweder ein vorgegebenes Vermögen erreicht hat oder bankrott ist. Keine Stoppzeit ist in diesem Fall, dann mit dem Spielen aufzuhören, wenn er das in einem bestimmten Zeitraum maximale Vermögen erreicht hat, denn dies kann er erst nach Ablauf des Zeitraums entscheiden. (siehe auch Übung Ü.4)

Die gestoppte Filterung

Sei τ eine Stoppzeit bzgl. der Filterung $\{F_t\}_{t\in[0,\infty)}$. Definiere dann die **σ-Algebra der Ereignisse bis zur Zeit τ** durch

$$F_\tau := \left\{ A \in F \,\middle|\, A \cap \{\tau \le t\} \in F_t \text{ für alle } t \in I \right\}.$$

τ ist dann F_τ-messbar. Da zu τ auch $\tau\wedge t$ eine Stoppzeit ist, ist somit auch die **gestoppte Filterung** $\{F_{\tau\wedge t}\}_{t\in I}$ definiert. Insbesondere gilt $F_{\tau\wedge t} \subset F_\tau$.

Was passiert nun, wenn wir ein Sub-Martingal bzw. ein Martingal mit Hilfe einer Stoppzeit stoppen, Bleibt es ein Sub-Martingal bzw. ein Martingal ? Antwort darauf gibt der folgende Satz:

Satz 13 - "optional sampling"

Sei $\{(X_t, F_t)\}_{t\in[0,\infty)}$ ein rechtsstetiges (d.h. alle Pfade von X_t sind rechtsstetig) Sub-Martingal (bzw. Martingal), seien τ_1 und τ_2 Stoppzeiten mit $\tau_1 \le \tau_2$, dann gilt

$$E\left(X_{t\wedge\tau_2} \,\middle|\, F_{t\wedge\tau_1} \right) \ge X_{t\wedge\tau_1} \quad \left(\text{bzw. } E\left(X_{t\wedge\tau_2} \,\middle|\, F_{t\wedge\tau_1} \right) = X_{t\wedge\tau_1}\right)$$

P-fast sicher für alle $t \in [0,\infty)$.

Beweis: siehe Karatzas/Shreve (1991), Satz I.3.22.

Korollar 14

Sei τ eine Stoppzeit und $\{(X_t, F_t)\}_{t\in[0,\infty)}$ ein rechtsstetiges Sub-Martingal (bzw. Martingal). Dann ist der gestoppte Prozess $\{(X_{t\wedge\tau}, F_t)\}_{t\in[0,\infty)}$ wieder ein Sub-Martingal (bzw. Martingal).

(Beweis: siehe Übung Ü.2)

Mit Hilfe des Satzes über „optional sampling" erhalten wir eine sehr nützliche Charakterisierung eines Martingals:

Satz 15

Sei $\{(X_t, F_t)\}_{t\in[0,\infty)}$ ein rechtsstetiger Prozess. Dann ist X_t genau dann ein Martingal, wenn für alle beschränkten Stoppzeiten τ gilt

$$EX_\tau = EX_0.$$

Beweis:

Da τ beschränkte Stoppzeit ist, gilt $\tau(\omega)\le T$ für ein $T>0$ und alle $\omega\in\Omega$, also $\tau = \tau\wedge T$, damit können wir den Satz über optional sampling anwenden und erhalten für ein Martingal

$$EX_\tau = E\left(E\left(X_{\tau\wedge T}\middle|F_0\right)\right) = E(X_0).$$

Um die andere Richtung des Satzes zu zeigen, sei nun $0\le s\le t$ und $A\in F_s$. Dann ist $\tau := s\cdot 1_{\Omega\setminus A} + t\cdot 1_A$ Stoppzeit mit $\tau = \tau\wedge t$ und es folgt

$$EX_0 = EX_\tau = E\left(X_s\cdot 1_{\Omega\setminus A} + X_t\cdot 1_A\right) = E\left(X_s\cdot 1_{\Omega\setminus A}\right) + E\left(X_t\cdot 1_A\right).$$

Außerdem ist $\tau\equiv s$ auch Stoppzeit mit

$$EX_0 = EX_s = E\left(X_s\cdot 1_{\Omega\setminus A}\right) + E\left(X_s\cdot 1_A\right).$$

Somit folgt für alle $A\in F_s$:

$$E\left(X_t\cdot 1_A\right) = E\left(X_s\cdot 1_A\right).$$

Nach Definition der bedingten Erwartung ist dann

$$E\left(X_t\middle| F_s\right) = X_s$$

und somit $\{(X_t, F_t)\}_{t\in[0,\infty)}$ ein Martingal. □

Mit Hilfe von Stoppzeiten können wir nun den Begriffs des Martingals abschwächen:

Definition 16

$\{(X_t, F_t)\}_{t\in[0,\infty)}$, sei ein stochastischer Prozess mit $X_0 = 0$. Existiert eine nichtfallende Folge $\{\tau_n\}_{n\in\mathbb{N}}$ von Stoppzeiten mit

$$P\left(\lim_{n\to\infty} \tau_n = \infty\right) = 1,$$

so dass

$$\left\{\left(X_t^{(n)} := X_{t\wedge\tau_n}, F_t\right)\right\}_{t\in[0,\infty)}$$

ein Martingal für alle $n \in \mathrm{N}$ ist, so heißt X ein **lokales Martingal**. Die Folge $\{\tau_n\}_{n\in\mathrm{N}}$ heißt eine zu X gehörende **lokalisierende Folge.**

Bemerkungen

a) Jedes Martingal ist ein lokales Martingal.

b) Falls X lokales Martingal ist und alle Pfade von X stetig sind, dann nennt man X ein stetiges lokales Martingal.

c) Es gibt lokale Martingale, die keine Martingale sind (siehe z.B. Karatzas/Shreve (1991)). Man beachte hierzu auch, dass für ein lokales Martingal der Erwartungswert $E(X_t)$ nicht existieren muss. Der Erwartungswert muss aber entlang der lokalisierenden Folge $t\wedge\tau_n$ existieren. Insbesondere ist der Prozess X auf den zufälligen Intervallen $[0, \tau_n]$ ein Martingal.

Satz 17

Ein nicht-negatives lokales Martingal ist ein Super-Martingal.

Beweis:

Sei hierzu M ein nicht-negatives lokales Martingal. Dann gibt es eine Folge $\{\tau_n\}_{n\in\mathrm{N}}$ von Stoppzeiten mit

$$E\left(M_{t\wedge\tau_n} \middle| F_s\right) = M_{s\wedge\tau_n} \text{ und } \tau_n \xrightarrow{n\to\infty} \infty \text{ } P\text{-fast sicher.}$$

Also gilt mit dem Lemma von Fatou

$$M_s = \liminf_{n\to\infty} M_{s\wedge\tau_n} = \liminf_{n\to\infty} E\left(M_{t\wedge\tau_n} \middle| F_s\right)$$

$$\geq E\left(\liminf_{n\to\infty} M_{t\wedge\tau_n} \middle| F_s\right) = E\left(M_t \middle| F_s\right) \quad P\text{-fast sicher.} \qquad \square$$

Die folgenden Ungleichungen werden wir später oft als Hilfsmittel brauchen:

Satz 18 - Doob'sche Ungleichung

Sei $\{M_t\}_{t\geq 0}$ ein Martingal mit rechtsstetigen Pfaden und $E\left(M_T^2\right) < \infty$ für alle $T \geq 0$. Dann gilt

$$E\left(\left(\sup_{0\leq t\leq T} |M_t|\right)^2\right) \leq 4 \cdot E\left(M_T^2\right).$$

Satz 19

Sei $\{(X_t, F_t)\}_{t\in[0,\infty)}$ ein nicht-negatives Super-Martingal mit rechtsstetigen Pfaden. Dann gilt für $\lambda > 0$

$$\lambda \cdot P\left\{\omega \,\middle|\, \sup_{0\leq s\leq t} X_s(\omega) \geq \lambda\right\} \leq E\left(X_0\right).$$

Beweise der Sätze 18 und 19: siehe Karatzas/Shreve (1991), Satz I.3.8 (ii) und (iv). Man beachte, dass $\{-X_t\}_t$ ein nicht-positives Sub-Martingal ist und $\{|M_t|\}_{t\geq 0}$ ein nicht-negatives Sub-Martingal ist.

II.1 Fortsetzung: Modellierung der Wertpapierpreise

Fortsetzung: Aktienkurse

Mit der Brownschen Bewegung $\{(W_t, F_t)\}_{t\geq 0}$ haben wir nun den geeigneten Prozess gefunden, um den *„Zufall"* im log-linearen Ansatz für die Aktienkurse zu modellieren. Im Fall $d = 1$ (also ein Marktmodell mit Bond und nur einer Aktie) bietet sich der folgende Ansatz an, in dem wir für den *„Zufall"* die Brownsche Bewegung mit **Volatilität** σ_{11} wählen,

$$ln\left(P_1(t)\right) = ln\left(p_1\right) + \widetilde{b}_1 \cdot t + \sigma_{11} W_t,$$

also

$$P_1(t) = p_1 \cdot e^{\widetilde{b}_1 t + \sigma_{11} W_t}.$$

Im allgemeinen Fall setzt man

$$ln\left(P_i(t)\right) = ln\left(p_i\right) + \widetilde{b}_i \cdot t + \sum_{j=1}^{m} \sigma_{ij} W_j(t),\ i=1,...,d \tag{3}$$

also

$$P_i(t) = p_i \cdot exp\left(\widetilde{b}_i \cdot t + \sum_{j=1}^{m} \sigma_{ij} W_j(t)\right),\ i=1,...,d \tag{4}$$

wobei $W(t)=(W_1(t),...,W_m(t))$ eine m-dimensionale Brownsche Bewegung ist. Für den Logarithmus des Aktienpreises gilt dann

$$ln\left(P_i(t)\right) \sim N(ln\left(p_i\right) + \widetilde{b}_i \cdot t, \sum_{j=1}^{m} \sigma_{ij}^2 \cdot t)\ .$$

Daher sagt man auch: $P_i(t)$ ist **lognormal-verteilt.** Weitere Eigenschaften des Aktienkurses gemäß (4) ergeben sich aus:

Lemma 20

Sei $b_i := \widetilde{b}_i + \frac{1}{2}\sum_{j=1}^{m} \sigma_{ij}^2$ und $P_i(t)$ wie in (4), i=1,...,d, $t \geq 0$. Dann gelten

a) $E\left(P_i(t)\right) = p_i \cdot e^{b_i t}$.

b) $Var\left(P_i(t)\right) = p_i^2 \cdot exp\left(2b_i t\right) \cdot \left(exp\left(\sum_{j=1}^{m} \sigma_{ij}^2 t\right) - 1\right)$.

c) $X_t := a \cdot exp\left(\sum_{j=1}^{m} \left(c_j W_j(t) - \frac{1}{2} c_j^2 t\right)\right)$ mit $a, c_j \in \mathbf{R}$, j=1,...,m, ist ein Martingal.

Beweis:

a) Wir betrachten nur den Fall m=1. Den allgemeinen Fall beweist man analog, wenn man berücksichtigt, dass

$$\sum_{j=1}^{m} \sigma_{ij} W_j(t) \sim N(\,0,\ \sum_{j=1}^{m} \sigma_{ij}^2\ t)$$

gilt. Quadratische Ergänzung im Exponenten liefert

$$E\left(P_i(t)\right) = p_i \cdot \int_{-\infty}^{\infty} \frac{1}{\sqrt{2\pi t}} \cdot e^{\tilde{b}_i t + \sigma x} \cdot e^{-\frac{x^2}{2t}} dx = p_i \cdot \int_{-\infty}^{\infty} \frac{1}{\sqrt{2\pi t}} \cdot e^{\tilde{b}_i t + \frac{1}{2}\sigma^2 t} \cdot e^{-\frac{(x-\sigma t)^2}{2t}} dx$$

$$= p_i \cdot e^{b_i t} \cdot \int_{-\infty}^{\infty} \frac{1}{\sqrt{2\pi t}} \cdot e^{-\frac{(x-\sigma t)^2}{2t}} dx = p_i \cdot e^{b_i t} \cdot 1,$$

wobei man für die letzte Gleichheit verwendet hat, dass der Integrand die Dichte einer $N(\sigma t, t)$-verteilten Zufallsvariablen ist.

b) Dies beweist man wie in a), indem man analog zur Bestimmung von $E\left(P_i^2(t)\right)$ vorgeht (siehe auch Übung Ü.3).

c) Wir zeigen wieder nur den Fall m=1: Sei $t>s$, dann gilt

$$E\left(X_t \middle| F_s\right) = a \cdot e^{c_1 W_s - \frac{1}{2}c_1^2 s} \cdot E\left(e^{c_1\left(W_t - W_s\right) - \frac{1}{2}c_1^2(t-s)} \middle| F_s\right)$$

$$= a \cdot e^{c_1 W_s - \frac{1}{2}c_1^2 s} \cdot E\left(e^{c_1\left(W_t - W_s\right) - \frac{1}{2}c_1^2(t-s)}\right)$$

$$= a \cdot e^{c_1 W_s - \frac{1}{2}c_1^2 s} \cdot E\left(e^{c_1 \tilde{W}_{t-s} - \frac{1}{2}c_1^2(t-s)}\right) = X_s .$$

Hierbei gilt die zweite Gleichheit wegen der Unabhängigkeit der Zuwächse von $W(t)$. Da $\tilde{W}_{t-s} := W_t - W_s$ Brownsche Bewegung ist, ist der letzte Erwartungswert nach Teil a) gleich 1. □

Interpretation des Aktienpreises

Mit Hilfe von Lemma 20 erhalten wir nun eine neue Interpretation des Aktienpreises:

$$P_i(t) = p_i \cdot e^{b_i t} \cdot e^{\sum_{j=1}^{m}\left(\sigma_{ij} W_j(t) - \frac{1}{2}\sigma_{ij}^2 t\right)},$$
$$P_i(0) = p_i,\ i=1,\ldots,d \qquad (5)$$

Somit ist der Aktienpreis ein Produkt aus

- dem mittleren Kurs $p_i \cdot e^{b_i t}$ und
- einem Martingal mit Erwartungswert 1, nämlich

$$exp\left(\sum_{j=1}^{m}\left[\sigma_{ij}W_j(t)-\tfrac{1}{2}\sigma_{ij}^2 t\right]\right),$$

das die zufällige Schwankung um den mittleren Kurs modelliert.

Der Vektor

$$b=(b_1,...,b_d)'$$

wird als **Vektor der mittleren Ertragsraten** und die Matrix

$$\sigma=\begin{pmatrix}\sigma_{11} & \cdots & \sigma_{1m}\\ \vdots & \ddots & \\ \sigma_{d1} & \cdots & \sigma_{dm}\end{pmatrix}$$

als **Volatilitätsmatrix** bezeichnet.

Ein stochastischer Prozess der Form $P_i(t)$ wird auch als **geometrische Brownsche Bewegung** mit Drift b_i und Volatilität $\sigma_{i.}=(\sigma_{i1},...,\sigma_{im})'$ bezeichnet.

Zusammenfassung Wertpapierpreise

Im zeitstetigen Modell modellieren wir die Preisverläufe der Aktien und des Bonds gemäß

$$P_0(t)=p_0\cdot e^{rt} \quad , P_0(0)=: p_0,$$

$$P_i(t)=p_i\cdot e^{b_i t}\cdot e^{\sum_{j=1}^{m}\left[\sigma_{ij}W_j(t)-\frac{1}{2}\sigma_{ij}^2 t\right]} \quad , P_i(0)=: p_i, \; i=1,...,d.$$

Leider kann man dieses Modell noch nicht allgemeiner formulieren, indem man nicht-konstante, zeitabhängige, integrierbare Zinsraten $r(t)$, $b_i(t)$ und Volatilitäten $\sigma(t)$ annimmt. Bei den Preisverläufen der Aktien ergäbe sich nämlich folgendes:

$$P_i(t)=p_i\cdot exp\left(\int_0^t\left(b_i(s)-\tfrac{1}{2}\sum_{j=1}^{m}\sigma_{ij}^2(s)\right)ds\right)\cdot exp\left(\sum_{j=1}^{m}\int_0^t\sigma_{ij}(s)\,dW_j(s)\right)$$

Dabei tritt das bis jetzt noch unbekannte Integral

$$\int_0^t\sigma_{ij}(s)\,dW_j(s)=\,?$$

auf. Um mit diesem Modell rechnen zu können, und auch um Handelsstrategien im einfacheren Modell zu beschreiben und zu bewerten, benötigen wir den Begriff des stochastischen Integrals (oder auch Itô-Integral) und die dazugehörigen Rechenregeln des Itô-Kalküls.

Exkurs 2: Das Itô-Integral

Motivation

Gegeben sei nun der Meßraum $(\mathbf{R}, B(\mathbf{R}))$ der reellen Zahlen mit der Borelschen σ-Algebra. Wenn F eine differenzierbare Verteilungsfunktion und X eine messbare, nicht-negative reellwertige Funktion auf $(\mathbf{R}, B(\mathbf{R}))$ ist, dann können wir mit Hilfe der Dichte $f(s) = \frac{dF(s)}{ds}$ folgendes Integral berechnen :

$$\int_0^t X(s)\, dF(s) = \int_0^t X(s) f(s)\, ds \quad \text{für } t > 0.$$

Ist die Verteilungsfunktion F nicht differenzierbar, dann können wir dieses Integral im Lebesgue-Stieltjes-Sinn berechnen, nämlich als

$$\int_0^t X\, dF = \lim_{n\to\infty} \sum_{k=1}^{n} X\left(\frac{(k-1)t}{n}\right) \cdot \left(F\left(\frac{kt}{n}\right) - F\left(\frac{(k-1)t}{n}\right)\right).$$

Man beachte, dass sich dann der Wert dieses Integrals nicht ändert, wenn wir $X((k-1)t/n)$ durch $X(kt/n)$ oder irgendeinen anderen Wert $X(s)$ für $s \in [(k-1)t/n, kt/n]$ ersetzen und dann zum Grenzwert übergehen. Dies wird später für stochastische Integrale nicht der Fall sein (siehe Øksendal (1992), Example 3.1). Trotzdem kann man das obige Vorgehen noch verallgemeinern (siehe Karatzas/Shreve (1991), Abschnitt 1.4). Sei hierzu (Ω, F, P) ein vollständiger Wahrscheinlichkeitsraum und $\{A_t\}_{t\in[0,\infty)}$ ein wachsender Prozess (d.h. $A_0(\omega)=0$ für $\omega \in \Omega$, der Pfad $t \mapsto A_t(\omega)$ ist eine nicht-fallende, rechtsstetige Funktion und $E(A_t)<\infty$ für alle $t \in [0,\infty)$). Sei nun $\{X_t\}_{t\in[0,\infty)}$ ein nicht-negativer Prozess, so dass die Pfade $t \mapsto X_t(\omega)$ $B([0,\infty))$-$B(\mathbf{R})$-messbar sind. Dann lässt sich für jedes feste $\omega \in \Omega$ folgendes Integral wie oben im Lebesgue-Stieltjes-Sinn berechnen:

$$I_t(\omega) := \int_0^t X_s(\omega)\, dA_s(\omega)$$

Falls dann $I_t(.)$ F-$B(\mathbf{R})$-messbar ist (dies lässt sich durch geeignete Forderungen an X erreichen), erhalten wir für jedes $t \in [0,\infty)$ eine neue Zufallsvariable, also insgesamt einen neuen stochastischen Prozess. Dieses Vorgehen lässt sich auch auf den Fall erweitern, dass A_t Pfade von endlicher Variation auf jedem endlichen Intervall $[0,T]$ besitzt.

Die Frage ist nun, ob sich dieses Vorgehen noch weiter verallgemeinern lässt, indem man statt einem wachsenden Prozess eine eindimensionale Brownsche Bewegung $\{W_t\}_{t\in[0,\infty)}$ wählt ? Kann man dann folgendes Integral

$$\int_0^t X_s(\omega)\, dW_s(\omega),$$

das sogenannte **stochastische Integral**, sinnvoll ω-weise definieren?

Als erstes müssen wir feststellen, dass eine Imitation des Vorgehens bei Existenz einer Dichte nicht möglich ist. (einen Beweis des folgenden Satzes findet man z.B. in Schmitz (1996), Satz 10.28):

Satz 21

P-fast alle Pfade der Brownschen Bewegung $\{W_t\}_t$ sind an keiner Stelle differenzierbar.

Damit ist eine Definition der Art

$$\int_0^t X_s(\omega)\, dW_s(\omega) = \int_0^t X_s(\omega) \frac{dW_s(\omega)}{ds} ds$$

nicht möglich. Der nächste Satz zeigt uns, dass eine Definition als Lebesgue-Stieltjes-Integral ebenfalls nicht möglich ist (siehe z.B. Schmitz (1996), S.326):

Satz 22

Für die Brownsche Bewegung gilt mit der Definition

$$Z_n(\omega) := \sum_{i=1}^{2^n} \left| W_{i/2^n}(\omega) - W_{i-1/2^n}(\omega) \right| \quad , \quad n \in \mathbf{N}, \ \omega \in \Omega,$$

dass

$$Z_n(\omega) \xrightarrow{n\to\infty} \infty \quad P\text{-fast sicher,}$$

d.h. die Pfade $W_t(\omega)$ der Brownschen Bewegung haben auf dem Intervall $[0,1]$ P-fast sicher unendliche Variation. Weiter noch: die Pfade $W_t(\omega)$ der Brownschen Bewegung haben auf jedem Intervall $[s_1,s_2] \subset [0,\infty)$ P-fast sicher unendliche Variation.

Aufgrund der beiden vorausgegangenen Negativ-Resultate muss es sich bei dem zu definierenden stochastischen Integral um eine neue Art von Integralbegriff handeln. Wir werden nun im Folgenden das stochastische Integral zunächst für sogenannte einfache Prozesse X_t konstruieren und es dann mit Hilfe einer Isometrie auf allgemeinere Integranden fortsetzen.

Allgemeine Voraussetzungen für diesen Abschnitt:

Gegeben sei ein vollständiger Wahrscheinlichkeitsraum (Ω, F, P), der mit einer Filterung $\{F_t\}_t$ versehen sei, die die üblichen Bedingungen erfüllt. Weiter sei auf diesem Raum eine Brownsche Bewegung $\{(W_t, F_t)\}_{t\in[0,\infty)}$ bzgl. dieser Filterung definiert.

Definition 23

Ein stochastischer Prozess $\{X_t\}_{t\in[0,T]}$ heißt **einfacher Prozess**, falls reelle Zahlen $0 = t_0 < t_1 < \ldots < t_p = T$, $p \in \mathbf{N}$, und beschränkte Zufallsvariablen $\Phi_i : \Omega \to \mathbf{R}$, $i = 0, 1, \ldots, p$, existieren, so dass

$$\Phi_0 \ F_0\text{-messbar}, \quad \Phi_i,\ i=1,\ldots,p,\ F_{t_{i-1}}\text{-messbar}$$

sind und X_t für alle $\omega \in \Omega$ die folgende Darstellung besitzt:

$$X_t(\omega) = X(t,\omega) = \Phi_0(\omega)\cdot 1_{\{0\}}(t) + \sum_{i=1}^{p} \Phi_i(\omega)\cdot 1_{(t_{i-1},t_i]}(t) \ .$$

Bemerkungen

a) Man beachte: X_t ist $F_{t_{i-1}}$-messbar für $t \in (t_{i-1}, t_i]$.

b) Der einfache Prozess X_t hat als Pfade $X(.,\omega)$ linksstetige Treppenfunktionen der Höhe $\Phi_i(\omega)\cdot 1_{(t_{i-1},t_i]}(t)$.

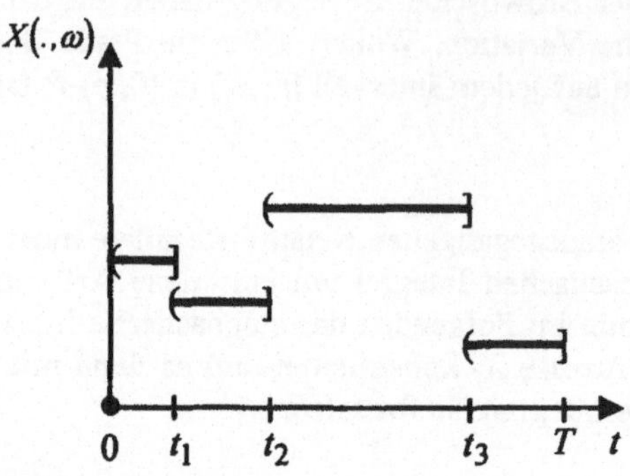

Bild II.3 Pfad eines einfachen Prozesses

Definition 24

Für einen einfachen Prozess $\{X_t\}_{t\in[0,T]}$ definiert man das **stochastische Integral** $I.(X)$ für $t\in(t_k,t_{k+1}]$ gemäß

$$I_t(X) := \int_0^t X_s\, dW_s := \sum_{1\le i\le k} \Phi_i\left(W_{t_i} - W_{t_{i-1}}\right) + \Phi_{k+1}\left(W_t - W_{t_k}\right),$$

bzw. allgemeiner für $t\in[0,T]$:

$$I_t(X) := \int_0^t X_s\, dW_s := \sum_{1\le i\le p} \Phi_i\left(W_{t_i\wedge t} - W_{t_{i-1}\wedge t}\right) \quad ,$$

d.h. man multipliziert die Zuwächse der Brownschen Bewegung auf einem Intervall, auf dem X konstant ist, mit dem zugehörigen Wert von X_t, nämlich Φ_i (man vergleiche dies mit dem Lebesgue-Stieltjes-Integral für einfache Funktionen).

Satz 25 - Eigenschaften des stochastischen Integrals

$X := \{X_t\}_{t\in[0,T]}$ sei ein einfacher Prozess. Dann gelten :

a) $\{I_t(X)\}_{t\in[0,T]}$ ist ein stetiges Martingal bzgl. $\{F_t\}_{t\in[0,T]}$.
Insbesondere gilt $E(I_t(X)) = 0$ für alle $t \in [0,T]$.

b) $E\left(\int_0^t X_s \, dW_s\right)^2 = E\left(\int_0^t X_s^2 \, ds\right)$ für $t \in [0,T]$.

c) $E\left(\sup_{0\le t\le T}\left|\int_0^t X_s \, dW_s\right|\right)^2 \le 4 \cdot E\left(\int_0^T X_s^2 \, ds\right)$.

Bemerkungen

a) Nach Satz 25 b) ist das stochastische Integral insbesondere quadrat-integrierbar.

b) Für den einfachen Prozess $X_t \equiv 1$ gilt

$$\int_0^t 1 \, dW_s = W_t \,,$$

und somit auch

$$E\left(\int_0^t dW_s\right)^2 = E\left(W_t^2\right) = t = \int_0^t ds \qquad (*)$$

Diese Beziehung wird oft mit

$$dW_t = \sqrt{dt}$$

beschrieben, was aber immer nur im Sinne von (*) zu verstehen ist und nicht etwa als Gleichheit zweier Differentiale.

Beweis von Satz 25:

a) Da Φ_i $F_{t_{i-1}}$-messbar und W_{t_k} F_t-messbar für $t_k \le t$, ist $I_t(X)$ F_t-messbar. Offenbar ist $I_t(X)$ stetig, wenn man beachtet, dass die Brownsche Bewegung stetige Pfade hat . Es seien $t \in (t_{k-1}, t_k]$, $s \in (t_{l-1}, t_l]$, $s < t$. OBdA sei $k > l$. Da Φ_i, $i=1,\dots,l$, F_s-messbar und W_r F_s-messbar für $r \le s$, gilt

$$E\left(I_t(X)\middle| F_s\right) = E\left(\sum_{i=1}^{l-1}\Phi_i\left(W_{t_i}-W_{t_{i-1}}\right)+\Phi_l\left(W_{t_l}-W_s+W_s-W_{t_{l-1}}\right)\right.$$
$$\left.+\sum_{i=l+1}^{k-1}\Phi_i\left(W_{t_i}-W_{t_{i-1}}\right)+\Phi_k\left(W_t-W_{t_{k-1}}\right)\middle|F_s\right)$$
$$=\sum_{i=1}^{l-1}\Phi_i\left(W_{t_i}-W_{t_{i-1}}\right)+\Phi_l\left(W_s-W_{t_{l-1}}\right)+\underbrace{E\left(\Phi_l\left(W_{t_l}-W_s\right)\middle|F_s\right)}_{=:A}$$
$$+\underbrace{E\left(\sum_{i=l+1}^{k-1}\Phi_i\left(W_{t_i}-W_{t_{i-1}}\right)+\Phi_k\left(W_t-W_{t_{k-1}}\right)\middle|F_s\right)}_{=:B}$$
$$=I_s(X)+A+B$$

Für $i \geq l+1$ und $u \geq t_{i-1}$ gilt (beachte: dann ist $t_{i-1} \geq s$)

$$E\left(\Phi_i\left(W_u-W_{t_{i-1}}\right)\middle| F_s\right)=E\left(E\left(\Phi_i\left(W_u-W_{t_{i-1}}\right)\middle| F_s\right)\middle| F_{t_{i-1}}\right)$$
$$=E\left(E\left(\Phi_i\left(W_u-W_{t_{i-1}}\right)\middle| F_{t_{i-1}}\right)\middle| F_s\right)=E\left(\Phi_i\cdot E\left(W_u-W_{t_{i-1}}\right)\middle| F_s\right)=0$$

Da außerdem Φ_l F_s-messbar und $W_{t_l}-W_s$ unabhängig von F_s sind, sind die beiden Summanden A und B in der oberen Summe gleich Null, folglich ist $E\left(I_t(X)\middle| F_s\right)=I_s(X)$. Der Fall $s=0$ folgt mit einer offensichtlichen Modifikation auf analoge Weise.

b) Der Einfachheit halber sei $t := t_{k+1}$. Dann gilt

$$E\left(I_t(X)^2\right)=E\left(\sum_{i=1}^{k}\sum_{j=1}^{k}\Phi_i\Phi_j\left(W_{t_i}-W_{t_{i-1}}\right)\left(W_{t_j}-W_{t_{j-1}}\right)\right).$$

Fall $i \neq j$: OBdA sei $i > j$:

$$E\left(\Phi_i\Phi_j\left(W_{t_i}-W_{t_{i-1}}\right)\left(W_{t_j}-W_{t_{j-1}}\right)\right)$$
$$=E\left(E\left(\Phi_i\Phi_j\left(W_{t_i}-W_{t_{i-1}}\right)\left(W_{t_j}-W_{t_{j-1}}\right)\middle| F_{t_{i-1}}\right)\right)$$

$$= E\left(\Phi_j \cdot \left(W_{t_j} - W_{t_{j-1}}\right) \cdot \Phi_i \cdot \underbrace{E\left(W_{t_i} - W_{t_{i-1}} \middle| F_{t_{i-1}}\right)}_{=0}\right) = 0$$

Fall $i = j$:

$$E\left(\Phi_i^2 \left(W_{t_i} - W_{t_{i-1}}\right)^2\right) = E\left(\Phi_i^2 \cdot E\left(\left(W_{t_i} - W_{t_{i-1}}\right)^2 \middle| F_{t_{i-1}}\right)\right) = E\left(\Phi_i^2 \cdot \left(t_i - t_{i-1}\right)\right)$$

aufgrund der Eigenschaften der Brownschen Bewegung. Somit ist

$$E\left(I_t(X)^2\right) = E\left(\sum_{i=1}^{k} \Phi_i^2 \cdot \left(t_i - t_{i-1}\right)\right) = E\left(\int_0^t X_s^2 \, ds\right).$$

c) folgt aus a) und b) und der Doob'schen Ungleichung in Satz 18. □

Bemerkungen

a) Allgemeine Integralgrenzen lassen sich folgendermaßen einführen:

$$\int_t^T X_s \, dW_s := \int_0^T X_s \, dW_s - \int_0^t X_s \, dW_s \quad \text{für } t \le T.$$

Damit folgt für $t \le T, A \in F_t$:

$$\int_0^T 1_A(\omega) \cdot X_s(\omega) \cdot 1_{[t,T]}(s) \, dW_s = 1_A(\omega) \cdot \int_t^T X_s(\omega) \, dW_s .$$

b) Seien X, Y einfache Prozesse, a, $b \in \mathbf{R}$. Das stochastische Integral ist dann linear:

$$I_t(aX + bY) = a \cdot I_t(X) + b \cdot I_t(Y)$$

Wie in der Motivation zu Beginn des Exkurses schon angedeutet, müssen wir uns jetzt näher mit Messbarkeitsvoraussetzungen an den stochastischen Prozess X beschäftigen, um das stochastische Integral für allgemeinere Integranden definieren zu können.

Definition 26

Gegeben sei ein stochastischer Prozess $\{(X_t, G_t)\}_{t\in[0,\infty)}$. Dann heißt dieser Prozess **messbar,** falls die Abbildung

$$\begin{aligned}&[0,\infty)\times\Omega\to\mathbf{R}^n\\&(s,\omega)\mapsto X_s(\omega)\end{aligned}$$

$B([0,\infty))\otimes F-B(\mathbf{R}^n)$ -messbar ist.

Bemerkung

Falls der Prozess X messbar ist, ist insbesondere $X(.,\omega)$ für festes $\omega\in\Omega$ $B[0,\infty)$-$B(\mathbf{R}^n)$-messbar. Somit ist dann für alle $t\in[0,\infty)$, i=1,...,n, das Integral $\int_0^t X_i^2(s)\,ds$ definiert.

Definition 27

Gegeben sei ein stochastischer Prozess $\{(X_t, G_t)\}_{t\in[0,\infty)}$. Dann heißt dieser Prozess **progressiv messbar,** falls für jedes $t\geq 0$ die Abbildung

$$\begin{aligned}&[0,t]\times\Omega\to\mathbf{R}^n\\&(s,\omega)\mapsto X_s(\omega)\end{aligned}$$

$B([0,t])\otimes G_t-B(\mathbf{R}^n)$ -messbar ist.

Bemerkungen

a) Falls $\{(X(t), G_t)\}_{t\in[0,\infty)}$ progressiv messbar und beschränkt ist, ist für alle $t\in[0,\infty)$ das Integral $\int_0^t X_i(s)\,ds$ G_t-messbar.

b) Offensichtlich ist jeder progressiv messbare Prozess messbar.

c) Man kann zeigen, dass jeder messbare Prozess X eine progressiv messbare Modifikation besitzt (Satz von Chung & Doob (1965)).

Satz 28

Falls alle Pfade des stochastischen Prozesses $\{(X_t, G_t)\}_{t\in[0,\infty)}$ rechtsstetig (linksstetig) sind, ist der Prozess progressiv messbar.

Beweis: Wir zeigen nur den rechtsstetigen Fall, für linksstetiges X folgt die Behauptung analog.

Sei $t>0$, $m \in \mathbf{N}$, $k=0, 1,..., 2^m-1$, $0 \leq s \leq t$, definiere dann

$$X_0^{(m)}(\omega) := X_0(\omega)$$
$$X_s^{(m)}(\omega) := X_{(k+1)t/2^m}(\omega) \text{ für } \frac{kt}{2^m} < s \leq \frac{(k+1)\,t}{2^m}$$

Die Abbildung

$$[0,t] \times \Omega \to \mathbf{R}^n$$
$$(s,\omega) \mapsto X_s^{(m)}(\omega)$$

ist offensichtlich $B([0,t]) \otimes G_t - B(\mathbf{R}^n)$ -messbar. Da der Prozess X_t rechtsstetige Pfade hat, gilt außerdem

$$\lim_{m\to\infty} X_s^{(m)}(\omega) = X_s(\omega) \text{ für alle } (s,\omega) \in [0,t] \times \Omega .$$

Damit ist auch der P-fast sichere Grenzwert $\omega \mapsto X_s(\omega)$ $B([0,t]) \otimes G_t - B(\mathbf{R}^n)$ -messbar. □

Der folgende Satz liefert uns eine wichtige Eigenschaft progressiv messbarer Prozesse, nämlich dass der gestoppte Prozess $\{X_{t\wedge\tau}\}_t$ bzgl. der ursprünglichen Filterung messbar ist:

Satz 29

Sei τ eine Stoppzeit bzgl. einer Filterung $\{G_t\}_{t\in[0,\infty)}$. Ist der stochastische Prozess $\{(X_t, G_t)\}_{t\in[0,\infty)}$ progressiv messbar, dann ist auch der gestoppte Prozess $\{(X_{t\wedge\tau}, G_t)\}_{t\in[0,\infty)}$ progressiv messbar. Insbesondere ist $X_{t\wedge\tau}$ G_t-messbar und außerdem $G_{t\wedge\tau}$-messbar.

Beweis:

Die Abbildung $(s,\omega) \mapsto X_{s\wedge\tau}(\omega)$ von $[0,t] \times \Omega \to \mathbf{R}^n$ ist zusammengesetzt aus den Abbildungen $f_1 : (s,\omega) \mapsto ((s\wedge\tau)(\omega), \omega)$ und $f_2 : (s,\omega) \mapsto X_s(\omega)$. f_1 ist $B([0,t])$-G_t-messbar, da $s\wedge\tau$ $G_{s\wedge\tau}$-messbar und $G_{s\wedge\tau} \subset G_t$, f_2 ist offensichtlich $B([0,t])$-G_t-messbar, da X nach Voraussetzung progressiv messbar ist, damit ist auch $f_2 \circ f_1$ $B([0,t])$-G_t-messbar und somit ist der Prozess $\{(X_{t\wedge\tau}, G_t)\}_{t\in[0,\infty)}$ progressiv messbar.

Um die $G_{t\wedge\tau}$-Messbarkeit von $X_{t\wedge\tau}$ zu beweisen, müssen wir zeigen, dass für beliebiges $A \in B(\mathbf{R}^n)$ gilt :

$$X_{t\wedge\tau}^{-1}(A) \cap \{t \wedge \tau \le s\} \in G_s \quad \text{für alle } s \ge 0.$$

Fall $s>t$: Es gilt $\{t \wedge \tau \le s\} = \Omega$ und $X_{t\wedge\tau}^{-1}(A) \in G_t \subset G_s$, da $\{(X_{t\wedge\tau}, G_t)\}_{t\in[0,\infty)}$ progressiv messbar.

Fall $s \le t$: Es gilt $X_{t\wedge\tau}^{-1}(A) \cap \{t \wedge \tau \le s\} = X_{t\wedge s\wedge\tau}^{-1}(A) \cap \{t \wedge \tau \le s\} \in G_s \cap G_s$, da $\{(X_{s\wedge\tau}, G_s)\}_{s\in[0,\infty)}$ progressiv messbar und $t\wedge\tau$ Stoppzeit. □

Fortsetzung des stochastischen Integrals auf $L^2[0,T]$-Prozesse

Um nun das stochastischen Integral sinnvoll auf allgemeinere Integranden fortzusetzen, fordert man aufgrund der vorangegangenen Diskussion, dass diese Integranden in erster Linie progressiv messbar sein sollen. Um außerdem eine Norm auf den stochastischen Integralen definieren zu können, betrachtet man den folgenden Vektorraum:

$$\begin{aligned} L^2[0,T] &:= L^2\left([0,T], \Omega, F, \{F_t\}_{t\in[0,T]}, P\right) \\ &:= \left\{ \{(X_t, F_t)\}_{t\in[0,T]} \text{ reellwertiger stochastischer Prozess} \;\middle|\; \{X_t\}_t \text{ progressiv messbar, } E\left(\int_0^T X_t^2 \, dt\right) < \infty \right\} \end{aligned}$$

Durch

$$\|X\|_T^2 := E\left(\int_0^T X_t^2 \, dt\right)$$

wird eine Norm auf $L^2[0,T]$ definiert. Dahinter verbirgt sich die bekannte L^2-Norm auf dem Wahrscheinlichkeitsraum $([0,T]\times\Omega, B([0,T])\otimes F, \lambda\otimes P)$. Genau genommen handelt sich es hier nur um eine Halbnorm, da aus

$$\|X - Y\|_T^2 = 0$$

nicht unbedingt $X=Y$ folgt, es gilt dann nur $X=Y$ $\lambda\otimes P$-fast sicher. Man sagt dann, der Prozess X ist **äquivalent** zum Prozess Y.

Die Abbildung $X \to I.(X)$ induziert für einfache Prozesse X eine Norm für stochastische Integrale gemäß

$$\|I.(X)\|_{L_T}^2 := E\left(\int_0^T X_s \, dW_s\right)^2 = E\left(\int_0^T X_s^2 \, ds\right) = \|X\|_T^2$$

Die Abbildung $I.(X)$ ist somit linear und normerhaltend, also eine Isometrie, die sogenannte **„Itô-Isometrie"**.

Wir wollen nun das stochastische Integral $I.(X)$ auf Prozesse $X \in L^2[0,T]$ fortsetzen, indem wir zum einen verwenden, dass sich alle Prozesse $X \in L^2[0,T]$ gleichmäßig durch eine Folge einfacher Prozesse $X^{(n)}$ approximieren lassen, und zum anderen, dass die zugehörige Folge $I.(X^{(n)})$ stochastischer Integrale gemäß der Itô-Isometrie eine Cauchy-Folge bzgl. der L_T-Norm bildet. Es ist zu zeigen, dass die Cauchy-Folge konvergiert und der Grenzwert unabhängig von der approximierenden Folge $X^{(n)}$ ist. Diesen Grenzwert werden wir dann mit $I(X) = \int X_s dW_s$ bezeichnen. Man kann sich nun die Fortsetzung des stochastischen Integrals auf $L^2[0,T]$ mittels des folgenden Diagramms veranschaulichen (wobei $M_2{}^c$ den Raum der stetigen, quadrat-integrierbaren Martingale darstellt) :

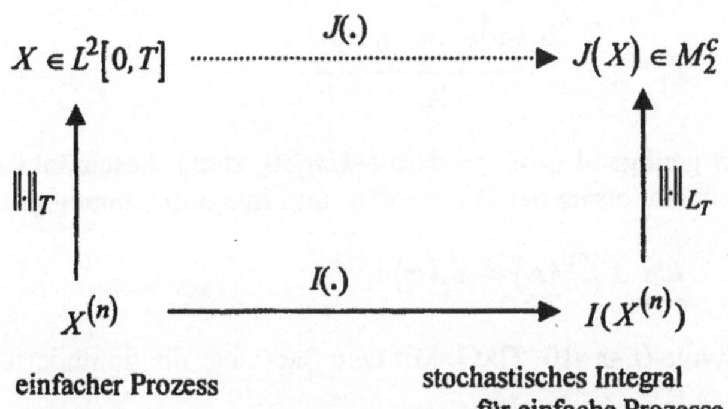

Bild II.4 Fortsetzung des stochastischen Integrals

Man beachte, dass für einen einfachen Prozess $X^{(n)}$ gilt:

$$\left\|X^{(n)}\right\|_T = \left\|I\left(X^{(n)}\right)\right\|_{L_T}$$

Satz 30

Ein beliebiges $X \in L^2[0,T]$ lässt sich durch eine Folge von einfachen Prozessen $X^{(n)}$ approximieren, genauer: Es gibt eine Folge $X^{(n)}$ einfacher Prozesse mit

$$\lim_{n\to\infty} E\int_0^T \left(X_s - X_s^{(n)}\right)^2 ds = 0$$

Beweis:

a) <u>$X \in L^2[0,T]$ stetig und beschränkt:</u> Wähle

$$X_t^{(n)}(\omega) := X_0(\omega)\cdot 1_{\{0\}}(t) + \sum_{k=0}^{2^n-1} X_{\frac{kT}{2^n}}(\omega)\cdot 1_{\left(\frac{kT}{2^n},\frac{(k+1)T}{2^n}\right]}(t).$$

Die gewünschte Konvergenz folgt dann aus dem Satz über die dominierte Konvergenz.

b) <u>$X \in L^2[0,T]$ beschränkt:</u> Sei $G_t(\omega) := \int_0^t X_s(\omega)\,ds$. Dann ist

$$\tilde{X}_t^{(m)} := \frac{G_t(\omega) - G_{\left(t-\frac{1}{m}\right)}(\omega)}{\frac{1}{m}}$$

für $m \in \mathbb{N}$, m genügend groß, so dass $t-1/m \geq 0$, stetig, beschränkt und F_t-messbar. Nach dem Hauptsatz der Differential- und Integralrechnung gilt

$$\lim_{m\to\infty} \tilde{X}_t^{(m)}(\omega) = X_t(\omega)$$

für $\lambda\otimes P$-fast alle $(t,\omega)\in[0,T]\times\Omega$. Mit dem Satz über die dominierte Konvergenz folgt

$$E\int_0^T \left(\tilde{X}_t^{(m)} - X_t\right)^2 dt \xrightarrow{m\to\infty} 0.$$

Somit kann man nach a) eine Folge $X^{(n)} := X^{(m_n)}$ einfacher Prozesse wählen mit

$$E\int_0^T \left(X_t^{(n)} - X_t\right)^2 dt \xrightarrow{n\to\infty} 0.$$

c) <u>$X \in L^2[0,T]$ beliebig:</u> Definiere

$$\widetilde{X}_t^{(m)}(\omega) := X_t(\omega) \cdot 1_{\{\omega \mid |X_t(\omega)| \le m\}}(\omega)$$

Dieser Prozess ist dann beschränkt und erfüllt

$$E \int_0^T \left| \widetilde{X}_t^{(m)} - X_t \right|^2 dt \xrightarrow{m \to \infty} 0$$

aufgrund des Satzes über die dominierte Konvergenz, da $\left| \widetilde{X}_t^{(m)} \right| \le |X_t|$.

Nach a) und b) existiert eine geeignete „Diagonalfolge" $X^{(n)} := X^{(m_n)}$ einfacher Prozesse mit

$$E \int_0^T \left| X_t^{(n)} - X_t \right|^2 dt \xrightarrow{n \to \infty} 0 .$$ □

Für den Beweis des wichtigen Satzes über die Konstruktion des Itô-Integrals benötigen wir noch, dass man bestimmte Martingale auf Nullmengen so abändern kann, dass sie rechtsstetig werden und Martingal bleiben:

Hilfssatz 31

Sei $\{(X_t, G_t)\}_{t \in [0,\infty)}$ ein Martingal, wobei die Filterung $\{G_t\}_{t \in [0,\infty)}$ die üblichen Bedingungen erfülle. Dann besitzt der Prozess X_t eine rechtsstetige Modifikation $\{(Y_t, G_t)\}_{t \in [0,\infty)}$, so dass $\{(Y_t, G_t)\}_{t \in [0,\infty)}$ Martingal ist.

Beweis:

Dies folgt aus Satz I.3.13 in Karatzas/Shreve (1991). Dieser Satz besagt, dass unter den obigen Voraussetzungen der Prozess X_t eine rechtsstetige Modifikation $\{(Y_t, G_t)\}_{t \in [0,\infty)}$ besitzt, so dass $\{(Y_t, G_t)\}_{t \in [0,\infty)}$ Sub-Martingal ist, falls die Funktion $t \mapsto EX_t$ rechtsstetig ist. Da X Martingal ist, ist der Erwartungswert konstant und damit offensichtlich diese Bedingung erfüllt. Für die Modifikation Y gilt dann $EY_t = EX_t$ für alle $t \ge 0$, dieser Prozess ist damit ein Sub-Martingal mit konstantem Erwartungswert und folglich ein Martingal. □

Satz 32 - Konstruktion des Itô-Integrals für Prozesse aus $L^2[0,T]$

Es existiert eine eindeutige lineare Abbildung J von $L^2[0,T]$ in den Raum der stetigen Martingale auf $[0,T]$ bzgl. $\{F_t\}_{t\in[0,T]}$ mit

i) $X=\{X_t\}_{t\in[0,T]}$ einfacher Prozess $\Rightarrow P\big(J_t(X)=I_t(X) \text{ für alle } t\in[0,T]\big)=1$

ii) $E\left(J_t(X)^2\right)=E\left(\int_0^t X_s^2\,ds\right)$ **„Itô-Isometrie"**

Diese Abbildung ist im folgenden Sinne eindeutig: Erfüllen Abbildungen J,J' die Bedingungen i) und ii), so sind für alle $X\in L^2[0,T]$ die Prozesse $J'(X)$ und $J(X)$ ununterscheidbar.

Definition 33

Für $X\in L^2[0,T]$ und J wie in Satz 32 setzen wir

$$\int_0^t X_s\,dW_s := J_t(X)$$

und nennen dies das **stochastische Integral** bzw. das **Itô-Integral** von X bzgl. W.

Beweis von Satz 32:

a) Zunächst approximieren wir den Prozess X mit Hilfe einfacher Prozesse und untersuchen dann die Konvergenz der zugehörigen stochastischen Integrale:
Nach Satz 30 existiert zu $X\in L^2[0,T]$ eine Folge einfacher Prozesse $X^{(m)}\in L^2[0,T]$ mit

$$\lim_{m\to\infty} E\int_0^T \left(X_s-X_s^{(m)}\right)^2 ds=0.$$

Diese Folge $X^{(m)}$ ist auch Cauchy-Folge bzgl. der T-Norm. Aufgrund der Linearitäts-Eigenschaft des stochastischen Integrals für einfache Prozesse und nach Satz 25 b) gilt dann für $t\in[0,T]$:

$$E\left(I_t\left(X^{(n)}\right)-I_t\left(X^{(m)}\right)\right)^2 = E\left(I_t\left(X^{(n)}-X^{(m)}\right)\right)^2$$

$$= E\left(\int_0^t \left(X^{(n)} - X^{(m)}\right)^2 ds\right) \xrightarrow{n,m\to\infty} 0$$

Damit ist die Folge $I_t(X^{(m)})$ Cauchy-Folge in $L^2(\Omega, F_t, P)$ mit einem F_t-messbaren, quadrat-integrierbaren L^2-Grenzwert, den wir $I_t(X)$ nennen. Da aus der Konvergenz im quadratischen Mittel die P-stochastische Konvergenz folgt, gilt für jedes $\varepsilon > 0$:

$$P\left(\left|I_t\left(X^{(m)}\right) - I_t(X)\right| > \varepsilon\right) \xrightarrow{m\to\infty} 0$$

Mit einer Teilfolge $X^{(m_k)}$ erhalten wir dann P- fast sichere Konvergenz gegen den Grenzwert $I_t(X)$.

Insgesamt erhalten wir so einen neuen stochastischen Prozess bzgl. $\{F_t\}_{t\in[0,T]}$, nämlich $I(X) := \{I_t(X)\}_{t\in[0,T]}$. Über diesen Grenzwert können wir bisher wenig sagen. So wissen wir insbesondere nicht, ob der Prozess $I(X)$ stetig ist. Auch ist der L^2-Grenzwert $I_t(X)$ nicht eindeutig, er ist nur P-fast sicher festgelegt und die Teilfolgen, die die fast sichere Konvergenz ergeben, sind unter Umständen für jedes t verschieden.

b) Wir können allerdings zeigen, dass der Prozess $I(X)$ als L^2-Grenzwert ein Martingal ergibt:

Seien $t, s \in [0, T]$, $t > s$. Dann gilt, da das stochastische Integral für einfache Prozesse ein Martingal ist:

$$E\left(I_t\left(X^{(m)}\right) \middle| F_s\right) = I_s\left(X^{(m)}\right) \text{ für alle } m \in \mathbb{N}.$$

Nach Definition der bedingten Erwartung gilt dann

$$\int_A I_t\left(X^{(m)}\right) dP = \int_A I_s\left(X^{(m)}\right) dP \quad \text{für alle } A \in F_s \text{ und alle } m \in \mathbb{N}.$$

Aufgrund der L^2-Konvergenz gelten aber auch

$$\int_A I_t\left(X^{(m)}\right) dP \xrightarrow{m\to\infty} \int_A I_t(X)\, dP \quad \text{und}$$

$$\int_A I_s\left(X^{(m)}\right) dP \xrightarrow{m\to\infty} \int_A I_s(X)\, dP.$$

Insgesamt folgt also

$$\int_A I_t(X)\,dP = \int_A I_s(X)\,dP \quad \text{für alle } A \in F_s.$$

Da $I_s(X)$ F_s-messbar ist, folgt daraus die Martingaleigenschaft

$$E\left(I_t(X)\middle|F_s\right) = I_s(X) \quad P\text{-fast sicher.}$$

c) Jetzt konstruieren wir die Abbildung J mit Hilfe des L^2-Grenzwertes $I_t(X)$.

Da die Filterung $\{F_t\}_t$ die üblichen Bedingungen erfüllt und $\{I_t(X)\}_t$ Martingal ist, können wir nach Hilfssatz 31 für jedes t den Grenzwert $I_t(X)$ auf einer P-Nullmenge so abändern, dass sich insgesamt ein rechtsstetiger Prozess $\{J_t(X), F_t\}_t$ ergibt, der Martingal ist. Insbesondere ist $J_t(X)$ quadrat-integrierbar ist.

d) Wir beweisen nun die Stetigkeit von $J(X)$:

Das so konstruierte rechtsstetige Martingal $J(X)$ ist weiterhin L^2-Grenzwert der Folge $I_t(X^{(m)})$. Indem wir die Doob'sche Ungleichung in Satz 18 anwenden, ergibt sich

$$E\left(\sup_{0\le t\le T}\left|I_t\left(X^{(m)}\right) - J_t(X)\right|\right)^2$$

$$\le 4\cdot E\left(I_T\left(X^{(m)}\right) - J_T(X)\right)^2 \xrightarrow{m\to\infty} 0.$$

Es gibt also eine Teilfolge $X^{(m_k)}$ mit

$$E\left(\sup_{0\le t\le T}\left|I_t\left(X^{(m_k)}\right) - J_t(X)\right|\right)^2 \le \frac{1}{2^k\cdot k^2}.$$

Insbesondere gilt dann mit der Chebyshev-Ungleichung

$$P\left(\sup_{0\le t\le T}\left|I_t\left(X^{(m_k)}\right) - J_t(X)\right| \ge \frac{1}{k}\right) \le k^2\cdot E\left(\sup_{0\le t\le T}|\ldots|\right)^2 \le \frac{1}{2^k}.$$

Nach dem 1.Borel-Cantelli-Lemma konvergiert damit die Folge stetiger Prozesse $\{I_t(X^{(m_k)})\}_{t\in[0,T]}$ für $k\to\infty$ gleichmäßig P-fast sicher gegen einen rechtsstetigen Prozess $J(X)$, der damit auch P-fast sicher stetige Pfade besitzt. Wir können deshalb oBdA annehmen, dass $J(X)$ stetige Pfade besitzt.

e) Nun zeigen wir, dass $J_t(X)$ nicht von der approximierenden Folge $X^{(m)}$ abhängt.

Seien $X^{(m)} \in L^2[0,T]$, $Y^{(m)} \in L^2[0,T]$ approximierende Folgen von $X \in L^2[0,T]$ mit L^2-Grenzwerten $I(X)$ und $I'(X)$, dann ist auch

$$Z^{(m)} := \begin{cases} X^{(m)} & , m \text{ gerade} \\ Y^{(m)} & , m \text{ ungerade} \end{cases}$$

approximierende Folge zu X und $I_t(Z^{(m)})$ konvergiert sowohl gegen $I_t(X)$ als auch gegen $I'_t(X)$ in L^2. Daraus folgt dass für jedes $t \in [0,T]$ $I_t(X)$ und $I'_t(X)$ P-fast sicher gleich sein müssen, also auch mit $J_t(X)$ P-fast sicher überein stimmen.

f) Weiter gilt aufgrund der Konvergenz von $I_t(X^{(n)})$ in L^2 und mit Satz 25 b) :

$$E\left(J_t(X)^2\right) = \lim_{n\to\infty} E\left(I_t\left(X^{(n)}\right)^2\right) = \lim_{n\to\infty} E\left(\int_0^t \left(X_s^{(n)}\right)^2 ds\right) = E\left(\int_0^t X_s^2\, ds\right)$$

Die letzte Gleichheit folgt, weil X in $([0,T]\times\Omega, B([0,T])\otimes F, \lambda\otimes P)$ L^2-Grenzwert von $X^{(n)}$ ist.

g) Die Linearitäts-Eigenschaft der Abbildung J ergibt sich ähnlich wie in Teil f) durch Grenzübergang zusammen mit der Linearitätseigenschaft des stochastischen Integrals für einfache Prozesse.

h) Eindeutigkeit der Abbildung J:

Sei J' eine weitere lineare Abbildung mit den im Satz geforderten Eigenschaften. Dann folgt mit der Eigenschaft i) und aus der Stetigkeit linearer Abbildungen für alle $t \in [0,T]$:

$$J'_t(X) = J'_t\left(\lim_{k\to\infty} X^{(m_k)}\right) = \lim_{k\to\infty} J'_t\left(X^{(m_k)}\right) = \lim_{k\to\infty} I_t\left(X^{(m_k)}\right) = J_t(X)$$

P-fast sicher.

Da $J_t(X)$ und $J'_t(X)$ beides stetige Prozesse sind, folgt nach Satz 5 sogar ihre Ununterscheidbarkeit. □

Satz 34 - Spezialfall der Doob'schen Ungleichung

Sei $X \in L^2[0,T]$, dann gilt:

$$E\left(\sup_{0\le t\le T}\left|\int_0^t X_s\, dW_s\right|\right)^2 \le 4\cdot E\left(\int_0^T X_s^2\, ds\right)$$

Beweis:
folgt aus der Doob'schen Ungleichung in Satz 18 und der Itô-Isometrie, da $\int_0^t X_s\, dW_s$ Martingal ist. □

Definition 35 - Mehrdimensionale Verallgemeinerung des stochastischen Integrals

Sei $\{(W(t), F_t)\}_t$ mit $W(t)=(W_1(t),...,W_m(t))$ eine m-dimensionale Brownsche Bewegung und $\{(X(t), F_t)\}_{t\in[0,T]}$ ein $\mathbf{R}^{n,m}$-wertiger progressiv messbarer Prozess mit $X_{ij} \in L^2[0,T]$. Dann definiert man das stochastische Integral $\int X\, dW$ wie folgt:

$$\int_0^t X(s)\, dW(s) := \begin{pmatrix} \sum_{j=1}^m \int_0^t X_{1j}(s)\, dW_j(s) \\ \vdots \\ \sum_{j=1}^m \int_0^t X_{nj}(s)\, dW_j(s) \end{pmatrix},$$

wobei die einzelnen Summanden eindimensionale Itô-Integrale sind. Man beachte, dass

$$\sum_{j=1}^m \int_0^t X_{ij}(s)\, dW_j(s)$$

wieder Martingale sind.

Weitere Fortsetzung des stochastischen Integrals

Zur Modellierung von Handelsstrategien benötigen wir eine Fortsetzung des stochastischen Integrals auf eine größere Klasse von Prozessen als $L^2[0,T]$. Wir werden hierzu den Vektorraum

$$H^2[0,T] := H^2\left([0,T],\Omega,F,\{F_t\}_{t\in[0,T]},P\right)$$

$$:= \Big\{(X_t,F_t)_{t\in[0,T]} \text{ reellwertiger stochastischer Prozess} \;\Big|$$

$$\{X_t\}_t \text{ progressiv messbar, } \int_0^T X_t^2\,dt < \infty \text{ P-fast sicher}\Big\}$$

betrachten. Da Prozesse $X\in H^2[0,T]$ nicht unbedingt eine endliche T-Norm besitzen, können sie auch nicht auf die gleiche Weise durch einfache Prozesse approximiert werden, wie dies im Beweis von Satz 30 für Prozesse aus $L^2[0,T]$ durchgeführt wurde. Allerdings lässt sich ein Prozess $X\in H^2[0,T]$ mit Hilfe von Stoppzeiten **lokalisieren**, genauer:

Durch die Folge von Stoppzeiten τ_n, $n\in\mathbf{N}$, mit

$$\tau_n(\omega) := T \wedge inf\left\{0\le t\le T \,\middle|\, \int_0^t X_s^2(\omega)\,ds \ge n\right\}$$

(τ_n ist tatsächlich Stoppzeit bzgl. $\{F_t\}_t$, siehe Übung Ü.4) definiert man die Folge gestoppter Prozesse $X^{(n)}$ über

$$X_t^{(n)}(\omega) := X_t(\omega)\cdot 1_{\{\tau_n(\omega)\ge t\}}.$$

Hierdurch erreicht man, dass die Prozesse $X^{(n)}$ für alle $n\in\mathbf{N}$ in $L^2[0,T]$ liegen. Folglich lässt sich für $X^{(n)}$ das stochastische Integral $I(X^{(n)})$ wie in Satz 32 bestimmen. Man definiert dann auch das stochastische Integral $I(X)$ über

$$I_t(X) := I_t\left(X^{(n)}\right) \quad \text{für } 0\le t\le \tau_n.$$

$I_t(X)$ ist für $X\in H^2[0,T]$ wohldefiniert, da auch die Konsistenzeigenschaft

$$I_t(X) = I_t\left(X^{(m)}\right) \quad \text{für } 0\le t\le \tau_n\ (\le \tau_m),\ m\ge n,$$

gilt. Außerdem gilt für $X\in H^2[0,T]$, dass die nichtfallende Folge von Stoppzeiten

$$\tau_n \xrightarrow{n\to\infty} +\infty \quad P\text{-fast sicher}$$

erfüllt. Somit ist $I_t(X)$ per Konstruktion ein **lokales Martingal** mit lokalisierender Folge τ_n. Das so definierte stochastische Integral ist weiterhin linear und besitzt stetige Pfade. Allerdings gelten nun die Eigenschaften aus den Sätzen 32 ii) (Itô-Isometrie) und 34 nicht mehr, da sie eventuell nicht-existierende Erwartungswerte beinhalten.

Exkurs 3: Die Itô-Formel

Das fundamentale Werkzeug zum Rechnen mit stochastischen Integralen ist die Itô-Formel. Wir werden sie hier nur für den Fall sogenannter Itô-Prozesse einführen.

> ***Allgemeine Voraussetzungen für diesen Abschnitt:***
>
> Gegeben sei ein vollständiger Wahrscheinlichkeitsraum (Ω, F, P), der mit einer Filterung $\{F_t\}_t$ versehen sei, die die üblichen Bedingungen erfüllt. Weiter sei auf diesem Raum eine Brownsche Bewegung $\{(W_t, F_t)\}_{t\in[0,\infty)}$ bzgl. dieser Filterung definiert.

Definition 36

$\{(W(t), F_t)\}_{t\in[0,\infty)}$ sei eine m-dimensionale Brownsche Bewegung, $m\in\mathbb{N}$.

a) $\{(X(t), F_t)\}_{t\in[0,\infty)}$ **heißt reellwertiger Itô-Prozess**, falls er für alle $t\geq 0$ eine Darstellung

$$X(t) = X(0) + \int_0^t K(s)\,ds + \int_0^t H(s)\,dW(s)$$

$$= X(0) + \int_0^t K(s)\,ds + \sum_{j=1}^m \int_0^t H_j(s)\,dW_j(s) \quad P\text{-fast sicher,}$$

besitzt, wobei X_0 F_0-messbar ist und $\{K(t)\}_{t\in[0,\infty)}$, $\{H(t)\}_{t\in[0,\infty)}$ progressiv messbare Prozesse sind mit

$$\int_0^t |K(s)|\,ds < \infty \text{ und } \int_0^t H_i^2(s)ds < \infty \quad P\text{-fast sicher, für alle } t \geq 0,\ i=1,\dots,m.$$

b) Ein ***n*-dimensionaler Itô-Prozess** $X=(X^{(1)},\ldots, X^{(n)})$ besitzt als Komponenten reellwertige Itô-Prozesse.

Bemerkungen

a) Insbesondere gilt nach den obigen Voraussetzungen $H_j \in H^2[0,T]$ für alle $T>0$, $j=1,\ldots,m$.

b) Die Darstellung eines Itô-Prozesses ist eindeutig bis auf Ununterscheidbarkeit der Prozesse K_t und H_t (siehe Übung Ü.5).

c) Man verwendet für die Darstellung eines Itô-Prozesses oft auch die symbolische Differentialschreibweise

$$dX_t = K_t\,dt + H_t\,dW_t\,.$$

Definition 37

Sind X und Y reellwertige Itô-Prozesse mit den Darstellungen

$$X(t) = X(0) + \int_0^t K(s)\,ds + \int_0^t H(s)\,dW(s)$$

$$Y(t) = Y(0) + \int_0^t L(s)\,ds + \int_0^t M(s)\,dW(s)$$

so heißt

$$\langle X,Y\rangle_t := \sum_{i=1}^{m}\int_0^t H_i(s)\cdot M_i(s)\,ds$$

die **quadratische Kovariation** von X und Y. Insbesondere heißt $\langle X\rangle_t := \langle X, X\rangle_t$ **quadratische Variation** von X.

Schreibweise

Sei X ein Itô-Prozess, Y ein reellwertiger, progressiv messbarer Prozess. Setze

$$\int_0^t Y(s)\,dX(s) := \int_0^t Y(s)\cdot K(s)\,ds + \int_0^t Y(s)\cdot H(s)\,dW(s)$$

falls die Integrale auf der rechten Seite definiert sind.

Jetzt sind wir so weit, dass wir die eindimensionale Itô-Formel formulieren können:

Satz 38 - Eindimensionale Itô-Formel

W_t sei eine eindimensionale Brownsche Bewegung, X_t sei ein reellwertiger Itô-Prozess mit

$$X_t = X_0 + \int_0^t K_s \, ds + \int_0^t H_s \, dW_s ,$$

f: **R**→**R** sei zweimal stetig differenzierbar. Dann gilt für alle $t \geq 0$:

$$\begin{aligned} f(X_t) &= f(X_0) + \int_0^t f'(X_s) \, dX_s + \tfrac{1}{2} \cdot \int_0^t f''(X_s) d\langle X \rangle_s \\ &= f(X_0) + \int_0^t \left(f'(X_s) \cdot K_s + \tfrac{1}{2} \cdot f''(X_s) \cdot H_s^2 \right) ds \\ &\quad + \int_0^t f'(X_s) H_s \, dW_s \quad P\text{-fast sicher.} \end{aligned}$$

Insbesondere sind alle auftretenden Integrale definiert.

Bemerkung

In der Kurzschreibweise sieht man deutlich, dass sich die Itô-Formel vom Fundamentalsatz der Differential- und Integral-Rechnung um den weiteren Summanden

$$\tfrac{1}{2} \cdot \int_0^t f''(X_s) \, d\langle X \rangle_s$$

unterscheidet. (Beachte: die quadratische Variation $\langle X \rangle_t$ ist trivialerweise ein Itô-Prozess.)

Differentialschreibweise

Man verwendet für die Itô-Formel oft die symbolische Differentialschreibweise

$$df(X_t) = f'(X_t) dX_t + \tfrac{1}{2} \cdot f''(X_t) \, d\langle X \rangle_t .$$

Beweis der Itô-Formel (Satz 38):

1. Schritt: Lokalisierung

Man stellt zunächst durch Lokalisierung sicher, dass alle auftretenden Erwartungswerte existieren und Grenzprozesse vertauscht werden dürfen. Definiere für $t \geq 0$

$$M_t := \int_0^t H_s\, dW_s \ , \ B_t := \int_0^t K_s\, ds \ , \ \hat{B}_t := \int_0^t |K_s|\, ds$$

und für $n \in \mathbb{N}$ die Stoppzeiten

$$T_n := \begin{cases} 0, \text{ falls } |X_0| \geq n \\ \inf\left\{ t \geq 0 \,\middle|\, |M_t| \geq n \text{ oder } \hat{B}_t \geq n \text{ oder } \int_0^t H_s^2\, ds \geq n \right\}, \text{ falls } |X_0| < n \\ \infty, \text{ falls } |X_0| < n \text{ und } \{\ldots s.o.\ldots\} = \varnothing \end{cases}$$

Dann gilt $T_1 \leq T_2 \leq \ldots \to \infty$ P-fast sicher. Lässt sich die Itô-Formel für den gestoppten Prozess

$$X_t^{(n)} := X_{t \wedge T_n}$$

zeigen, so erhält man das allgemeine Ergebnis durch Grenzübergang $n \to \infty$ (vgl. auch Übung Ü.7). Durch diese Lokalisierung kann man nun oBdA annehmen, dass $X_0(\omega)$, $M_t(\omega)$, $\hat{B}_t(\omega)$ und $\int H_s^2 ds$ alle durch eine Konstante C auf $[0,\infty) \times \Omega$ beschränkt sind. Dann gilt auch $|X_t(\omega) \leq 3C|$. Außerdem ist dann $H_t \in L^2[0,T]$ und das lokale Martingal M_t ein Martingal. Die Werte von f außerhalb $[-3C,3C]$ sind irrelevant, da X_t unter obigen Annahmen keine Werte außerhalb dieses Intervalls annimmt. Wir können uns deshalb auf den Fall f zweimal stetig differenzierbar mit kompakten Träger zurückziehen. Somit sind auch f, f', f'' beschränkt.

2. Schritt: Taylor-Entwicklung

Sei $t>0$ und $\pi = \{t_0, t_1, \ldots, t_m\}$ mit $t_0 = 0$, $t_m = t$ eine Partition von $[0,t]$. Definiere

$$\|\pi\| := \max_{1 \leq k \leq m} |t_k - t_{k-1}|$$

Durch Taylor-Entwicklung jedes einzelnen Summanden in der folgenden Teleskopsumme gilt für festes ω (wobei wir der einfachen Notation wegen im Folgenden die Abhängigkeit von ω nicht explizit schreiben) :

$$f(X_t)-f(X_0)=\sum_{k=1}^{m}\left(f\left(X_{t_k}\right)-f\left(X_{t_{k-1}}\right)\right)$$

$$=\underbrace{\sum_{k=1}^{m} f'\left(X_{t_{k-1}}\right)\left(X_{t_k}-X_{t_{k-1}}\right)}_{(*)}+\underbrace{\frac{1}{2}\sum_{k=1}^{m} f''(\eta_k)\left(X_{t_k}-X_{t_{k-1}}\right)^2}_{(**)}$$

mit $\eta_k(\omega)=X_{t_{k-1}}(\omega)+\theta_k(\omega)\left(X_{t_k}(\omega)-X_{t_{k-1}}(\omega)\right)$, $\theta_k(\omega)\in(0,1)$.

Wir zeigen nun, dass die Summen (*), (**) in dieser Darstellung gegen die zugehörigen Integrale in der Itô-Formel konvergieren.

3. Schritt: Der lineare Term (*) :

Es gilt

$$(*)=\underbrace{\sum_{k=1}^{m} f'\left(X_{t_{k-1}}\right)\left(B_{t_k}-B_{t_{k-1}}\right)}_{A_1(\pi)}+\underbrace{\sum_{k=1}^{m} f'\left(X_{t_{k-1}}\right)\left(M_{t_k}-M_{t_{k-1}}\right)}_{A_2(\pi)}.$$

i) Für $\|\pi\| \to 0$ konvergiert $A_1(\pi)$ P-fast sicher und in L^1 gegen das Lebesgue-Stieltjes-Integral

$$\int_0^t f'(X_s)\,dB_s=\int_0^t f'(X_s)K_s\,ds$$

ii) Um die Konvergenz von $A_2(\pi)$ zu untersuchen, approximieren wir $f'(X_s)$ durch den einfachen Prozess

$$Y_s^{\pi}(\omega):=f'\left(X_0(\omega)\right)\cdot 1_{\{0\}}(s)+\sum_{k=1}^{m} f'\left(X_{t_{k-1}}(\omega)\right)\cdot 1_{\left(t_{k-1},t_k\right]}(s).$$

Mit der Itô-Isometrie folgt

$$E\left(\int_0^t\left(f'(X_s)-Y_s^{\pi}\right)\cdot H_s\,dW_s\right)^2=E\left(\int_0^t\left(f'(X_s)-Y_s^{\pi}\right)^2\cdot H_s^2\,ds\right).$$

Aufgrund des Satzes über dominierte Konvergenz geht dieser Wert für $\|\pi\| \to 0$ gegen Null. Damit folgt nun

$$A_2(\pi) = \int_0^t Y_s^\pi \cdot H_s \, dW_s \xrightarrow{\|\pi\|\to 0} \int_0^t f'(X_s) H_s \, dW_s \text{ in } L^2.$$

iii) Aus i) und ii) folgt :

$$(*) \xrightarrow{\|\pi\|\to 0} \int_0^t f'(X_s) K_s \, ds + \int_0^t f'(X_s) H_s \, dW_s \text{ in } L^1.$$

<u>4. Schritt:</u> Der quadratische Term (**)

Es gilt

$$\sum_{k=1}^m f''(\eta_k)\left(X_{t_k} - X_{t_{k-1}}\right)^2$$

$$= \underbrace{\sum_{k=1}^m f''(\eta_k)\left(B_{t_k} - B_{t_{k-1}}\right)^2}_{I_1(\pi)} + \underbrace{2\sum_{k=1}^m f''(\eta_k)\left(B_{t_k} - B_{t_{k-1}}\right)\left(M_{t_k} - M_{t_{k-1}}\right)}_{I_2(\pi)}$$

$$+ \underbrace{\sum_{k=1}^m f''(\eta_k)\left(M_{t_k} - M_{t_{k-1}}\right)^2}_{I_3(\pi)}.$$

i) Da B, M und f'' beschränkt sind, außerdem $\sum_{k=1}^m \left|B_{t_k} - B_{t_{k-1}}\right| \le \hat{B}_t < C$ gilt, folgt

$$\left|I_1(\pi) + I_2(\pi)\right| \le 2C \cdot \|f''\|_\infty \cdot \left(\max_{1\le k\le m} \left|B_{t_k} - B_{t_{k-1}}\right| + \max_{1\le k\le m} \left|M_{t_k} - M_{t_{k-1}}\right| \right).$$

Da B und M stetig sind, konvergiert dieser Ausdruck für $\|\pi\| \to 0$ P-fast sicher und in L^1 gegen Null.

ii) Betrachte nun $I_3(\pi)$. Definiere

$$I_3^*(\pi) := \sum_{k=1}^m f''\left(X_{t_{k-1}}\right)\left(M_{t_k} - M_{t_{k-1}}\right)^2,$$

$$I_4(\omega) := \sum_{k=1}^{m} f''\left(X_{t_{k-1}}\right) \int_{t_{k-1}}^{t_k} H_s^2 \, ds \, .$$

Dann gilt

$$\left|I_3(\pi) - I_3^*(\pi)\right| \le \max_{1 \le k \le m} \left|f''(\eta_k) - f''\left(X_{t_{k-1}}\right)\right| \cdot \left(\sum_{k=1}^{m} \left(M_{t_k} - M_{t_{k-1}}\right)^2\right).$$

Mit der Cauchy-Schwarzschen Ungleichung folgt:

$$E\left(I_3(\pi) - I_3^*(\pi)\right)^2$$

$$\le \underbrace{\sqrt{E\left(\max_{1 \le k \le m} \left|f''(\eta_k) - f''\left(X_{t_{k-1}}\right)\right|\right)^2}}_{\downarrow\, \|\pi\| \to 0 \atop 0} \cdot \underbrace{\sqrt{E\left(\sum_{k=1}^{m} \left(M_{t_k} - M_{t_{k-1}}\right)^2\right)^2}}_{\le \sqrt{48C^4}} .$$

Die Konvergenz des ersten Faktors folgt aus der Stetigkeit von *f*, die des zweiten Faktors folgt aus dem nachfolgenden Lemma 39, Teil a). Somit gilt

$$E\left(I_3(\pi) - I_3^*(\pi)\right)^2 \xrightarrow{\|\pi\| \to 0} 0 .$$

Außerdem besteht, wenn man beachtet, dass

$$E\left(M_{t_k} - M_{t_{k-1}}\right)^2 = E \int_{t_{k-1}}^{t_k} H_s^2 \, ds$$

gilt und die gemischten Terme Erwartungswert Null haben (siehe Übung Ü.6), die Beziehung:

$$E\left(I_3^*(\pi) - I_4(\pi)\right)^2$$

$$\le \|f\|_\infty^2 \cdot E\left(\sum_{k=1}^{m} \left[\left(M_{t_k} - M_{t_{k-1}}\right)^2 - \int_{t_{k-1}}^{t_k} H_s^2 \, ds\right]\right)^2$$

$$= \|f\|_\infty^2 \cdot E\left(\sum_{k=1}^{m} \left(\left(M_{t_k} - M_{t_{k-1}}\right)^2 - \int_{t_{k-1}}^{t_k} H_s^2 \, ds\right)^2\right)$$

Wegen $(a-b)^2 \le 2(a^2+b^2)$ folgt hieraus weiter

$$E\left(I_3^*(\pi) - I_4(\pi)\right)^2 \le 2 \cdot \|f\|_\infty^2 \cdot E\left(\sum_{k=1}^m \left(M_{t_k} - M_{t_{k-1}}\right)^4 + \sum_{k=1}^m \left(\int_{t_{k-1}}^{t_k} H_s^2 \, ds\right)^2\right).$$

Nach Teil b) des nachfolgenden Lemmas 39 gilt:

$$E\left(\sum_{k=1}^m \left(M_{t_k} - M_{t_{k-1}}\right)^4\right) \xrightarrow{\|\pi\| \to 0} 0.$$

Außerdem gilt mit dem Satz über dominierte Konvergenz:

$$E\left(\sum_{k=1}^m \left(\int_0^t H_s^2 \, ds\right)^2\right) \le E\left(\underbrace{\left(\max_k \int_{t_{k-1}}^{t_k} H_s^2 \, ds\right)}_{\to 0 \text{ für } \|\pi\| \to 0} \cdot \underbrace{\int_0^t H_s^2 \, ds}_{<C}\right) \xrightarrow{\|\pi\| \to 0} 0$$

Insgesamt konvergiert für $\|\pi\| \to 0$ also $I_3^*(\pi)$ gegen $I_4(\pi)$ in L^2. Da weiter

$$I_4(\pi) \xrightarrow{\|\pi\| \to 0} \int_0^t f''(X_s) H_s^2 \, ds = \int_0^t f''(X_s) \, d\langle X \rangle_s \quad P\text{-fast sicher und in } L^1$$

gilt, folgt

$$I_3^*(\pi) \xrightarrow{\|\pi\| \to 0} \int_0^t f''(X_s) H_s^2 \, ds \quad \text{in } L^1.$$

Beachte hierzu:

$$E\left(\left| I_3(\pi) - \int_0^t f''(X_s) H_s^2 \, ds \right|\right)$$

$$\le E\left(\left| I_3(\pi) - I_3^*(\pi) \right| + \left| I_3^*(\pi) - \int_0^t f''(X_s) H_s^2 \, ds \right|\right)$$

$$= \underbrace{E\left(\left|I_3(\pi) - I_3^*(\pi)\right|\right)}_{\to 0 \text{ für } \|\pi\| \to 0} + \underbrace{E\left(\left|I_3^*(\pi) - \int_0^t f''(X_s) H_s^2\, ds\right|\right)}_{\to 0 \text{ für } \|\pi\| \to 0}$$

Somit konvergiert $I_3(\pi)$ gegen $\int_0^t f''(X_s) H_s^2\, ds$ in L^1 für $\|\pi\| \to 0$.

5. Schluss:

Für $\|\pi\| \to 0$ konvergieren

(*) gegen $\int_0^t f'(X_s) K_s\, ds + \int_0^t f'(X_s) H_s\, dW_s$ und

(**) gegen $\int_0^t f''(X_s) H_s^2\, ds$ in L^1.

Insgesamt existieren so für den gestoppten Prozess Teilfolgen π_k von Partitionen von $[0,t]$, so dass die jeweiligen Summen in 2., 3., 4., P-fast sicher gegen die richtigen Grenzwerte konvergieren, d. h. beide Seiten in der Itô-Formel sind für festes t P-fast sicher gleich. Da aber beide Seiten stetig in t sind, sind sie deshalb sogar P-fast sicher gleich für alle t, d.h. ununterscheidbar.

Das allgemeine Ergebnis für den ungestoppten Prozess ergibt sich nun durch Grenzübergang $n \to \infty$, indem man die Stetigkeit von f, f', f'' beachtet. □

Lemma 39

X sei ein Martingal mit $E(X_s)^2 < \infty$ und $|X_s| \leq C$ für alle $s \in [0,t]$ P-fast sicher. Sei $\pi = \{t_0, t_1, \ldots, t_m\}$ mit $t_0 = 0$, $t_m = t$ eine Partition von $[0,t]$. Dann gelten

a) $$E\left(\sum_{k=1}^{m} \left(X_{t_k} - X_{t_{k-1}}\right)^2\right)^2 \leq 48 \cdot C^4$$

b) Falls X stetig ist, gilt:

$$E\left(\sum_{k=1}^{m} \left(X_{t_k} - X_{t_{k-1}}\right)^4\right) \xrightarrow{\|\pi\| \to 0} 0.$$

Beweis:

a) Sei $0 \leq l \leq m-1$: Wegen der Martingaleigenschaft gilt:

$$E\left(\sum_{j=l+1}^{m}\left(X_{t_j}-X_{t_{j-1}}\right)^2 \middle| F_{t_l}\right)=E\left(\left(\sum_{j=l+1}^{m}\left(X_{t_j}-X_{t_{j-1}}\right)\right)^2 \middle| F_{t_l}\right)$$

$$=E\left(\left(X_{t_m}-X_{t_l}\right)^2 \middle| F_{t_l}\right) \leq 4 \cdot C^2 \quad P\text{-fast sicher.} \qquad (1)$$

Da $|X_t| \leq C$ gilt, folgt

$$E\left(\sum_{j=1}^{m}\left(X_{t_j}-X_{t_{j-1}}\right)^4\right) \leq 4 \cdot C^2 \cdot E\left(\sum_{j=1}^{m}\left(X_{t_j}-X_{t_{j-1}}\right)^2\right) \leq 16 \cdot C^4. \qquad (2)$$

Außerdem

$$E\left(\sum_{l=1}^{m-1}\sum_{j=l+1}^{m}\left(X_{t_j}-X_{t_{j-1}}\right)^2\left(X_{t_l}-X_{t_{l-1}}\right)^2\right)=E\left(E\left(\ldots \middle| F_{t_l}\right)\right)$$

$$=E\left(\sum_{l=1}^{m-1}\left(X_{t_l}-X_{t_{l-1}}\right)^2 E\left(\sum_{j=l+1}^{m}\left(X_{t_j}-X_{t_{j-1}}\right)^2 \middle| F_{t_l}\right)\right)$$

$$\leq 4 \cdot C^2 \cdot E\left(\sum_{l=1}^{m-1}\left(X_{t_l}-X_{t_{l-1}}\right)^2\right) \leq 16 \cdot C^4. \qquad (3)$$

Aus (2) und (3) folgt:

$$E\left(\left(\sum_{j=1}^{m}\left(X_{t_j}-X_{t_{j-1}}\right)^2\right)^2\right)=E\left(\sum_{j=1}^{m}\left(X_{t_j}-X_{t_{j-1}}\right)^4\right)+2 \cdot E\left(\sum_{l=1}^{m}\sum_{j=l+1}^{m}\ldots\right)$$

$$\leq 16 \cdot C^4 + 2 \cdot 16 \cdot C^4 = 48 \cdot C^4.$$

b) Beachte zunächst:

$$\sum_{j=1}^{m} x_j^4 \leq \left(\max_{1 \leq j \leq m}\left(x_j\right)\right)^2 \cdot \sum_{j=1}^{m} x_j^2.$$

Wende dies auf $x_j := \left(X_{t_j}-X_{t_{j-1}}\right)$ an. Dann gilt:

$$\underbrace{E\left(\sum_{j=1}^{m}\left(X_{t_j}-X_{t_{j-1}}\right)^4\right)}_{(\otimes)}$$

$$\leq E\left(\left(\max_{1\leq j\leq m}\left(X_{t_j}-X_{t_{j-1}}\right)\right)^2\cdot\sum_{j=1}^{m}\left(X_{t_j}-X_{t_{j-1}}\right)^2\right).$$

Mit der Hölderschen Ungleichung folgt:

$$(\otimes)\leq\underbrace{\sqrt{E\left(\left(\max_{1\leq j\leq m}\left(X_{t_j}-X_{t_{j-1}}\right)\right)^4\right)}}_{P\text{-}f.s.\ \downarrow\ \|\pi\|\to 0\atop 0}\cdot\underbrace{\sqrt{E\left(\left(\sum_{j=1}^{m}\left(X_{t_j}-X_{t_{j-1}}\right)^2\right)^2\right)}}_{nach\ a)\ \leq\sqrt{48}\cdot C^2}\xrightarrow{\|\pi\|\to 0}0.$$

Die Konvergenz gegen Null folgt mit der Stetigkeit von X_t und dem Satz über dominierte Konvergenz . □

Anwendungsbeispiele der Itô-Formel

a) $X_t = t$:

Diesen „Prozess" kann man wie folgt darstellen:

$$X_t = 0+\int_0^t 1\,ds+\int_0^t 0\,dW_s\,.$$

Aus der Itô-Formel ergibt sich für zweimal stetig differenzierbares f:

$$f(t)=f(0)+\int_0^t f'(s)\,ds\,.$$

Somit kann der Hauptsatz der Differential- und Integralrechnung als ein Spezialfall der Itô-Formel angesehen werden.

b) $X_t = h(t)$:

Aus der Itô-Formel ergibt sich für ein differenzierbares h gerade die Substitutionsregel:

$$X_t = h(0)+\int_0^t h'(s)\,ds+\int_0^t 0\,dW_s\ ,$$

$$\Rightarrow (f \circ h)(t) = (f \circ h)(0) + \int_0^t f'(h(s)) \cdot h'(s)\, ds .$$

c) $X_t = W_t, f(x) = x^2$:

Wegen

$$W_t = 0 + \int_0^t 0 ds + \int_0^t 1 dW_s$$

ergibt sich

$$W_t^2 = \int_0^t 2 \cdot W_s \, dW_s + \tfrac{1}{2} \cdot \int_0^t 2 \, ds = 2 \cdot \int_0^t W_s \, dW_s + t .$$

Man beachte den Zusatzterm „t", der im Vergleich zu den Regeln der gewöhnlichen Analysis auftritt und seine Ursache in der nicht verschwindenden quadratischen Variation von W_t hat.

Satz 40 - Mehrdimensionale Itô-Formel

Sei $X(t)=(X_1(t),..., X_n(t))$ ein n-dimensionaler Itô-Prozess mit

$$X_i(t) = X_i(0) + \int_0^t K_i(s)\, ds + \sum_{j=1}^{m} \int_0^t H_{ij}(s)\, dW_j(s) \ , \ i=1,...,n,$$

wobei $W(t)=(W_1(t),..., W_m(t))$ eine m-dimensionale Brownsche Bewegung ist. Sei weiter $f: [0, \infty)\times\mathbf{R}^n \to \mathbf{R}$ eine $C^{1,2}$-Funktion, d.h. f ist stetig, nach der ersten Komponente einmal stetig differenzierbar, nach den letzten n Komponenten zweimal stetig differenzierbar. Dann gilt:

$$\begin{aligned} f\big(t, X_1(t),..., X_n(t)\big) &= f\big(0, X_1(0),..., X_n(0)\big) \\ &+ \int_0^t f_t\big(s, X_1(s),..., X_n(s)\big)\, ds + \sum_{i=1}^{n} \int_0^t f_{x_i}\big(s, X_1(s),..., X_n(s)\big)\, dX_i(s) \\ &+ \frac{1}{2} \cdot \sum_{i,j=1}^{n} \int_0^t f_{x_i x_j}\big(s, X_1(s),..., X_n(s)\big)\, d\langle X_i, X_j \rangle_s \end{aligned}$$

Beweis: Der Beweis der mehrdimensionalen Itô-Formel verläuft analog zum eindimensionalen Fall, in Schritt 2 betrachten wir jedoch (der Einfachheit halber sei n=1):

$$
\begin{aligned}
& f(t_k, X(t_k)) - f(t_{k-1}, X(t_{k-1})) \\
&= \left[f(t_k, X(t_k)) - f(t_{k-1}, X(t_k))\right] + \left[f(t_{k-1}, X(t_k)) - f(t_{k-1}, X(t_{k-1}))\right] \\
&= f_t(\tau_k, X(t_k))(t_k - t_{k-1}) + f_x(t_{k-1}, X(t_{k-1}))(X(t_k) - X(t_{k-1})) \\
&\quad + \tfrac{1}{2} f_{xx}(t_{k-1}, \eta_k)(X(t_k) - X(t_{k-1}))^2
\end{aligned}
$$

mit η_k wie in Schritt 2, $t_{k-1} \le \tau_k \le t_k$. □

Aus der mehrdimensionalen Itô-Formel folgt sofort:

Korollar 41 - Produktregel (oder Partielle Integration)

Seien X_t und Y_t eindimensionale Itô-Prozesse mit

$$X_t = X_0 + \int_0^t K_s \, ds + \int_0^t H_s \, dW_s$$

$$Y_t = Y_0 + \int_0^t \mu_s \, ds + \int_0^t \sigma_s \, dW_s .$$

Dann gilt :

$$X_t \cdot Y_t = X_0 \cdot Y_0 + \int_0^t X_s \, dY_s + \int_0^t Y_s \, dX_s + \int_0^t d\langle X, Y\rangle_s$$

$$= X_0 \cdot Y_0 + \int_0^t (X_s \mu_s + Y_s K_s + H_s \sigma_s) \, ds + \int_0^t (X_s \sigma_s + Y_s H_s) \, dW_s$$

Die Gleichung des Aktienpreises

In unserer Modellierung des zeitstetigen Marktmodells galt für den Preis $P(t)$ der Aktie zur Zeit t im Fall $d=m=1$ (d.h. also nur eine Aktie und eine eindimensionale Brownsche Bewegung) :

$$P(t) = p \cdot \exp\left(\left(b - \tfrac{1}{2}\sigma^2\right) t + \sigma W_t\right)$$

Bei diesem speziellen Beispiel für die Anwendung der Itô-Formel wählen wir:

$$X_t = 0 + \int_0^t \left(b - \tfrac{1}{2}\sigma^2\right) ds + \int_0^t \sigma \, dW_s \ ,$$

$$f(x) = p \cdot e^x .$$

Mit Hilfe der Itô-Formel erhalten wir dann

$$f(X_t) = p + \int_0^t \left[f(X_s)\left(b - \tfrac{1}{2}\sigma^2\right) + \tfrac{1}{2} f(X_s)\cdot\sigma^2 \right] ds + \int_0^t f(X_s)\cdot\sigma \, dW_s$$

also

$$P(t) = p + \int_0^t P(s)\cdot b \, ds + \int_0^t P(s)\cdot\sigma \, dW_s$$

„Gleichung des Aktienpreises“ (GdA)

Die Gleichung des Aktienpreises gilt auch für zeitabhängiges b und σ, wenn man

$$X_t = \int_0^t \left(b(s) - \tfrac{1}{2}\sigma^2(s)\right) ds + \int_0^t \sigma(s) \, dW_s$$

wählt. Man beachte dabei, dass b und σ geeignete Voraussetzungen erfüllen müssen, damit X_t Itô-Prozess ist. In der symbolischen Differentialschreibweise lautet die Gleichung des Aktienpreises:

$$dP(t) = P(t)\left(b\,dt + \sigma\,dW_t\right) \qquad \textbf{(GdA)}$$
$$P(0) = p$$

Man sagt auch, dass $P(t)$ eine Lösung der stochastischen Differentialgleichung (GdA) ist. Wir werden unten Bedingungen für Existenz und Eindeutigkeit von Lösungen stochastischer Differentialgleichungen von ähnlicher linearer Form kennenlernen.

Hier lässt sich die Eindeutigkeit elementar zeigen:

Sei $Y(t)$ eine weitere Lösung von (GdA). Definiere für $t \geq 0$

$$Z(t) := \frac{1}{P(t)}.$$

Dann gilt mit Hilfe der Itô-Formel

$$dZ(t) = Z(t)\left(\left(\sigma^2 - b\right)dt - \sigma\,dW_t\right).$$

Mit der Regel der partiellen Integration folgt

$$d\big(Z(t)\cdot Y(t)\big) =$$
$$Z(t)Y(t)\left(b-b+\sigma^2\right)dt + Z(t)Y(t)(\sigma-\sigma)\,dW_t - Z(t)Y(t)\sigma^2\,dt = 0,$$

also
$$Y(t) = const\cdot P(t).$$

Damit ist die Lösung von (GdA) durch die Anfangsbedingung $Z(0)\cdot Y(0) = 1$ eindeutig bestimmt.

Als Verallgemeinerung gilt der folgende Satz

Satz 42 - Variation der Konstanten

Es sei $\{(W(t), F_t)\}_{t\in[0,\infty)}$ eine m-dimensionale Brownsche Bewegung. Sei $x\in\mathbf{R}$ und A, a, S_j, σ_j seien progressiv messbare reellwertige Prozesse mit

$$\int_0^t \left(|A(s)| + |a(s)|\right) ds < \infty \qquad P\text{-fast sicher, für alle } t\geq 0 \text{ und}$$
$$\int_0^t \left(S_j^2(s) + \sigma_j^2(s)\right) ds < \infty \qquad P\text{-fast sicher, für alle } t\geq 0.$$

Dann besitzt die **stochastische Differentialgleichung**

$$dX(t) = \big(A(t)\cdot X(t) + a(t)\big)\,dt + \sum_{j=1}^{m}\left(S_j(t)X(t) + \sigma_j(t)\right)dW_j(t)$$
$$X(0) = x \qquad \textbf{(SDGL)}$$

die bzgl. $\lambda\otimes P$ eindeutige Lösung $\{X(t), F_t\}_{t\in[0,\infty)}$ mit

$$X(t) = Z(t)\left(x + \int_0^t \frac{1}{Z(u)}\left(a(u) - \sum_{j=1}^{m} S_j(u)\sigma_j(u)\right)du + \sum_{j=1}^{m}\int_0^t \frac{\sigma_j(u)}{Z(u)}\,dW_j(u)\right) \qquad \text{(L1)}$$

wobei

$$Z(t) = exp\left(\int_0^t \left(A(u) - \tfrac{1}{2}\cdot\|S(u)\|^2\right)du + \int_0^t S(u)\,dW(u)\right) \qquad \text{(L2)}$$

die eindeutige Lösung der homogenen Gleichung:

$$dZ(t) = Z(t)\Big(A(t)\,dt + S(t)'\,dW(t)\Big) \qquad \text{(HDGL)}$$

$$Z(0) = 1$$

ist.

Bemerkung

Der Prozess $\{X(t), F_t\}_{t\in[0,\infty)}$ löst die stochastische Differentialgleichung (SDGL) in dem Sinne, dass $X(t)$ für alle $t \geq 0$

$$X(t) = x + \int_0^t \big(A(s)\cdot X(s) + a(s)\big)\,ds + \sum_{j=1}^m \int_0^t \Big(S_j(s)X(s) + \sigma_j(s)\Big)\,dW_j(s)$$

P-fast sicher erfüllt.

Beweis von Satz 42:

i) Analog zum Beispiel „Gleichung des Aktienpreises" lässt sich zeigen, dass $Z(t)$ die homogene Differentialgleichung (HDGL) löst. Es gilt weiter: $Y(t) = y\cdot Z(t)$ löst die homogene Gleichung mit der Anfangsbedingung $Y(0)=y$. Genauso wie oben zeigt man, dass dies sogar die einzige Lösung ist.

ii) Wir zeigen nun, dass $X(t)$ gemäß (L1) die inhomogene lineare stochastische Differentialgleichung (SDGL) löst. Es seien hierzu $Z(t)$ wie oben und

$$Y(t) := x + \int_0^t \frac{1}{Z(u)}\left(a(u) - \sum_{j=1}^m S_j(u)\sigma_j(u)\right)du + \sum_{j=1}^m \int_0^t \frac{\sigma_j(u)}{Z(u)}\,dW_j(u).$$

Anwendung der Produktregel ergibt:

$$dX(t) = d\big(Z(t)\cdot Y(t)\big) = Z(t)\cdot dY(t) + Y(t)\cdot dZ(t) + d\langle Y,Z\rangle_t$$

$$= Z(t)\left(\frac{1}{Z(t)}\left(a(t) - \sum_{j=1}^m S_j(t)\cdot\sigma_j(t)\right)dt + \frac{1}{Z(t)}\sum_{j=1}^m \sigma_j(t)\,dW_j(t)\right) +$$

$$Y(t)\cdot Z(t)\Big(A(t)\,dt + S(t)'\,dW(t)\Big) + S(t)'\cdot Z(t)\cdot\frac{1}{Z(t)}\sigma(t)\,dt$$

$$= \big(a(t) + A(t)\cdot X(t)\big)dt + \Big(X(t)\cdot S(t)' + \sigma(t)'\Big)dW(t).$$

Folglich löst $X(t)$ die stochastische Differentialgleichung (SDGL).

iii) Seien nun $\widetilde{X}(t), X(t)$ zwei Lösungen der stochastischen Differentialgleichung. Dann löst

$$\hat{X}(t) := \widetilde{X}(t) - X(t)$$

die folgende homogene Gleichung

$$d\hat{X}(t) = \hat{X}(t)(A(t)\,dt + \sum_{j=1}^{m} S_j(t)\,dW_j(t)), \quad \hat{X}(0) = 0 .$$

Nach i) folgt dann $\hat{X}(t) = 0$ P-fast sicher für alle $t \geq 0$. □

II.2 Handelsstrategie und Vermögensprozess

Jetzt, nachdem der Itô-Kalkül bekannt ist, können wir die Wertpapierpreise allgemeiner mit zeitabhängigen Zinsraten und Volatilitäten modellieren. Dies wird nun Grundlage aller folgenden zeitstetigen Marktmodelle sein.

Allgemeine Voraussetzungen

Gegeben sei ein vollständiger Wahrscheinlichkeitsraum (Ω, F, P). Auf diesem Raum sei eine m-dimensionale Brownsche Bewegung $\{W(t), F_t\}_{t\in[0,\infty)}$ definiert, wobei $\{F_t\}_t$ die Brownsche Filterung ist. Wir modellieren die Preisverläufe der Aktien und des Bonds gemäß

$$P_0(t) = p_0 \cdot exp\left(\int_0^t r(s)\,ds\right) \qquad \text{“Bond”}$$

$$P_i(t) = p_i \cdot exp\left(\int_0^t \left(b_i(s) - \frac{1}{2}\sum_{j=1}^{m} \sigma_{ij}^2(s)\right) ds + \sum_{j=1}^{m} \int_0^t \sigma_{ij}(s)\,dW_j(s)\right) \qquad \text{“Aktie”}$$

für $t \in [0,T]$, $T>0$, $i=1,\dots,d$, wobei $r(t)$, $b(t)=(b_1(t),\dots,b_d(t))'$, $\sigma(t)=(\sigma_{ij}(t))_{ij}$ alle bzgl. $\{F_t\}_t$ progressiv messbare, (komponentenweise) gleichmäßig in (t,ω) beschränkte Prozesse sind. Zusätzlich wird angenommen, dass $\sigma(t)\sigma(t)'$ gleichmäßig positiv definit ist (d.h. es gibt ein $K>0$ mit $x'\sigma(t)\sigma(t)'x \geq K\, x'x$ für alle $x \in \mathbf{R}^d$ und alle $t \in [0,T]$ P-fast sicher).

Diese Preise sind nach Satz 42 über die Variation der Konstanten die eindeutigen Lösungen der folgenden stochastischen Differentialgleichungen (hier sichern die obigen Beschränktheitsannahmen die Anwendbarkeit von Satz 42):

$$dP_0(t) = P_0(t) \cdot r(t)\, dt$$

$$P_0(0) = p_0 \qquad \text{„Bond“}$$

$$dP_i(t) = P_i(t)\left(b_i(t)\, dt + \sum_{j=1}^{m} \sigma_{ij}(t)\, dW_j(t)\right), \; i=1,\dots,d$$

$$P_i(0) = p_i \qquad \text{„Aktie“}$$

Insbesondere kennen wir hiermit auch die Darstellung der Preise als Itô-Prozesse.

Bemerkung

In unseren allgemeinen Voraussetzungen haben wir nicht gefordert, dass der Zinssatz $r(t)$ des Bonds deterministisch ist, $r(t)$ darf somit auch eine Zufallsvariable sein. Damit ist der „Bond“ nicht mehr „risikolos“, allerdings ist durch die Forderung, dass $r(t)$ gleichmäßig beschränkt sein soll, das Risiko im Vergleich zum Aktienpreis, der u.a. durch die Brownsche Bewegung bestimmt wird, stark eingeschränkt.

Mögliche Handlungen der Investoren

Nach der Modellierung der Preise wollen wir nun die Handlungen der Marktteilnehmer modellieren. Hierbei nehmen wir an, dass der Investor die folgenden Handlungsmöglichkeiten besitzt:

a) Er kann sein Vermögen umschichten, zum Beispiel manche Aktien verkaufen und den Erlös in andere Wertpapiere investieren. Dies wird durch den „Portfolioprozess“ oder die „Handelsstrategie“ modelliert werden.

b) Er kann auch Teile seines Vermögens konsumieren, was durch den „Konsumprozess“ dargestellt wird.

Forderungen an das Marktmodell

Wir stellen nun einige Forderungen zusammen, denen ein realistisches Marktmodell genügen sollte:

a) Der Investor darf keine Kenntnis der zukünftigen Preise besitzen (er darf also keine „hellseherischen" Fähigkeiten haben).

b) Die Handlungen des einzelnen Investors sollen keinen Einfluß auf die Wertpapierpreise haben (Annahme des „kleinen Investors").

c) Jeder Investor sei zum Zeitpunkt $t=0$ mit einem festen Startkapital ausgestattet (wobei jeder Investor ein anderes Startkapital besitzen kann).

d) Das nicht in Aktien angelegte Geld wird in Bonds angelegt.

e) Die Investoren sollen sich selbst-finanzierend verhalten, d.h. jede Vermögensänderung entsteht durch Gewinne oder Verluste aus Investment oder Konsum, es kann kein Geld aus dem Nichts dazukommen oder im Nichts verschwinden.

Weiterhin machen wir noch folgende Annahmen, die sich für die Entwicklung der Theorie als praktisch erweisen werden:

f) Die Wertpapiere sind beliebig teilbar.

g) Man kann auch eine negative Anzahl von Wertpapieren halten. Ist der Anteil des festverzinslichen Wertpapiers negativ, so heißt das, dass man einen Kredit aufgenommen hat, ein negativer Anteil an Aktien heißt, dass man sogenannte Aktienleerverkäufe getätigt hat (d.h. man hat Aktien verkauft, die man noch nicht besitzt, man schuldet also anderen Investoren Aktien).

h) Am Markt entstehen durch Vermögensumschichtungen keine Transaktionskosten.

Negative Bondpositionen und Kreditzinsen

Ist $r(t)$ konstant, dann bedeutet die Möglichkeit, negative Anteile am Bond zu halten, dass man zum gleichen Zinssatz Geld sowohl anlegen als auch leihen kann. Für manche Institutionen ist diese Situation tatsächlich näherungsweise gegeben. Generell gilt, dass der Zinssatz in unserem Modell von der Marktlage, also von $(t,\omega)\in[0,T]\times\Omega$, abhängt und nicht davon, ob man einen positiven oder negativen Anteil an Wertpapieren hält.

Mathematische Umsetzung einiger Forderungen

Wir erinnern uns, am Markt werden d Aktien und ein risikoloses Wertpapier, genannt „Bond", gehandelt. Das Startkapital des Investors, und damit sein Anfangsvermögen, sei $x>0$ (Forderung c)). Damit kann nun zur Zeit $t=0$ eine Wertpapierzusammenstellung $\varphi(0)=(\varphi_0(0),\ \varphi_1(0),\dots,\ \varphi_d(0))'$ erworben werden, wobei

$\varphi_i(0)$ die Anzahl der vom i-ten Wertpapier gehaltenen Anteile ist. Analog geben dann die Komponenten des Vektors $\varphi(t)=(\varphi_0(t), \varphi_1(t),..., \varphi_d(t))'$ an, dass $\varphi_i(t) \in \mathbf{R}$ Anteile vom i-ten Wertpapier zum Zeitpunkt t gehalten werden. Den Vektor $\varphi(t)$ nennt man eine Handelsstrategie. Aus der Forderung a) ergibt sich, dass die Handelsstrategien progressiv messbar bzgl. $\{F_t\}_t$ sein müssen, Kauf-oder Verkaufsentscheidungen werden also immer bzgl. der im Zeitpunkt t gegebenen Informationen getätigt. Forderung e) führt dazu, dass die Handelsstrategien selbst-finanzierend sein müssen, was in den folgenden Definitionen präzisiert wird.

Ein diskretes Beispiel zum Begriff „selbst-finanzierende Handelsstrategien"

Wir werden im zeitstetigen Modell den Begriff einer selbst-finanzierenden Handelsstrategie durch eine Forderung definieren, die auf den ersten Blick nicht ganz natürlich erscheint. Am folgenden zeitdiskreten Beispiel soll diese Forderung motiviert werden.

Dazu betrachten wir einen Markt, der aus einer Aktie und einem festverzinslichen Wertpapier besteht. Es gebe drei Handlungszeitpunkte, nämlich $t = 0,1,2$. Der Vektor $(\varphi_0(t), \varphi_1(t))'$ stellt die Anzahl der Anteile, die man an Bonds bzw. an Aktien hält, dar. Da wir beliebig teilbare Wertpapiere annehmen und zusätzlich Aktienleerverkäufe und Kredite erlauben, kann $\varphi_0(t)$ bzw $\varphi_1(t)$ jede beliebige reelle Zahl annehmen. $C(t)$ sei der Konsum zur Zeit t mit $C(0) = 0$. $X(t)$ sei das aktuelle Vermögen des Investors zur Zeit t mit dem Startkapital $X(0)=x$. $P_0(t)$ bzw. $P_1(t)$ seien die Preise des festverzinslichen Wertpapiers bzw. der Aktie zum Zeitpunkt t.

Der Investor legt nun sein Anfangsvermögen x in Aktien und Bonds an, d.h. es gilt:

$$X(0) = x = \varphi_0(0) \cdot P_0(0) + \varphi_1(0) \cdot P_1(0).$$

Zum Zeitpunkt t=1 haben sich die Preise der Wertpapiere geändert, außerdem konsumiert er einen Teil des Vermögens. Sein aktuelles Vermögen beträgt dann:

$$X(1) = \varphi_0(0) \cdot P_0(1) + \varphi_1(0) \cdot P_1(1) - C(1).$$

Insgesamt ergibt sich somit:

$$X(1) = x + \varphi_0(0) \cdot \left(P_0(1) - P_0(0)\right) + \varphi_1(0) \cdot \left(P_1(1) - P_1(0)\right) - C(1),$$

d.h. sein Vermögen zum Zeitpunkt t=1 ist gleich dem Anfangsvermögen plus Gewinn/Verlust aus den Preisänderungen des Bonds und der Aktie vermindert um den getätigten Konsum. Zu diesem Zeitpunkt hat er auch die Gelegenheit, das übriggebliebene Vermögen umzuschichten, wobei

$$X(1) = \varphi_0(1) \cdot P_0(1) + \varphi_1(1) \cdot P_1(1)$$

gelten muss, da er sein Kapital nach Konsum wieder vollständig am Markt investiert. Im Zeitpunkt $t=2$ gilt analog:

$$X(2) = \varphi_0(2) \cdot P_0(2) + \varphi_1(2) \cdot P_1(2). \tag{*}$$

Außerdem

$$X(2) = x + \sum_{i=1}^{2} \left[\varphi_0(i-1) \cdot \left(P_0(i) - P_0(i-1) \right) + \varphi_1(i-1) \cdot \left(P_1(i) - P_1(i-1) \right) \right] - \sum_{i=1}^{2} C(i). \tag{**}$$

Im zeitdiskreten Modell kann man die Bedingung „selbst-finanzierende Handelsstrategie“ als „Vermögen vor der Umschichtung minus Konsum ist gleich dem Vermögen nach der Umschichtung“ formulieren, also als

$$\varphi_0(i) \cdot P_0(i) + \varphi_1(i) \cdot P_1(i) = \varphi_0(i-1) \cdot P_0(i) + \varphi_1(i-1) \cdot P_1(i) - C(i).$$

Eine solche Formulierung ergibt beim zeitstetigen Modell keinen Sinn, da dort in jedem Zeitpunkt gehandelt werden kann. Wir werden statt dessen nun $X(t)$ durch die Gleichung (*) als Vermögensprozess des Investors zur Strategie $\varphi(t)$ definieren („Vermögen=Gesamtwert der gehaltenen Wertpapiere“). Die Gleichung (**) werden wir als Definition für eine selbst-finanzierende Handels- und Konsumstrategie verwenden, wobei die auftretenden Summen durch entsprechende Integrale ersetzt werden. Das legt folgende Forderung nahe:

$$X(t) = x + \int_0^t \varphi_0(s)\, dP_0(s) + \int_0^t \varphi_1(s)\, dP_1(s) - \int_0^t c(s)\, ds.$$

Man beachte, dass die Preisverläufe Itô-Prozesse sind, woraus sich an die $\varphi_i(s)$ natürliche Forderungen für die Existenz der auftretenden Integrale ergeben (siehe Definition 43).

Unsere bisherigen Überlegungen werden nun in mathematischer Hinsicht präzisiert:

Definition 43

a) Eine **Handelsstrategie** φ ist ein $\mathbf{R}^{d+1}$-wertiger, bzgl. $\{F_t\}_{t\in[0,T]}$ progressiv messbarer Prozess

$$\varphi(t) := \left(\varphi_0(t), \varphi_1(t), \ldots, \varphi_d(t)\right)'$$

mit

$$\int_0^T |\varphi_0(t)|\, dt < \infty \quad P\text{-fast sicher,} \tag{1}$$

$$\sum_{j=1}^{d} \int_0^T (\varphi_i(t) \cdot P_i(t))^2\, dt < \infty \;\; P\text{-fast sicher, für } i=1,\ldots,d. \tag{2}$$

Der Wert $x := \sum_{i=0}^{d} \varphi_i(0) \cdot p_i$ heißt **Anfangswert** von φ.

b) Sei φ eine Handelsstrategie mit Anfangswert $x > 0$. Der Prozess

$$X(t) := \sum_{i=0}^{d} \varphi_i(t) P_i(t)$$

heißt **Vermögensprozess** bzgl. φ mit **Startvermögen** x.

c) Ein nicht-negativer, bzgl. $\{F_t\}_{t\in[0,T]}$ progressiv messbarer, reellwertiger Prozess $c(t)$, $t \in [0, T]$, mit

$$\int_0^T c(t)\, dt < \infty \;\; P\text{-fast sicher} \tag{3}$$

heißt ein **Konsumratenprozess,** kurz **Konsumprozess.**

Definition 44

Ein Paar (φ, c) aus einer Handelsstrategie φ und einem Konsumratenprozess c heißt **selbst-finanzierend**, falls für den zugehörigen Vermögensprozess $X(t)$, $t \in [0, T]$, gilt:

$$X(t) = x + \sum_{i=0}^{d} \int_0^t \varphi_i(s)\, dP_i(s) - \int_0^t c(s)\, ds \;\; P\text{-fast sicher}. \tag{4}$$

„aktuelles Vermögen“ = „Startvermögen“ + „Gewinne/Verluste“ – „Konsum“

Bemerkung

Es gelten

$$\int_0^t \varphi_0(s)\,dP_0(s) = \int_0^t \varphi_0(s)P_0(s)r(s)\,ds$$

$$\int_0^t \varphi_i(s)\,dP_i(s) = \int_0^t \varphi_i(s)P_i(s)b_i(s)\,ds + \sum_{j=1}^{m}\int_0^t \varphi_i(s)P_i(s)\sigma_{ij}(s)\,dW_j(s)\ ,\ i=1,\dots,d.$$

Die Bedingungen (1), (2), (3) in den Definitionen und die Beschränktheitsannahmen an r, b und σ sichern also, dass die Integrale auf der rechten Seite in (4) existieren.

Definition 45

(φ, c) sei ein selbst-finanzierendes Paar aus einer Handelsstrategie und einem Konsumprozess mit $X(t)>0$ P-fast sicher für alle $t\in[0,T]$. Der $\mathbf{R}^d$-wertige Prozess

$$\pi(t) := \left(\pi_1(t),\dots,\pi_d(t)\right)',\ t\in[0,T],\ \text{mit}\ \pi_i(t) = \frac{\varphi_i(t)\cdot P_i(t)}{X(t)}.$$

heißt **selbst-finanzierender Portfolioprozess zum Paar** (φ, c).

Bemerkungen

a) Der Portfolioprozess gibt den in die i-te Aktie investierten Anteil vom Gesamtvermögen an. Daher ergibt sich der Anteil des in den Bond investierten Vermögens als

$$\left(1-\pi(t)'\,\underline{1}\right) = \frac{\varphi_0(t)\cdot P_0(t)}{X(t)}\ ,\ \text{wobei}\ \underline{1} := (1,\dots,1)' \in \mathbf{R}^d .$$

b) Bei Kenntnis des Vermögensstandes $X(t)$ und der Preise $P_i(t)$ ist es äquivalent, seine Aktivitäten durch ein selbst-finanzierendes Paar (φ, c) oder ein Paar (π, c) zu beschreiben, d.h. Handelsstrategie und Portfolioprozess sind äquivalente Beschreibungen des gleichen Sachverhaltes.

Die Vermögensgleichung

Durch Beschreibung der Handelsaktivitäten mittels eines Portfolioprozesses lässt sich eine einfache stochastische Differentialgleichung für den Vermögensprozess herleiten. Sei hierzu zunächst (φ, c) ein selbst-finanzierendes Paar aus einer Handelsstrategie und einem Konsumprozess. Dann gilt unter zusätzlicher Berücksichtigung von Definition 45:

$$dX(t) = \sum_{i=0}^{d} \varphi_i(t)\, dP_i(t) - c(t)\, dt$$

$$= \varphi_0(t) P_0(t) r(t) dt + \sum_{i=1}^{d} \varphi_i(t) P_i(t) \left(b_i(t)\, dt + \sum_{j=1}^{m} \sigma_{ij}(t)\, dW_j(t) \right) - c(t)\, dt\,.$$

$$= \left(1 - \pi(t)'\, \underline{1}\right) X(t) r(t)\, dt + \sum_{i=1}^{d} X(t) \pi_i(t) \left(b_i(t)\, dt + \sum_{j=1}^{m} \sigma_{ij}(t)\, dW_j(t) \right) - c(t)\, dt$$

$$= \left(1 - \pi(t)'\, \underline{1}\right) X(t) r(t)\, dt + X(t) \pi(t)'\, b(t)\, dt + X(t) \pi(t)'\, \sigma(t)\, dW(t) - c(t)\, dt$$

Somit erhalten wir die „**Vermögensgleichung**"

$$dX(t) = \left[r(t) X(t) - c(t) \right] dt + X(t) \pi(t)' \left(\left(b(t) - r(t)\, \underline{1} \right) dt + \sigma(t)\, dW(t) \right)$$

$$X(0) = x \qquad \textbf{(VG)}$$

Diese stochastische Differentialgleichung hat nach Satz 42 über die Variation der Konstanten eine eindeutige Lösung, wenn man an $\pi(t)$ geeignete Integrierbarkeitsbedingungen stellt. Da b, r, σ gleichmäßig beschränkt sind und der Konsumprozess c die Bedingung (3) erfüllt, reicht nach Satz 42

$$\int_0^T \pi_i^2(t)\, dt < \infty \quad P\text{-fast sicher} \qquad (4)$$

für $i=1,\dots,d$, als Bedingung für die eindeutige Lösbarkeit der stochastischen Differentialgleichung (VG).

Man kann nun alternativ auch einen Portfolioprozess direkt als den Prozess der Anteile des in die einzelnen Aktien investierten Vermögens einführen, ohne den Umweg über die Handelsstrategie zu nehmen.

Definition 46

Der progressiv messbare, $\mathbf{R}^d$-wertige Prozess $\pi(t)$ heißt **selbst-finanzierender Portfolioprozess** zum Konsumprozess $c(t)$, falls die zugehörige Vermögensgleichung (VG) eine eindeutige Lösung $X(t)=X^{\pi,c}(t)$ besitzt mit

$$\int_0^T \left(X(t)\cdot \pi_i(t)\right)^2 dt < \infty \quad P\text{-fast sicher für } i=1,\dots,d. \tag{5}$$

Bemerkung

Die Bedingung (5) an Portfolio- und Vermögensprozess entspricht genau der Integrierbarkeitsbedingung (2) an Handelsstrategie und Preisprozess. Erfüllt der Portfolioprozess die Bedingung (4), so folgt aus der Stetigkeit des zugehörigen Vermögensprozesses, dass auch Bedingung (5) erfüllt ist. Insbesondere ist somit die Forderung (5) schwächer als Forderung (4). Während aus Bedingung (4) sofort folgt, dass der Vermögensprozess strikt positiv ist (folgt aus der expliziten Form der Lösung von (VG) unter Annahme (4)), erlaubt Bedingung (5) auch Portfolioprozesse, die zum Bankrott des Investors (d.h. $X(t)=0$ für ein $t\in[0,T]$) oder sogar zu negativen Vermögen führen können.

Definition 47

Ein selbst-finanzierendes Paar (φ,c) (bzw. (π,c)) bestehend aus einer Handelsstrategie φ (bzw. Portfolioprozess π) und einem Konsumprozess c heißt **zulässig für das Startvermögen** $x>0$, wenn für alle $t\in[0,T]$ der zugehörige Vermögensprozess

$$X(t)\geq 0 \quad P\text{-fast sicher}$$

erfüllt. Die Menge aller zulässigen Paare (π,c) für x wird mit $A(x)$ bezeichnet.

Ein Beispiel

Nach den vielen theoretischen Definitionen betrachten wir nun ein scheinbar einfaches Beispiel mit konstantem Portfolioprozess und vermögensabhängiger Konsumrate. Sei $\gamma>0$, wähle

$$\pi(t)\equiv\pi\in\mathbf{R}^d \text{ konstant,} \quad c(t)=\gamma\cdot X(t),$$

wobei $X(t)$ der zu (π, c) gehörige Vermögensprozess ist. Der Investor schichtet sein Vermögen also so um, dass die Anteile des in die einzelnen Aktien und des in den Bond angelegten Vermögens über die Zeit konstant bleiben. Weiter ist die

Geschwindigkeit des Konsumzuwachses (die „Konsumrate") immer proportional zum gegenwärtigen Vermögen des Investors. Man beachte, dass, obwohl sich π während des Zeitablaufs nicht ändert, man andauernd handeln muss, da sich die Wertpapierpreise ständig und verschiedenartig ändern. Die Vermögensgleichung lautet hier:

$$dX(t) = \left(r(t) - \gamma\right)X(t)\,dt + X(t)\pi'\left(\left(b(t) - r(t)\,\underline{1}\right)dt + \sigma(t)\,dW(t)\right),$$
$$X(0) = x.$$

Nach Satz 42 –Variation der Konstanten– ergibt sich für den Vermögensprozess:

$$X(t) = x\,exp\left(\int_0^t\left[r(s) - \gamma + \pi'(b(s) - r(s)\cdot\underline{1}) - \tfrac{1}{2}\|\pi'\sigma(s)\|^2\right]ds + \int_0^t \pi'\sigma(s)dW(s)\right).$$

Insbesondere ist damit $X(t)$ strikt positiv und $(\pi, c) \in A(x)$. Unter dem Gesichtspunkt, dass der Investor garantiert keinen Bankrott erleidet, ist eine solche Strategie empfehlenswert. Sie wird sich auch unter anderen Gesichtspunkten noch als optimal erweisen (siehe Kapitel V).

II.3 Eigenschaften des zeitstetigen Marktmodells

In diesem Abschnitt werden wir den Markt für den Spezialfall $d = m$ betrachten. Die Dimension der Brownschen Bewegung entspricht also der Anzahl der Aktien. Insbesondere interessiert uns die Menge der mit einem Anfangskapital x erzielbaren Endvermögen $X(T)$. Das erstaunliche Ergebnis wird sein, dass bei geeignetem Anfangsvermögen x jedes Endvermögen $X(T)$ erzielbar sein wird.

Generelle Voraussetzung für diesen Abschnitt

$$d = m$$

Zunächst benötigen wir noch einige Bezeichnungen:

Bezeichnungen

$$\gamma(t) := exp\left(-\int_0^t r(s)\,ds\right)$$

$$\theta(t) := \sigma^{-1}(t)\left(b(t) - r(t)\underline{1}\right)$$

$$Z(t) := exp\left(-\int_0^t \theta(s)'\,dW(s) - \tfrac{1}{2}\int_0^t \|\theta(s)\|^2\,ds\right)$$

$$H(t) := \gamma(t)\cdot Z(t)$$

Man beachte, dass aus der gleichmäßigen Beschränktheit von b, r und der gleichmäßigen Positiv-Definitheit von $\sigma\sigma'$ die gleichmäßige Beschränktheit von $\|\theta(t)\|^2$ folgt. Während man $\theta(t)$ als eine Art (relative) Risikoprämie für das Investieren in Aktien ansehen kann, wird der Prozess $H(t)$ in Zusammenhang mit dem Bewerten von Optionen eine entscheidende Rolle spielen. Man beachte, dass $H(t)$ positiv, stetig und progressiv messbar bzgl. $\{F_t\}_t$ ist. Außerdem ist $H(t)$ eindeutige Lösung der stochastischen Differentialgleichung

$$dH(t) = -H(t)\left(r(t)\,dt + \theta(t)'\,dW(t)\right) \qquad \text{(H)}$$

$$H(0) = 1$$

ist. Hiermit erhalten wir auch die Darstellung von $H(t)$ als Itô-Prozess.

Der nachfolgende Satz kann als das zentrale Ergebnis des gesamten Buches angesehen werden und beinhaltet die entscheidende Eigenschaft des Marktmodells für den Fall $d = m$.

Satz 48 - Vollständigkeit des Marktes

a) Das selbst-finanzierende Paar (π, c) bestehend aus einem Portfolioprozess π und einem Konsumprozess c sei zulässig für das Startvermögen $x>0$, also $(\pi, c) \in A(x)$, dann gilt für den zugehörigen Vermögensprozess $X(t)$:

$$E\left(H(t)X(t) + \int_0^t H(s)c(s)\,ds\right) \le x \quad \text{für alle } t \in [0, T].$$

b) Es seien $B \geq 0$ eine F_T-messbare Zufallsvariable und $c(t)$, $t \in [0,T]$, ein Konsumprozess mit

$$x := E\left(H(T)B + \int_0^T H(s)c(s)\,ds \right) < \infty .$$

Dann existiert ein Portfolioprozess $\pi(t)$, $t \in [0,T]$ mit $(\pi, c) \in A(x)$, so dass der zugehörige Vermögensprozess $X(t)$

$$X(T) = B \quad P\text{-fast sicher}$$

erfüllt.

Bedeutung des Satzes über die Vollständigkeit des Marktes

Man kann nun mittels Teil a) $H(t)$ als den geeigneten Diskontierungsprozess interpretieren, der das in $t = 0$ benötigte Mindestvermögen

$$E\left(\int_0^T H(s) \cdot c(s)\,ds \right) + E\big(H(T) \cdot B\big)$$

angibt, um Ziele, die in der Zukunft liegen (z.B. leben gemäß einem vorgegebenen Konsumprozess c, erreichen eines Vermögenstands B zur Zeit $t=T$) zu erreichen. Teil a) setzt somit dem Wunschdenken bei gegebenem Anfangsvermögen $x > 0$ Grenzen.

Teil b) zeigt, dass die nach a) zulässigen Ziele auch tatsächlich realisierbar sind. Teil b) besagt also, dass man jeden gewünschten Vermögenszustand in $t=T$ durch Handeln gemäß eines geeigneten selbst-finanzierenden Paares (π, c) erreichen kann, falls man ein hinreichendes Anfangsvermögen besitzt. Diese Eigenschaft bezeichnet man als die **Vollständigkeit des Marktes**.

Beweis von Satz 48:

a) Es sei $(\pi, c) \in A(x)$. Anwendung der Produktregel aus Korollar 41 auf $H(t)X(t)$ liefert (man beachte die Vermögensgleichung (VG) für $X(t)$ und die stochastische Differentialgleichung (H) für $H(t)$):

$$H(t)\cdot X(t)+\int_0^t H(s)c(s)\,ds$$

$$=x+\int_0^t H(s)\,dX_s+\int_0^t X(s)\,dH(s)+\langle X,H\rangle_t+\int_0^t H(s)c(s)\,ds$$

$$=x+\int_0^t H(s)X(s)\Big[r(s)+\pi(s)'\big(b(s)-r(s)\underline{1}\big)-r(s)-\pi(s)'\sigma(s)\theta(s)\Big]\,ds$$

$$+\int_0^t H(s)X(s)\Big[\pi(s)'\sigma(s)-\theta(s)'\Big]\,dW(s)$$

$$=x+\int_0^t H(s)X(s)\Big[\pi(s)'\sigma(s)-\theta(s)'\Big]\,dW(s)\,. \qquad (1)$$

Da wegen $(\pi,c)\in A(x)$ die linke Seite der Gleichung nicht-negativ ist, ist das lokale Martingal auf der rechten Seite nach Satz 17 sogar ein Supermartingal, also

$$E\left(H(t)X(t)+\int_0^t H(s)c(s)\,ds\right)$$

$$=E\left(x+\int_0^t H(s)X(s)\Big(\pi(s)'\sigma(s)-\theta(s)'\Big)\,dW(s)\right)\leq x\,.$$

b) Definiere

$$X(t):=\frac{1}{H(t)}\cdot E\left(\int_t^T H(s)c(s)\,ds+H(T)\cdot B\,\Big|\,F_t\right).$$

Dann ist $X(t)$ F_t-messbar, $X(T)=B$ P-fast sicher und $X(t)\geq 0$. Da $\{F_t\}_t$ die Brownsche Filterung ist, ist der Erwartungswert jeder Zufallsvariablen bedingt mit F_0 P-fast sicher konstant, also gleich dem unbedingten Erwartungswert. Somit folgt $X(0)=x$ P-fast sicher. Definiere nun

$$M(t):=X(t)\cdot H(t)+\int_0^t H(s)c(s)\,ds=E\left(\int_0^T H(s)c(s)\,ds+H(T)B\,\Big|\,F_t\right)$$

Dies ist ein $\{F_t\}_t$-Martingal mit $M(0)=x$ P-fast sicher. Nach dem im folgenden Exkurs behandelten Korollar 53 zum Martingaldarstellungssatz kann M als Itô-Integral mit einem $\{F_t\}_t$-progressiv messbaren, $\mathbf{R}^d$-wertigen Prozess $\Psi(t)$ mit

$$\int_0^T \|\Psi(t)\|^2 \, dt < \infty \quad P\text{-fast sicher}$$

dargestellt werden:

$$M(t) = x + \int_0^t \Psi(s)' \, dW(s) \quad P\text{-fast sicher für alle } t \in [0, T].$$

Man hat also insgesamt

$$X(t)H(t) + \int_0^t H(s)c(s)\,ds = x + \int_0^t \Psi(s)' \, dW(s) \quad P\text{-fast sicher} \qquad (2)$$

Man kann insbesondere $X(t)$ so wählen, dass $X(t)$ stetige Pfade besitzt (man beachte, dass $H(t)$, $\int H(s)c(s)ds$ und das stochastische Integral stetig sind und $H(t)$ positiv ist). Mit den anschließenden Lemmas 49 und 50 folgt dann aus dem Vergleich der Darstellungen (1) und (2), dass der oben definierte Prozess $X(t)$ der Vermögensprozess zum Paar $(\pi, c) \in A(x)$ mit

$$\pi(t) = \begin{cases} \left(\sigma(t)^{-1}\right)' \left(\dfrac{\Psi(t)}{H(t)X(t)} + \theta(t) \right), & \text{falls } X(t) > 0 \\ 0 & \text{, sonst} \end{cases}$$

ist. □

Lemma 49

$X(t)$ und $\pi(t)$ aus dem Beweisteil b) des Satz 48 erfüllen

$$\int_0^T (\pi_i(t)X(t))^2 \, dt < \infty \quad P\text{-fast sicher, } i=1,\ldots,d.$$

Beweis:

Es gilt

$$\begin{aligned} \|\pi(t)X(t)\| &\le \left\| \left(\sigma(t)^{-1}\right)' \frac{\Psi(t)}{H(t)} + \left(\sigma(t)^{-1}\right)' \theta(t)X(t) \right\| \\ &\le \underbrace{\left\| \left(\sigma(t)^{-1}\right)' \frac{\Psi(t)}{H(t)} \right\|}_{\alpha(t)} + \underbrace{\left\| \left(\sigma(t)^{-1}\right)' \theta(t)X(t) \right\|}_{\beta(t)}. \end{aligned}$$

(i) Zunächst gilt, da $\sigma(t)\sigma(t)'$ gleichmäßig positiv definit ist,

$$\alpha^2(t) \le \frac{1}{K} \cdot \frac{\|\Psi(t)\|^2}{|H(t)|^2}.$$

Da $H(t)$ auf $[0,T]$ stetig und positiv ist, gilt für P-fast alle $\omega \in \Omega$:

$$|H(t)| \ge \min_{s \in [0,T]} H(s) = H(s^*) > 0,$$

wobei $s^*=s^*(\omega)$. Wenn man beachtet, dass das Integral $\int_0^T \|\Psi(t)\|^2 \, dt$ für P-fast alle $\omega \in \Omega$ endlich ist, folgt dann für P-fast alle $\omega \in \Omega$:

$$\int_0^T \alpha^2(t)\, dt \le \frac{1}{K} \int_0^T \frac{\|\Psi(t)\|^2}{\left(\min_{s \in [0,T]} H(s) \right)^2} ds < \infty.$$

(ii) Für $\beta(t)$ gilt:

$$\beta^2(t) = X^2(t)\left(b(t) - r(t)\underline{1}\right)'\left(\sigma^{-1}(t)'\sigma^{-1}(t)\right)'\left(\sigma^{-1}(t)'\sigma^{-1}(t)\right)\left(b(t) - r(t)\underline{1}\right).$$

Da $\sigma(t)\sigma(t)'$ gleichmäßig positiv definit ist, gilt

$$\beta^2(t) \le X^2(t) \cdot \frac{1}{K^2} \|b(t) - r(t) \cdot \underline{1}\|^2.$$

Da b und r gleichmäßig beschränkt sind und $X(t)$ stetig auf $[0,T]$ ist, gilt für P-fast alle $\omega \in \Omega$

$$\int_0^T \beta^2(t)\, dt \le \frac{1}{K^2} \int_0^T X^2(t) \|b(t) - r(t) \cdot \underline{1}\|^2 dt$$

$$\le \frac{1}{K^2} \left(\max_{t \in [0.T]} X(t) \right)^2 \cdot \int_0^T \|b(t) - r(t) \cdot \underline{1}\|^2 dt < \infty.$$

iii) Für P-fast alle $\omega \in \Omega$ gilt nun wegen i), ii) und $(a^2+b^2)/2 \ge 2ab$:

$$\int_0^T \|\pi(t) X(t)\|^2 dt \le 2\left(\int_0^T \alpha^2(t)\, dt + \int_0^T \beta^2(t)\, dt \right) < \infty. \qquad \square$$

Lemma 50

Es seien $\pi(t)$, $X(t)$, $c(t)$ wie im Beweisteil b) von Satz 48. Löst $X(t)$ die stochastische Differentialgleichung

$$d\big(H(t)X(t)\big) = H(t)X(t)\Big(\pi(t)'\sigma(t) - \theta(t)'\Big)\,dW(t) - H(t)c(t)\,dt\,,$$

$$X(0) = x,$$

dann ist $X(t)$ Vermögensprozess zu (π, c) mit $X(0) = x$.

Beweis:

Setze $\widetilde{X}(t) := X(t)H(t)$. Sei zunächst $X(t)>0$ für alle $t \in [0,T]$ P-fast sicher. Dann gilt nach Voraussetzung

$$\begin{aligned}
d\widetilde{X}(t) &= H(t)\Big[X(t)\Big(\pi(t)'\sigma(t) - \theta(t)'\Big)\,dW(t) - c(t)\,dt\Big] \\
&= H(t)\left(\frac{\Psi(t)}{H(t)}'\,dW(t) - c(t)\,dt\right) \\
&= \Psi(t)'\,dW(t) - H(t)c(t)\,dt\,.
\end{aligned}$$

Anwendung der Itô-Formel liefert

$$d\left(\frac{1}{H(t)}\right) = \frac{1}{H(t)}\Big[\Big(r(t) + \|\theta(t)\|^2\Big)\,dt + \theta(t)'\,dW(t)\Big],$$

und mit der Produktregel folgt dann

$$\begin{aligned}
dX(t) = d\left(\frac{\widetilde{X}(t)}{H(t)}\right) &= \widetilde{X}(t)\,d\left(\frac{1}{H(t)}\right) + \frac{1}{H(t)}d\widetilde{X}(t) + d\left\langle \widetilde{X}, \tfrac{1}{H}\right\rangle_t \\
&= \left(\frac{\widetilde{X}(t)}{H(t)}\Big(r(t) + \|\theta(t)\|^2\Big) - c(t) + \frac{\theta(t)'\Psi(t)}{H(t)}\right)dt \\
&\quad + \left(\frac{\widetilde{X}(t)}{H(t)}\theta(t)' + \frac{\Psi(t)'}{H(t)}\right)dW(t)
\end{aligned}$$

$$= \left(X(t)\left(r(t) + \theta(t)' \left(\theta(t) + \frac{\Psi(t)}{H(t)X(t)} \right) \right) - c(t) \right) dt$$

$$+ X(t)\left(\theta(t) + \frac{\Psi(t)}{H(t)X(t)} \right)' dW(t)$$

$$= \left(X(t)\left[r(t) + \pi(t)' \left(b(t) - r(t) \cdot \underline{1} \right) \right] - c(t) \right) dt$$

$$+ X(t)\pi(t)' \sigma(t)\, dW(t),$$

also erfüllt $X(t)$ die Gleichung des zu (π, c) gehörenden Vermögensprozesses. Wegen $X(t) \geq 0$ und Lemma 49 gilt dann auch $(\pi, c) \in A(x)$.

Nimmt $X(t)$ für ein $(t_0, \omega_0) \in [0, T] \times \Omega$ den Wert Null an, so muss wegen $H(t)>0$ für alle $t \in [0, T]$, $c(t) \geq 0$ für alle $t \in [0, T]$, $B \geq 0$, auch

$$c(t, \omega_0) = 0 \quad \text{für alle } t \geq t_0$$

$$B(\omega_0) = 0$$

gelten, und $X(t, \omega_0)$ bleibt somit identisch Null auf $[t_0, T]$. Hieraus folgt dann weiter

$$\Psi(t, \omega_0) = 0\,, \quad \pi(t, \omega_0) = 0 \quad \text{für alle } t \in [t_0, T].$$

In diesem Fall gilt dann $dX(t)=0$ für alle $t \geq t_0$, was wegen $X(t)=0$, $\pi(t)=0$, $c(t)=0$ auch mit der rechten Seite der Vermögensgleichung übereinstimmt. □

Bemerkungen

a) $1/H(t)$ ist der Vermögensprozess zum Paar

$$(\pi(t), c(t)) = (\sigma^{-1}(t)'\theta(t), 0)$$

mit Anfangsvermögen x := $1/H(0)=1$ und Endvermögen $B := 1/H(T)$ (siehe Übung Ü.10).

ii) Es kann weiter gezeigt werden, dass der in Satz 48, Beweisteil b) konstruierte Portfolio-Prozess π der bis auf $P \otimes \lambda$-Äquivalenz, also Ununterscheidbarkeit, eindeutige Portfolio-Prozess ist mit $(\pi, c) \in A(x)$ und $X(T) = B$ P-fast sicher (vgl. hierzu auch die Bemerkung nach dem Beweis von Satz 52).

Exkurs 4: Der Martingaldarstellungssatz

Allgemeine Voraussetzungen für diesen Abschnitt

Gegeben sei ein vollständiger Wahrscheinlichkeitsraum (Ω, F, P). Auf diesem Raum sei eine m-dimensionale Brownsche Bewegung $\{(W_t, F_t)\}_t$ definiert, $\{F_t\}_t$ sei dabei die Brownsche Filterung.

Definition 51

Ein reellwertiges Martingal $\{(M_t, F_t)\}_{t\in[0,T]}$ bzgl. der Brownschen Filterung $\{F_t\}_t$ heißt ein **Brownsches Martingal**.

Satz 52 - Itô's Martingaldarstellungssatz
$\{(M_t, F_t)\}_{t\in[0,T]}$ sei ein Brownsches Martingal mit

$$EM_t^2 < \infty \text{ für alle } t \in [0, T],$$

d.h. ein quadrat-integrierbares Brownsches Martingal. Dann existiert ein progressiv messbarer $\mathbf{R}^m$-wertiger Prozess $\Psi(t)$, $t \in [0, T]$ mit

$$E\left(\int_0^T \|\Psi(t)\|^2\, dt\right) < \infty$$

und

$$M_t = M_0 + \int_0^t \Psi(s)'\, dW(s) \quad P\text{-fast sicher.}$$

Beweis:

Da M_0 F_0-messbar ist, folgt, dass M_0 P-fast sicher konstant sein muss. Daher können wir oBdA $M_0 = 0$ voraussetzen. Da M_t Martingal ist, gilt dann auch $E(M_t)$=0 für alle $t \in [0, T]$. M_t ist als Martingal abgeschlossen, d.h. es hat die Form

$$M_t = E\left(M_T \middle| F_t\right) \text{ fast sicher.} \tag{1}$$

Zur Brownschen Filterung betrachten wir nun den Vektorraum $L^{2,m}[0, T]$, wobei

$$L^{2,m}[0,T] := \{(X(t), F_t)_{t\in[0,T]} \ \mathbf{R}^m\text{-wertiger progressiv messbarer Prozess} \mid X_i \in L^2[0,T],\ i=1,..,m\}.$$

Dann ist $L^{2,m}[0,T]$ ein Hilbert-Raum mit dem inneren Produkt

$$\left(H,\widetilde{H}\right) := E\left(\int_0^T H(s)\cdot \widetilde{H}(s)\,ds\right).$$

$L^{2,0}(\Omega, F_T, P)$ sei nun der Raum aller quadrat-integrierbaren, F_T-messbaren Zufallsvariablen Z mit $E(Z)=0$. $L^{2,0}(\Omega, F_T, P)$ sei versehen mit dem allgemein üblichen inneren Produkt

$$\left(I,\widetilde{I}\right) := E\left(I\cdot\widetilde{I}\right).$$

Die Abbildung

$$I: L^{2,m}[0,T] \to L^{2,0}(\Omega, F_T, P)$$

$$X \mapsto I_T(X) := \int_0^T X(s)\,dW(s)$$

ist eine Isometrie. Folglich ist

$$V := \left\{I_T(X) \middle| X \in L^{2,m}[0,T]\right\}$$

ein vollständiger Unterraum von $L^{2,0}(\Omega, F_T, P)$. Wenn wir nun zeigen können, dass $V=L^{2,0}(\Omega, F_T, P)$ gilt, dann lässt sich jede quadrat-integrierbare Zufallsvariable mit Erwartungswert Null als stochastisches Integral mit $\Psi\in L^{2,m}[0,T]$ darstellen, insbesondere gilt dies für die Zufallsvariable M_T, also

$$M_T = \int_0^T \Psi(s)\,dW(s).$$

Aus der Darstellung (1) und der Martingaleigenschaft stochastischer Integrale für Integranden aus $L^{2,m}[0,T]$ folgt dann die Behauptung des Satzes

$$M_t = E\left(\int_0^T \Psi(s)\,dW(s) \middle| F_t\right) = \int_0^t \Psi(s)\,dW(s).$$

Ziel: Zeige, dass V mit $L^{2,0}(\Omega, F_T, P)$ übereinstimmt.

Sei $Z \in L^{2,0}(\Omega, F_T, P) \cap V^{\perp}$, d.h. es gilt $E(Z \cdot N)=0$ für alle $N \in V$. Die Behauptung $V = L^{2,0}(\Omega, F_T, P)$ ist dann äquivalent dazu, dass $Z \equiv 0$ P-fast sicher gilt.

i) Für $t \in [0, T]$ wird durch

$$Z(t) := E\left(Z \middle| F_t\right)$$

ein Martingal mit $Z(0)= E(Z) =0$ P-fast sicher definiert. Da die Filterung $\{F_t\}_t$ die üblichen Bedingungen erfüllt, können wir nach Hilfssatz 31 annehmen, dass dieses Martingal rechtsstetig ist. Setze für $H \in L^{2,m}[0, T]$

$$N(T) := I_T(H)\,, \quad N(t) := E\left(N(T) \middle| F_t\right) = I_t(H)$$

Da $N(t)$ ein stetiges Martingal ist, gilt mit Satz 13 („optional sampling") für alle Stoppzeiten $\tau \leq T$, dass

$$N(\tau) = E\left(N(T) \middle| F_\tau\right) = I_\tau(H) = \int_0^T H(s) \cdot 1_{[0,\tau]}(s)\, ds \in V$$

und damit auch

$$0 = E(Z \cdot N(\tau)) = E\left(E\left(Z \cdot N(\tau) \middle| F_\tau\right)\right) = E\left(N(\tau) E\left(Z \middle| F_\tau\right)\right) = E(Z(\tau) N(\tau))\,.$$

Somit ist nach der Martingalcharakterisierung, Satz 15, $Z(t) \cdot N(t)$ ebenfalls ein Martingal.

ii) Für $\theta \in \mathbf{R}^m$ beliebig, aber fest, seien

$$\begin{aligned} f(x,t) &:= exp\left(i\theta' x + \tfrac{1}{2}\|\theta\|^2 t\right) \\ &= \underbrace{exp\left(\tfrac{1}{2}\|\theta\|^2 t\right) \cdot cos\left(\theta' x\right)}_{f_1(x,t)} + i \cdot \underbrace{\left[exp\left(\tfrac{1}{2}\|\theta\|^2 t\right) \cdot sin\left(\theta' x\right)\right]}_{f_2(x,t)}, \\ M^\theta(t) &:= f\left(W(t), t\right), \end{aligned}$$

für $t \in [0, T]$. Es gilt dann

$$\left|M^\theta(t)\right| = exp\left(\tfrac{1}{2}\|\theta\|^2 t\right).$$

Durch Anwendung der mehrdimensionalen Itô-Formel, Satz 40, auf Real- und Imaginärteil von f erhält man:

$$\begin{aligned} M^{\theta}(t) &= f_1(W(t),t) + i \cdot f_2(W(t),t) \\ &= 1 + \sum_{j=1}^{m} i \cdot \int_0^t \theta_j \cdot f(W(s),s)\, dW_j(s) \\ &\quad + \int_0^t \left(\tfrac{1}{2}\|\theta\|^2 - \tfrac{1}{2}\sum_{j=1}^{m} \theta_j^2 \right) f(W(s),s)\, ds \\ &= 1 + \sum_{j=1}^{m} i \cdot \int_0^t \theta_j M^{\theta}(s)\, dW_j(s) \end{aligned}$$

Da $|M^{\theta}(t)|$ für festes $\theta \in \mathbf{R}^m$ auf $[0,T]$ beschränkt ist, sind die stochastischen Integrale nach dem letzten Gleichheitszeichen Martingale. Insbesondere ist also $M^{\theta}(t)$ ein Brownsches Martingal.

iii) Nach den Beweisteilen i) und ii) ist $Z(t)\cdot M^{\theta}(t)$ ein Martingal, also folgt

$$E\left(Z(t) \cdot M^{\theta}(t) \middle| F_s\right) = Z(s) \cdot M^{\theta}(s) = Z(s) \cdot exp\left(i\theta' W(s) + \tfrac{1}{2}\|\theta\|^2 s\right).$$

Somit gilt

$$E\left(Z(t) \cdot exp\left(i\theta'[W(t) - W(s)]\right) \middle| F_s\right) = Z(s) \cdot exp\left(-\tfrac{1}{2}\|\theta\|^2 (t-s)\right)$$

für $0 \leq s \leq t \leq T$. Mit $0=t_0<t_1<...<t_n \leq T$, $\Delta_k := W(t_k) - W(t_{k-1})$, $\theta_j \in \mathbf{R}^m$, $j = 1,...,n$, folgt

$$\begin{aligned} E\left(Z(T) \cdot exp\left(i\sum_{j=1}^{n} \theta_j' \Delta_j \right)\right) &= E\left(E\left(Z(T) \cdot exp\left(i\sum_{j=1}^{n} \theta_j' \Delta_j \right) \middle| F_{t_{n-1}} \right)\right) \\ &= exp\left(-\tfrac{1}{2}\|\theta_n\|^2 (t_n - t_{n-1})\right) \cdot E\left(Z(t_{n-1}) \cdot exp\left(i\sum_{j=1}^{n-1} \theta_j' \Delta_j \right)\right) \\ &= \ldots = exp\left(-\tfrac{1}{2}\sum_{j=1}^{n} \|\theta_j\|^2 (t_j - t_{j-1}) \right) \cdot E(Z(0)) = 0 \end{aligned}$$

wegen $Z(0)=0$ fast sicher, d.h. wir haben

$$Z(T) \perp exp\left(i\sum_{j=1}^{n}\theta_j'\Delta_j\right) \quad \text{für alle } \theta_j \in \mathbf{R}^m, j=1,\ldots,n.$$

Da $Z(T)=Z$ F_T-messbar ist, definieren wir nun auf F_T das folgende Maß $\widetilde{P}$ über

$$d\widetilde{P} = Z \cdot dP$$

Nach iii) gilt für beliebiges $\theta_j \in \mathbf{R}^m$

$$0 = E\left(Z \cdot exp\left(i\sum_{j=1}^{n}\theta_j{}'\Delta_j\right)\right) = \widetilde{E}\left(exp\left(i\sum_{j=1}^{n}\theta_j{}'\Delta_j\right)\right).$$

Wegen der Eindeutigkeit der Fourier-Transformierten folgt hieraus:

$$\widetilde{P}\Big|_{\sigma\left(W(t_1),\ldots W(t_n)\right)} = 0$$

Da die σ-Algebra F_T von den endlich-dimensionalen Vektoren $(W(t_1),\ldots,W(t_n))$ erzeugt wird, gilt sogar

$$\widetilde{P}\Big|_{F_T} = 0,$$

woraus $Z=0$ P-fast sicher folgt. □

Bemerkung

Der Integrand Ψ aus dem Martingaldarstellungssatz ist $P\otimes\lambda$-eindeutig. Damit folgt auch die Eindeutigkeit des in Satz 48 konstruierten Portfolio-Prozesses π. Zur Eindeutigkeit beachte:

$$M(T) = M(0) + \int_0^T \Psi(s)'\, dW(s) = M(0) + \int_0^T \widetilde{\Psi}(s)'\, dW(s)$$

$$\Rightarrow 0 = \int_0^T \left(\Psi(s) - \widetilde{\Psi}(s)\right)' dW(s)$$

$$\Rightarrow 0 = E\left(\int_0^T \left(\Psi(s) - \widetilde{\Psi}(s)\right)' dW(s)\right)^2 = E\left(\int_0^T \left\|\Psi(s) - \widetilde{\Psi}(s)\right\|^2 ds\right)$$

$\Rightarrow$ $P\otimes\lambda$-Eindeutigkeit.

Mittels geeignetem Lokalisieren folgt aus Satz 52 (siehe Übung Ü.12)

Korollar 53

$\{(M_t,F_t)\}_{t\in[0,T]}$ sei ein lokales Martingal bzgl. der Brownschen Filterung $\{F_t\}_t$. Dann existiert ein progressiv messbarer $\mathbf{R}^m$-wertiger Prozess $\Psi(t)$, $t\in[0,T]$ mit

$$\int_0^T \|\Psi(t)\|^2\,dt<\infty$$

und

$$M_t = M_0 + \int_0^t \Psi(s)'\,dW(s) \quad P\text{-fast sicher.}$$

Bemerkung

Nach Korollar 53 ist jedes lokale Martingal bzgl. der Brownschen Filterung - und somit auch jedes Brownsche Martingal - als Itô-Prozess darstellbar. Insbesondere ist damit für solche Prozesse die quadratische Variation bzw. die quadratische Kovariation definiert !

Übungsaufgaben

Ü.1 Zeige: Ist Y eine Modifikation des stochastischen Prozesses X und besitzen X und Y stetige Pfade, so sind X und Y ununterscheidbar.

Ü.2 Sei τ eine Stoppzeit und $\{(X_t,F_t)\}_{t\geq 0}$ ein rechtsstetiges (Sub-) Martingal. Man zeige, dass dann der gestoppte Prozess $\{(X_{t\wedge\tau},F_t)\}_{t\geq 0}$ wieder ein (Sub-) Martingal ist.

Ü.3 Der Prozess $\{P(t)\}_{t\geq 0}$ sei definiert durch

$$P(t)=p\cdot e^{\left(b-\frac{1}{2}\sigma^2\right)t+\sigma W(t)},$$

wobei $W(t)$ eindimensionale Brownsche Bewegung ist, p, b, $\sigma\in\mathbf{R}$ mit $\sigma\neq 0$. Zeige:

a) $Var\big(P(t)\big)=p^2e^{2bt}\left(e^{\sigma^2 t}-1\right)$.

b) $P(t)\xrightarrow{t\to\infty}\begin{cases}\infty & P\text{-fast sicher, falls } b>\frac{1}{2}\sigma^2\\ 0 & P\text{-fast sicher, falls } b<\frac{1}{2}\sigma^2\end{cases}$.

c) Vergleiche das Ergebnis aus b) mit dem Grenzverhalten von $E(P(t))$, $Var(P(t))$ für $t \to \infty$.

Ü.4 Sei $\{(X(t), F_t)\}_{t \geq 0}$ ein stochastischer Prozess, wobei die Filterung $\{F_t\}_t$ die üblichen Bedingungen erfülle.

Zeige: Für alle $n \in \mathbf{N}$ ist $\tau(\omega) := inf\{t \geq 0 \mid X(t, \omega) \geq n\}$ eine Stoppzeit.

Ü.5 Sei $\{(X(t), F_t)\}_{t \geq 0}$ ein eindimensionaler Itô-Prozess. Man zeige; dass seine Darstellung

$$X(t) = X(0) + \int_0^t K(s)\,ds + \int_0^t H(s)\,dW(s)$$

eindeutig bestimmt ist. Genauer: Ist

$$X(t) = Y(0) + \int_0^t \mu(s)\,ds + \int_0^t \sigma(s)\,dW(s)$$

eine weitere Darstellung, so folgen

- $X(0) = Y(0)$ P-fast sicher
- $K(s)$ und $\mu(s)$ bzw. $H(s)$ und $\sigma(s)$ sind äquivalent bzgl. $\lambda \otimes P$.

Anleitung: 1. Zeige, dass für ein stetiges Martingal $\{(M(t), F_t)\}_{t \in [0,T]}$ der Form $M(t) = \int_0^t \upsilon(s)ds$ mit $\int_0^T |\upsilon(s)|ds \leq C < \infty$ gilt:

$$\lim_{n \to \infty} E\left(\sum_{i=1}^n \left(M\left(\tfrac{iT}{n}\right) - M\left(\tfrac{(i-1)T}{n}\right)\right)^2\right) = 0$$

$$E\left(\sum_{i=1}^n \left(M\left(\tfrac{iT}{n}\right) - M\left(\tfrac{(i-1)T}{n}\right)\right)^2\right) = E\left(M(T)^2 - M(0)^2\right)$$

Insbesondere folgt aus diesen beiden Beziehungen wegen $M(0)=0$ auch $M(t)=0$ P-fast sicher für alle $t \in [0, T]$.

2. Zeige durch geeignetes Stoppen (und Grenzübergang $n \to \infty$), dass die Aussage aus 1. auch unter der Annahme $\int_0^T |\upsilon(s)|ds < \infty$ P-fast sicher gilt.

3. Wende die Aussage aus 2. auf das (lokale) stetige Martingal

$$M(t) := \int_0^t (H(s) - \sigma(s))\, dW(s) = \int_0^t (\mu(s) - K(s))\, ds$$ an.

Ü.6 Man zeige, dass für die im Beweis der Itô-Formel auftretenden Prozesse M_t und H_t unter den dortigen Annahmen gilt:

$$E\left(\sum_{k=1}^{m}\left(\left(M_{t_k} - M_{t_{k-1}}\right)^2 - \int_{t_{k-1}}^{t_k} H_s^2\, ds\right)\right)^2$$

$$= E\left(\sum_{k=1}^{m}\left(\left(M_{t_k} - M_{t_{k-1}}\right)^2 - \int_{t_{k-1}}^{t_k} H_s^2\, ds\right)^2\right).$$

Ü.7 Sei $\{(X(t), F_t)\}_{t\geq 0}$ Itô-Prozess und τ eine Stoppzeit. Man zeige, dass für geeignetes f gilt:

$$\int_0^s f(X(t \wedge \tau))\, dX(t \wedge \tau) = \int_0^{s\wedge\tau} f(X(t))\, dX(t).$$

Ü.8 Man beweise die Produktregel, Korollar II.41.

Ü.9 Es sei $\{(W(t), F_t)\}_{t\geq 0}$ eine eindimensionale Brownsche Bewegung. Zeige, dass folgende Prozesse Martingale bzgl. $\{F_t\}_t$ sind:

a) $X(t) = exp\left(\frac{t}{2}\right) \cdot cos(W(t))$.

b) $X(t) = exp\left(\frac{t}{2}\right) \cdot sin(W(t))$.

c) $X(t) = (W(t) + t) \cdot exp\left(-W(t) - \frac{t}{2}\right)$.

Hinweis: Itô-Formel

Ü.10 Es sei $H(t)$ definiert wie in Abschnitt II.3, Seite 74.

a) Zeige, dass $1/H(t)$ der Vermögensprozess zum Paar

$$(\pi(t), c(t)) = \left(\sigma^{-1}(t)'\, \sigma^{-1}(t)(b(t) - r(t) \cdot \underline{1}), 0\right)$$

mit Startvermögen $x=1/H(0)=1$ ist.

b) Es sei $(\pi, c) \in A(1)$ mit $c \equiv 0$, so dass

$$E\left(\int_0^T \pi(t)'\,\sigma(t)\,dW(t)\right) = 0, \quad \int_0^T \left\|\pi(t)^2\right\| dt < \infty,$$

gelten. Zeige: Existiert für den zu $(\pi, 0)$ gehörenden Vermögensprozess $X(t)$ der Erwartungswert $E(ln(X(T))$, so gilt

$$E\big(ln\big(X(T)\big)\big) \le E\left(ln\left(\frac{1}{H(T)}\right)\right).$$

(Bemerkung: Der zu $1/H(t)$ gehörende Portfolioprozess heißt deshalb auch wachstumsoptimales Portfolio.)

Ü.11 Sei $B \ge -K$ eine F_T-messbare Zufallsvariable mit $K>0$, $T>0$ fest. Zeige, dass es dann unter bestimmten Voraussetzungen ein Startvermögen $x \ge -K$ und eine Handelsstrategie φ gibt, so dass für den zugehörigen Vermögensprozess $X(t)$ gilt:

$$X(t) \ge -K \text{ für alle } t \in [0,T]$$
$$X(T) = B \;\; P\text{-fast sicher.}$$

Ü.12 Man beweise Korollar 53, indem man die Aussage durch geeignetes Lokalisieren auf den Martingaldarstellungssatz zurückführt.

Kapitel III: Optionsbewertung

III.1 Einleitung

Die wichtigste Anwendung des Itô-Kalküls in der Finanzmathematik ist die der Optionsbewertung. Dabei ist das bekannteste Ergebnis die Black-Scholes-Formel für die Bewertung europäischer Call- und Put-Optionen. Dies wurde auch durch die Verleihung des Nobelpreises für Wirtschaftswissenschaften an Robert Merton und Myron Scholes im Jahr 1997 für ihre Arbeiten zur Black-Scholes-Formel gewürdigt. Fischer Black lebte zu diesem Zeitpunkt bereits nicht mehr.

Optionen sind sogenannte derivative Wertpapiere, d.h. aus zugrunde liegenden Gütern abgeleitete Wertpapiere, die schon seit Jahrhunderten in verschiedenen Formen gehandelt werden, aber erst ab Anfang der 70er Jahre unseres Jahrhunderts große wirtschaftliche Bedeutung erlangten.

Allgemein versteht man unter einer **Kaufoption** bzw. einem **Call** einen Vertrag, der seinem Käufer das Recht (nicht die Pflicht !) einräumt, eine festgelegte Menge eines bestimmten Gutes während der Vertragsdauer (bei einer sogenannten **amerikanischen Option**), oder nur zum Ende der Laufzeit (bei einer **europäische Option**) zum vorher festgelegten Preis, dem **Ausübungspreis**, vom Verkäufer der Option zu kaufen. Genau das Gegenteil ist die **Verkaufsoption** bzw. der **Put**. Damit erhält der Käufer der Option das Recht, die bestimmte Menge des Gutes zum vorher festgelegten Preis an den Verkäufer der Option zu verkaufen (dabei ist der Verkäufer des Puts verpflichtet, die Ware, z.B. die Aktie, dann auch abzunehmen).

Es werden heute Optionen auf Aktien, Schatzbriefe, Rohstoffe, Optionen, Verträge, Fremdwährungen und vieles mehr gehandelt. Auch die Ausgestaltung der Optionsverträge ist dabei sehr verschieden. Wir werden in Kapitel IV einige dieser sogenannten exotischen Optionen vorstellen.

Beispiel: Europäischer Call

Ein europäischer Call auf eine Aktie gibt dem Käufer der Option das Recht, im Zeitpunkt $t=T$, eine bestimmte Aktie zum im Zeitpunkt $t=0$ festgelegten Preis $K \geq 0$ zu kaufen. Ist der Aktienkurs $P_1(t)$ in $t=T$ höher als K, so kann der

Besitzer der Option die Aktie zum Preis K erwerben und sofort zum höheren Preis $P_1(T)$ am Markt verkaufen. Er macht dann einen Gewinn in der Höhe von $(P_1(T)-K)$ (unter der Vernachlässigung von Transaktionskosten).

Ist $P_1(T)<K$, so lässt der Besitzer der Option sein Recht verfallen, selbst wenn er Interesse am Kauf dieser bestimmten Aktie hätte. Es ist nämlich dann für ihn günstiger, die Aktie am Markt zum Preis $P_1(T)$ zu erwerben. In diesem Fall ist der Gewinn durch die Option gleich Null.

Zusammengefasst ergibt sich für den Käufer der Option eine Zahlung der Höhe

$$\left(P_1(T)-K\right)^+ \text{ in } t=T.$$

Beispiel: Europäischer Put

Ein europäischer Put auf eine Aktie gibt dem Käufer der Option das Recht, im Zeitpunkt $t=T$ eine bestimmte Aktie zum Preis $K>0$ zu verkaufen. Damit ergibt sich für ihn ein Gewinn der Höhe

$$\left(K-P_1(T)\right)^+ \text{ in } t=T.$$

Payoff-Diagramme

In der Praxis werden Optionen bzw. ihre zugehörigen Endzahlungen in $t=T$ graphisch durch sogenannte Payoff-Diagramme beschrieben, d.h. es wird der Graph der Endzahlung als Funktion vom Aktienkurs in $t=T$, $P_1(T)$, angegeben (was natürlich nur möglich ist, falls sich die Endzahlung als Funktion von $P_1(T)$ darstellen lässt !). Für den europäischen Call und den europäischen Put erhalten wir so die Payoff-Diagramme:

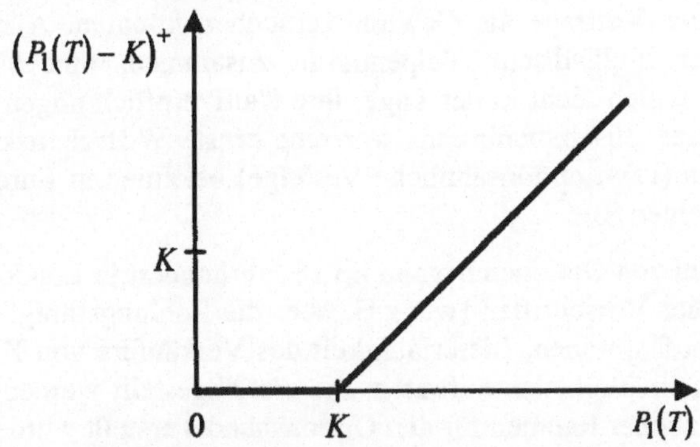

Bild III.1 Payoff-Diagramm eines Calls

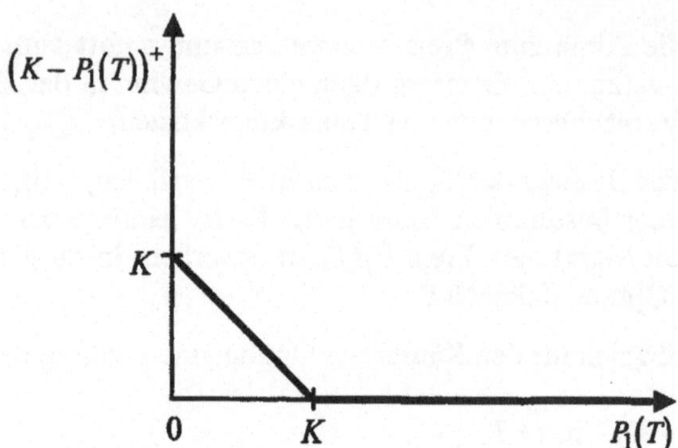

Bild III.2 Payoff-Diagramm eines Puts

Das Erzeugen anderer Auszahlungen durch Kombination dieser beiden Payoff-Diagramme (was einem Halten einer Zusammenstellung von Puts und Calls entspricht), ist in der Praxis sehr populär. Man vergleiche hierzu Übung Ü.1.

Kurze Geschichte des Optionshandels

Der erste größere Gebrauch von Optionen fand zu Beginn des 17.Jahrhunderts in Holland statt, als sich Tulpenzüchter zur Zeit der aufkommenden Tulpenmanie gegen schwankende Preise absichern wollten und Verträge erwarben, die ihnen das Recht zusicherten, ihre Ernte an Tulpenzwiebeln gegen einen vorgebenen Mindestpreis an die Verkäufer dieser Verträge zu veräußern, wenn der Marktpreis unter den Mindestpreis fallen würde (es handelte sich hier um eine Art von Verkaufsoption). Die Verkäufer der Verträge hofften auf weiteren Preisanstieg, so dass die Tulpenzüchter die Verträge nicht in Anspruch nehmen würden und sie die Kaufprämie der Verträge als Gewinn verbuchen könnten. Allerdings brach dann 1637 der holländische Tulpenmarkt zusammen, und die Optionsverkäufer erwiesen sich nicht in der Lage, ihre Kaufverpflichtungen einzuhalten. Die Folge dieses Zusammenbruchs war eine ernste Wirtschaftskrise in Holland, und Optionen (bzw. optionsähnliche Verträge) bekamen in Europa für lange Zeit einen schlechten Ruf.

Der organisierte Handel von Optionen begann im 18.Jahrhundert in London, wobei mangels gesetzlicher Vorschriften (wie z.B. über die Zahlungsfähigkeit des Verkäufers von Verkaufsoptionen, Lieferfähigkeit des Verkäufers von Kaufoptionen) oftmals Unregelmäßigkeiten auftraten, die erst abgestellt werden konnten, als 1930 ein gesetzlicher Rahmen für den Optionshandel erstellt wurde.

Aber erst zu Beginn der 70er Jahre des 20.Jahrhunderts erlangte der Handel von Optionspapieren die Bedeutung, die er heute besitzt, als 1973 in Chicago die Chicago Board Options Exchange eröffnet wurde. Seit dieser Zeit weitete sich der organisierte Optionshandel schnell aus. In diesem Zusammenhang ist auch die Eröffnung der Deutschen Terminbörse in Frankfurt 1990 zu nennen.

Warum werden überhaupt Optionen gehandelt ?

Der Hauptgrund für den Handel mit Optionen besteht in der Absicherungsfunktion von Optionen gegen Preisschwankungen des ihnen zugrundeliegenden Gutes (vgl. hierzu auch die Absicht der Tulpenzüchter beim Erwerb der Verkaufsoptionen im obigen Beispiel). Hierbei hängt es vom Typ der Option ab, gegen welche Art der Preisschwankungen (Preissteigerung, -verfall,...) man sich durch ihren Erwerb absichert. Man kann mit Hilfe von Optionskontrakten Risiken zukünftiger Zahlungsströme eliminieren oder begrenzen. Eine typische Anwendung ist die Möglichkeit einer weltweit tätigen Firma, durch Erwerb von Devisen-Optionen Wechselkursrisiken zu verringern. So könnte z.B. ein Unternehmen, das im Frühjahr nächsten Jahres eine Zahlung in Höhe von 10 Mio. Dollar zu leisten hat, eine Kaufoption auf diesen Betrag zum festen Wechselkurs von DM 1,70 pro Dollar erwerben. Es hat sich so gegen einen Anstieg des Dollarkurses über DM 1,70 abgesichert, sich aber gleichzeitig die Möglichkeit offen gehalten, bei Fall des Dollarkurses unter DM 1,70 die Devisen zum günstigeren Kurs am Markt zu erwerben.

Natürlich werden Optionen auch von Spekulanten erworben, die auf eine gegenüber dem Aktienkurs überproportionale Wertsteigerung der Option hoffen. So steigt z.B. der Preis einer Call-Option bei einem Anstieg des zugrunde liegenden Aktienkurses um eine Geldeinheit in der Regel um weniger als eine Geldeinheit an. Der prozentuale Wertzuwachs der Call-Option liegt dann aber über dem der Aktie. Man spricht hierbei von einem „Hebeleffekt" (engl. leverage-effect) (siehe auch Übung Ü.14). Interessant sind Optionen für Spekulanten auch deshalb, weil sie im Vergleich zum zugrundeliegenden Gut oft viel weniger kosten und mit geringem Kapitaleinsatz manchmal relativ große Gewinne (aber auch große Verluste) erzielt werden können.

Kurze Geschichte der Theorie der Optionsbewertung

Die Theorie der Optionsbewertung in ihrer heutigen Form hat ihren Ursprung in der Dissertation „Théorie de la Spéculation" von L.Bachelier aus dem Jahre 1900 (siehe Bachelier (1900)). In dieser Arbeit findet man die erste mathematische Beschreibung der Brownschen Bewegung als stochastischen Prozess (wenn auch nicht unter diesem Namen). Bacheliers Ziel war es, durch Modellierung von Güterpreisen mittels einer Brownschen Bewegung theoretische Werte für verschiedene Typen von Optionen auf bestimmte Güter abzuleiten und diese Preise mit den tatsächlichen Marktpreisen zu vergleichen. Als Optionspreise schlug er den Erwartungswert der aus der Option hervorgehenden Zahlung vor. Entscheidendes Manko in Bacheliers Modellierung war, dass die Güterpreise in seinem Modell negativ werden konnten.

Bacheliers Arbeit geriet für lange Zeit in Vergessenheit, und erst nach Einführung der geometrischen Brownschen Bewegung als Preismodell in den 60'er Jahren gelang Fischer Black und Myron Scholes im Jahr 1973 der entscheidende Durchbruch (siehe Black und Scholes (1973)). Die Vorgehensweise von Black und Scholes bei der Herleitung der Black-Scholes-Formel wird in Abschnitt III.3 beschrieben. Wir werden zunächst in III.2 den modernen Ansatz der Optionsbewertung nach dem Duplikationsprinzip vorstellen, der eine natürliche Anwendung der Martingaltheorie und insbesondere des Martingaldarstellungssatzes ist. Als Ausgangspunkt dieser Richtung kann die Arbeit von J.M. Harrison und S.R. Pliska (1981) angesehen werden.

III.2 Optionsbewertung nach dem Duplikationsprinzip

Das Problem ist nun, einen sinnvollen Preis $\hat{p}$ für eine Option, z.B. den europäischen Call, zu finden. Eine feste Zahlung B in der Zukunft T hat heute in $t=0$ bei konstanter Bondverzinsung r den Wert

$$e^{-rT} \cdot B$$

Man nennt dies auch den **abgezinsten** oder **diskontierten** Wert des Betrags B. Es ist genau die Summe, die man in $t=0$ im Bond anlegen muss, um in T den Betrag B zu erhalten (mehr zum Thema Diskontieren findet man z.B. in Tietze (1996)). Bei zufallsabhängiger und zeitabhängiger Verzinsung $r(t)$ des Bonds betrachtet man den Erwartungswert

$$E\left(e^{-\int_0^T r(s)ds} \cdot B\right).$$

Dies ist der Betrag, den man in $t=0$ im Bond anlegen muss, um in T im Mittel den Betrag B zu erhalten. Es ist nun naheliegend als Optionspreis den Erwartungswert der mit dem Bondpreis auf $t=0$ abgezinsten Endzahlung der Option in T anzusetzen, also z.B. für einen europäischen Call:

$$\hat{p} = E\left(e^{-\int_0^T r(s)ds} \cdot \left(P_1(T) - K\right)^+\right).$$

Wir werden im Folgenden zeigen, dass dies im Allgemeinen **ein falscher Preis** ist! Man beachte hierzu auch, dass die Abzinsung mit dem Bond willkürlich gewählt wurde und nicht die Möglichkeit berücksichtigt, dass man Geld auch in Aktien anlegen kann.

Ein diskretes Beispiel zum Preis einer Option

Zur Motivation des Duplikationsprinzips wollen wir zunächst ein einfaches Beispiel betrachten. Am Markt gebe es ein festverzinsliches Wertpapier mit Preis $P_0(t)$ und eine Aktie mit Preis $P_1(t)$. Vereinfachend legen wir fest, dass für den Zinssatz $r=0$ gelte, der Ausübungspreis sei auf $K=1$ festgelegt. Die Wertpapierpreise seien durch folgendes Diagramm gegeben:

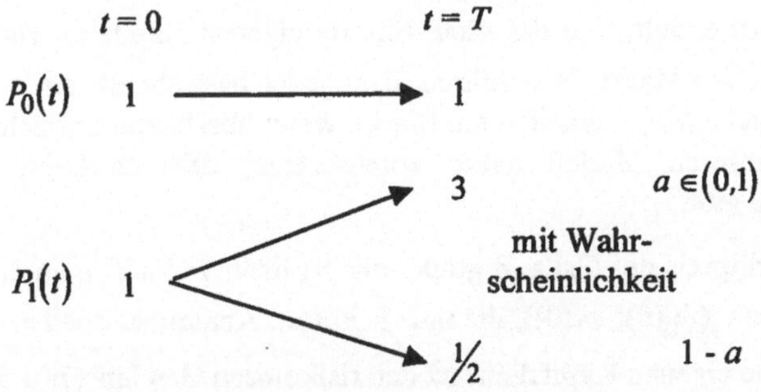

Bild III.3 Preisdiagramm

Somit ist

$$E\left(\left(P_1(T) - K\right)^+\right) = (3-1)\cdot a + 0\cdot(1-a) = 2\cdot a .$$

Dieser Preis wäre von der persönlichen Einschätzung der Erfolgswahrscheinlichkeit a abhängig (man beachte: a ist unbekannt). Es wird sich später zeigen, dass dieser kritische Parameter in den „wahren" Optionspreis nicht eingehen wird. Der Grund hierfür liegt darin, dass die Option ein redundantes Wertpapier ist, d.h. man kann die durch sie erhaltene Endzahlung auch durch Verfolgen einer selbst-finanzierenden Handelsstrategie in Aktie und Bond erhalten. Dies nennt man das **Duplikationsprinzip**. Wir müssen dazu $(\varphi_0(0),\ \varphi_1(0))$ so bestimmen, dass gerade

$$X(T)=\varphi_0(0)P_0(T)+\varphi_1(0)P_1(T)=\left(P_1(T)-K\right)^+ \qquad (*)$$

gilt. Wir setzen dann als Preis

$$\hat{p}=\varphi_0(0)P_0(0)+\varphi_1(0)P_1(0),$$

d.h. der Optionspreis ist gleich dem in $t=0$ benötigtem Kapital, um die Duplikationsstrategie $(\varphi_0(0),\ \varphi_1(0))$ zu kaufen. Dies wird sich als der einzig sinnvolle Preis für die Option erweisen, denn für eine andere Wahl des Preises besteht die Möglichkeit eines risikolosen Gewinns ohne eigenen Kapitaleinsatz, eine sogenannte **Arbitrage-Möglichkeit**.

Wäre der Preis der Option $\tilde{p}$ kleiner als $\hat{p}$, so erwirbt man sie (zunächst auf Kredit, man beachte, dass wir hier annehmen, dass die Kreditzinsen den Zinsen für Guthaben entsprechen) und hält gleichzeitig die Position $(-\varphi_0(0),-\varphi_1(0))$, was $\hat{p}$ einbringt. Zum Zeitpunkt $t=T$ neutralisieren sich die Zahlungen aus den beiden Positionen. Man hat dann schließlich durch dieses Geschäft den Gewinn $(\hat{p}-\tilde{p})$ in $t=0$ erzielt, und das ohne Einsatz eigenen Kapitals. Da Arbitrage-Möglichkeiten am Markt dazu führen, dass jeder bestrebt ist, sie auszunutzen, halten sich solche Möglichkeiten am Markt, wenn überhaupt, nur sehr kurz. Wir können in unseren Modell daher voraussetzen, dass es keine Arbitrage-Möglichkeiten gibt.

Wäre der Marktpreis des Calls $\tilde{p}$ größer als $\hat{p}$, dann verkauft man den Call und hält die Position $(\varphi_0(0),\ \varphi_1(0))$, die nur $\hat{p}$ kostet. Analog zu oben erwirtschaftet man dann ohne eigenen Kapitaleinsatz den risikolosen Gewinn $(\tilde{p}-\hat{p})$ in $t=0$.

Die Forderung (*) führt in unserem Beispiel auf das Gleichungssystem

$$\begin{aligned}\varphi_0(0)\cdot 1+\varphi_2(0)\cdot 3&=2\\ \varphi_0(0)\cdot 1+\varphi_2(0)\cdot \tfrac{1}{2}&=0\end{aligned}$$

mit eindeutiger Lösung

$$\left(\varphi_0(0),\varphi_1(0)\right)=\left(-\tfrac{2}{5},\tfrac{4}{5}\right).$$

Damit ergibt sich als einzig sinnvoller Preis für die Option

$$\hat{p}=-\tfrac{2}{5}\cdot 1+\tfrac{4}{5}\cdot 1=\tfrac{2}{5}.$$

Dieser Preis ist nun unabhängig von der unbekannten Wahrscheinlichkeit a. Da diese Lösung eindeutig ist, besteht dann auf diesem Markt mit Aktie, Bond und Call keine Arbitrage-Möglichkeit. Man beachte weiter, dass der oben berechnete Optionspreis genau dann mit der abgezinsten Endzahlung des Calls übereinstimmt, wenn a=1/5 gilt. In diesem Fall ist $P_1(t)$ sogar ein Martingal. Dies ist kein Zufall, sondern wird uns später noch öfter begegnen.

Allgemeine Voraussetzungen für dieses Kapitel

Wir übernehmen hier die Voraussetzungen von Kapitel II, Abschnitt II.2, S. 64, und die Bezeichnungen aus Abschnitt II.3, S.74. Insbesondere gelte $d = m$.

Außerdem gelte: das selbst-finanzierende Paar (π, c) bestehend aus einem Portfolioprozess π und einem Konsumprozess c sei zulässig für das Startvermögen $x>0$, also $(\pi, c) \in A(x)$. Damit sind insbesondere die Voraussetzungen zu Satz II.48 über die Vollständigkeit des Marktes erfüllt.

Wir präzisieren zuerst den Begriff einer Arbitrage-Möglichkeit:

Definition 1

Ein selbst-finanzierendes und zulässiges Paar (φ, c), bestehend aus einer Handelsstrategie φ und einem Konsumprozess c, heißt eine **Arbitrage-Möglichkeit**, falls für den zugehörigen Vermögensprozess gleichzeitig gelten:

$$X(0) = 0 \;\; P\text{-fast sicher,} \;\; X(T) \geq 0 \;\; P\text{-fast sicher,}$$

$$P\big(X(T) > 0\big) > 0 \quad \text{oder} \quad P\left(\int_0^T c(t)\,dt > 0\right) > 0 .$$

Korollar 2

Im betrachteten Modell des vollständigen Marktes gibt es keine Arbitrage-Möglichkeiten.

Beweis:

Dies ist eine direkte Folgerung aus Satz II.48. Denn sei (φ, c) eine Arbitrage-Möglichkeit, dann gilt, da $H(t)$ strikt positiv ist:

$$E\left(H(T)X(T) + \int_0^T H(s)c(s)\,ds \right) > 0 = X(0) = x\,.$$

Das ist aber ein Widerspruch zu Satz II.48 a). Also gibt es keine Arbitrage-Möglichkeit. □

Um später in der Lage zu sein, die unterschiedlichsten Optionen zu bewerten, verallgemeinern wir nun die Idee, die hinter einer Kauf- bzw. Verkaufsoption steht:

Definition 3

Ein **bedingter Anspruch** (g, B), oder auch **Contingent Claim**, besteht aus einem bzgl. $\{F_t\}_t$ progressiv messbaren Auszahlungsratenprozess $g(t)$, $t \in [0, T]$, $g(t) \geq 0$, und einer F_T-messbaren Endzahlung $B \geq 0$ zum Zeitpunkt $t = T$ mit

$$E\left(\left(\int_0^T g(t)\,dt + B \right)^{\mu} \right) < \infty \quad \text{für ein } \mu > 1. \tag{1}$$

Bemerkungen

a) Den Begriff Option werden wir im Folgenden oft auch als Synonym für Contingent Claim benutzen.

b) Mit der obigen Definition umfassen wir allerdings nur Optionen vom europäischen Typ, bei denen der Zeitpunkt der Endauszahlung festliegt und nicht frei gewählt werden kann (amerikanische Optionen siehe Abschnitt III.5).

Beispiele für Contingent Claims

a) Europäischer Call: $g \equiv 0$, $B = \left(P_1(T) - K\right)^+$

b) Europäischer Put: $g \equiv 0$, $B = \left(K - P_1(T)\right)^+$

In Analogie zum diskreten Beispiel wird der faire Preis des bedingten Anspruchs (g, B) als das minimale Vermögen, das zum Verfolgen einer Duplikationsstrategie für (g, B) benötigt wird, definiert.

Definition 4

i) $(\pi, c) \in A(x)$ heißt eine **Duplikationsstrategie** für den Contingent Claim (g, B), falls

$$g(t) = c(t) \quad P\text{-fast sicher für alle } t \in [0, T],$$
$$X(T) = B \quad P\text{- fast sicher,}$$

gelten, wobei $X(t)$ der zu (π, c) gehörige Vermögensprozess ist.

ii) Die **Menge der Duplikationsstrategien zum Preis** $\boldsymbol{x}$ ist die Menge

$$D(x) := D(x; (g, B)) := \{(\pi, c) \in A(x) \mid (\pi, c) \text{ Duplikationsstrategie für } (g, B)\}$$

iii) Der **faire Preis** von (g, B) ist definiert als

$$\hat{p} := \inf\{p \mid D(p) \neq \varnothing\}.$$

Bemerkung

Aus der gleichmäßigen Beschränktheit von $r(t)$, $b(t)$, $\sigma(t)$, der gleichmäßigen Positiv-Definitheit von $\sigma(t)\sigma(t)'$, der Voraussetzung (1) und der Hölderschen Ungleichung folgt:

$$\tilde{x} := E\left(H(T)B + \int_0^T H(t)g(t)\, dt \right) < \infty .$$

Nach Satz II.48 über die Vollständigkeit des Marktes existiert nun zu B und g ein Portfolioprozess π, so dass $(\pi, g) \in A(\tilde{x})$ auch in $D(\tilde{x})$ liegt. Insbesondere gilt also:

$$\hat{p} \leq \tilde{x} .$$

Wir zeigen, dass sogar die Gleichheit gilt:

Satz 5 - Fairer Preis einer Option

Der faire Preis des Contingent Claims (g, B) ist gegeben durch

$$\hat{p} = E\left(H(T)B + \int_0^T H(t)g(t)\, dt \right) < \infty ,$$

und es existiert eine bzgl. $P\otimes\lambda$ -eindeutige Duplikationsstrategie $(\hat{\pi},\hat{c})\in D(\hat{p})$. Für deren zugehörigen Vermögensprozess $\hat{X}(t)$, auch **Bewertungsprozess** genannt, gilt:

$$\hat{X}(t)=\frac{1}{H(t)}E\left(H(T)B+\int_t^T H(s)g(s)\,ds\,\middle|\,F_t\right).$$

Bemerkung

Nach Satz 5 ergibt sich auch der Preis des Contingent Claims (g,B) zur Zeit t, denn dieser Preis $\hat{p}(t)$ muß mit $\hat{X}(t)$ übereinstimmen, sonst ergäben sich Arbitrage-Möglichkeiten im Markt mit Aktie, Option und Bond.

Beweis von Satz 5:

Nach der dem Satz vorausgehenden Bemerkung wissen wir schon, dass für den fairen Preis $\hat{p}\le\tilde{x}$ gilt ($\tilde{x}$ wie oben). Nun brauchen wir nur noch $\hat{p}\ge\tilde{x}$ zeigen. Sei hierzu $(\pi,c)\in D(x)$ eine Duplikationsstrategie für (g,B) mit Vermögensprozess $X(t)$ zum Preis $x=X(0)$. Dann gilt nach Satz II.48:

$$\begin{aligned} x &\ge E\left(H(T)X(T)+\int_0^T H(s)c(s)\,ds\right)\\ &= E\left(H(T)B+\int_0^T H(s)g(s)\,ds\right)=\tilde{x}\,. \end{aligned}$$

Hieraus folgt

$$\hat{p}=inf\left\{x\,\middle|\,D(x)\ne\varnothing\right\}\ge\tilde{x}\,.$$

Alle anderen Behauptungen des Satzes ergeben sich aus dem Beweis von Satz II.48. □

Bedeutung des Prozesses *H(t)*

Sei g≡0. Die Gleichheit

$$\hat{p}=E\big(H(T)B\big)=\int_\Omega H(T,\omega)B(\omega)\;P(d\omega)$$

zeigt, dass man als Preis für die Option tatsächlich den Erwartungswert der „abgezinsten" Zahlung in $t=T$ wählt, aber mit einem besonderen Abzinsfaktor, nämlich $H(T)$. $H(T)$ gibt den heutigen Wert einer zur Zeit T im Zustand $\omega \in \Omega$ gezahlten Geldeinheit an. Man kann $H(T)$ somit als zustandsabhängigen Abzinsfaktor ansehen. $H(T)$ berücksichtigt insbesondere alle am Markt vorhandenen Anlageformen.

Als erste Anwendung von Satz III.5 erhalten wir die berühmte Black-Scholes-Formel für den europäischen Call und Put:

Korollar 6 - Black-Scholes-Formel

Gegeben sei ein Marktmodell mit einer Aktie und einem Bond und konstanten Marktkoeffizienten, also

$$d = m = 1,$$
$$r(t) \equiv r \quad , \quad b(t) \equiv b \quad , \quad \sigma(t) \equiv \sigma > 0$$

für alle $t \in [0,T]$, $T>0$, $r, b, \sigma \in \mathbf{R}$.

a) Für den Preis $X_C(t)$ zur Zeit $t \in [0,T]$ einer europäischen Call-Option mit Ausübungspreis $K>0$ und Ausübungszeitpunkt T gilt:

$$X_C(t) = P_1(t) \cdot \Phi(d_1(t)) - K \cdot e^{-r(T-t)} \Phi(d_2(t))$$

$$d_1(t) = \frac{ln\left(\frac{P_1(t)}{K}\right) + \left(r + \frac{1}{2}\sigma^2\right)(T-t)}{\sigma\sqrt{T-t}}$$

„Call"

$$d_2(t) = \frac{ln\left(\frac{P_1(t)}{K}\right) + \left(r - \frac{1}{2}\sigma^2\right)(T-t)}{\sigma\sqrt{T-t}} = d_1(t) - \sigma\sqrt{T-t}$$

wobei Φ die Verteilungsfunktion der Standard-Normalverteilung ist.

b) Für den Preis $X_P(t)$ zur Zeit $t \in [0,T]$ einer europäischen Put-Option mit Ausübungspreis $K>0$ und Ausübungszeitpunkt T gilt:

$$X_P(t) = K \cdot e^{-r(T-t)} \cdot \Phi(-d_2(t)) - P_1(t)\Phi(-d_1(t))$$ **„Put"**

wobei $d_i(t)$ wie in Teil a) definiert ist.

Beweis:

a) <u>nur für t=0:</u> Nach Satz 5 gilt

$$X_C(0) = E\left(H(T)\left(P_1(T) - K\right)^+\right)$$

$$= E\left(exp\left(-\left[r + \tfrac{1}{2}\theta^2\right]T - \theta \cdot W(T)\right) \cdot \left(p_1 \cdot exp\left(\left[b - \tfrac{1}{2}\sigma^2\right]T + \sigma W(T)\right) - K\right)^+\right),$$

wobei $\theta = (b-r)/\sigma$. Hierbei ist der Positivteil strikt positiv genau dann, wenn

$$W(T) > \frac{1}{\sigma}\left(ln\left(\frac{K}{p_1}\right) - \left(b - \tfrac{1}{2}\sigma^2\right)T\right) \quad =: \hat{K}$$

gilt. Da $W(T)$ normalverteilt ist mit Erwartungswert 0 und Varianz T, folgt

$$X_C(0) = \int_{\hat{K}}^{\infty} e^{-\left(r+\frac{1}{2}\theta^2\right)T - \theta x}\left(p_1 \cdot e^{\left(b-\frac{1}{2}\sigma^2\right)T + \sigma x} - K\right) \cdot \frac{1}{\sqrt{2\pi T}} \cdot e^{-\frac{x^2}{2T}}\, dx$$

$$= p_1 \cdot \int_{\hat{K}}^{\infty} \frac{1}{\sqrt{2\pi T}} \cdot exp\left(\left(b - \tfrac{1}{2}\sigma^2 - r - \tfrac{1}{2}\theta^2\right)T + (\sigma - \theta)x - \frac{x^2}{2T}\right) dx$$

$$- K \cdot \int_{\hat{K}}^{\infty} exp(-rT) \cdot \frac{1}{\sqrt{2\pi T}} exp\left(-\tfrac{1}{2}\theta^2 T - \theta x - \tfrac{x^2}{2T}\right) dx$$

Geeignetes Zusammenfassen in den Exponenten liefert:

$$X_C(0) = p_1 \int_{\hat{K}}^{\infty} \frac{1}{\sqrt{2\pi T}} \cdot exp\left(\frac{\left(x - (\sigma - \theta)T\right)^2}{2T}\right) dx$$

$$- K \cdot exp(-rT) \cdot \int_{\hat{K}}^{\infty} \frac{1}{\sqrt{2\pi T}} \cdot exp\left(\frac{\left(x + \theta T\right)^2}{2T}\right) dx$$

$$= p_1 \cdot \left(1 - \Phi\left(\frac{\hat{K} - (\sigma - \theta)T}{\sqrt{T}}\right)\right) - K \cdot e^{-rT} \cdot \left(1 - \Phi\left(\frac{\hat{K} + \theta T}{\sqrt{T}}\right)\right)$$

$$= p_1 \cdot \Phi\left(\frac{ln\left(\frac{p_1}{K}\right)+\left(r+\frac{1}{2}\sigma^2\right)T}{\sigma\sqrt{T}}\right) - K \cdot e^{-rT} \cdot \Phi\left(\frac{ln\left(\frac{p_1}{K}\right)+\left(r-\frac{1}{2}\sigma^2\right)T}{\sigma\sqrt{T}}\right).$$

b) analog zu a) □

Bemerkungen

a) Die Black-Scholes-Formeln für den europäischen Call bzw. Put hängen nicht vom Drift-Koeffizienten b des Aktienpreises (der „mittleren Ertragsrate") ab. Dieses höchst erstaunliche Ergebnis ist wohl der Hauptgrund für die breite Akzeptanz der Formel in der Praxis, da ja der Parameter b derjenige ist, der wohl am ehesten von der persönlichen Einschätzung des Aktienkurses abhängt. Da er nicht in die Black-Scholes-Formel eingeht, spricht man auch von einer **„präferenzfreien Bewertung"**.

b) Durch entsprechendes Differenzieren lässt sich zeigen: $X_C(t)$ fällt in t und wächst in r, $P_1(t)$ und σ (für $\sigma > 0$). Um dies zu zeigen sind folgende Identitäten nützlich:

$$d_2(t) = d_1(t) - \sigma\sqrt{T-t},$$

$$P_1(t)\varphi(d_1(t)) = Ke^{-r(T-t)}\varphi(d_2(t)),$$

wobei $\varphi(.)$ die Dichtefunktion der Standard-Normalverteilung ist (siehe Übung Ü.2).

c) Will man den Beweis der Black-Scholes-Formel für allgemeines $t \in [0, T]$ statt für $t=0$ durchführen, so ist zu beachten, dass

$$P_1(T) = P_1(t) \cdot exp\left(\left(b - \frac{1}{2}\sigma^2\right)(T-t) + \sigma(W(T) - W(t))\right)$$

gilt und der Zuwachs $W(T)-W(t)$ der Brownschen Bewegung unabhängig von F_s, $s \leq t$ und $N(0, T-t)$-verteilt ist. Es gilt deshalb

$$X_C(t) = E\left(\frac{H(T)}{H(t)}(P_1(T)-K)^+ \mid F_t\right)$$

$$= E\left(\frac{H(T)}{H(t)}(P_1(T)-K)^+ \mid W(t)\right).$$

Da sich aber aus $W(t)$ eindeutig der Wert von $P_1(t)$ ergibt und umgekehrt, schreiben wir auch

$$X_C(t) = E^{t,P_1(t)}\left(\frac{H(T)}{H(t)}\left(P_1(T)-K\right)^+\right)$$
$$:= E\left(\frac{H(T)}{H(t)}\left(P_1(T)-K\right)^+ \,\middle|\, P_1(t)\right).$$

Diese Abhängigkeit der zukünftigen Preisentwicklung der Option und des Aktienkurses lediglich vom gegenwärtigen nicht aber vom vergangenen Aktienpreis wird als Markov-Eigenschaft bezeichnet. Solange der Aktienpreisprozess durch eine geometrische Brownsche Bewegung gegeben ist, folgt die Markov-Eigenschaft direkt aus der Unabhängigkeit der Zuwächse der Brownschen Bewegung. Für allgemeinere Aktienpreisprozesse folgt sie aus der Markov-Eigenschaft der Lösungen stochastischer Differentialgleichungen. Dies wird im nächsten Abschnitt über den Zusammenhang zwischen Optionspreisen und partiellen Differentialgleichungen eine entscheidende Rolle spielen und auch dort näher betrachtet werden.

Bezeichnungen

In der Praxis werden einige der Ableitungen des Optionspreises $X(t)$ nach verschiedenen Parametern zur Beurteilung der Sensitivität des Optionspreises in Bezug auf Schwankungen dieser Parameter berechnet. Ihre Wichtigkeit wird durch die Tatsache verdeutlicht, dass diese Ableitungen sogar Namen besitzen. So heißen

$\frac{\partial}{\partial t}X(t)$	Θ	„Theta"
$\frac{\partial}{\partial P_1(t)}X(t)$	Δ	„Delta"
$\frac{\partial^2}{\partial P_1^2(t)}X(t)$	Γ	„Gamma"
$\frac{\partial}{\partial \sigma}X(t)$		„Vega"
$\frac{\partial}{\partial r}X(t)$	P	„Rho"

der Option. Hierbei kann $X(t)$ auch der Preis eines Portfolios von Optionen sein. Weitverbreitet sind in der Praxis verschiedene Hedging-Methoden (d.h. Absicherungs-Methoden) um Portfolios aus Optionen jeweils neutral gegen Änderungen der einzelnen Parameter zu machen (siehe Übung Ü.13).

Handelsstrategie zur Black-Scholes-Formel

Aus der Black-Scholes-Formel für den europäischen Call lässt sich auch leicht die zur Duplikationsstrategie $(\pi, 0)$ gehörende Handelsstrategie φ erraten, nämlich

$$\varphi_0(t) = -Ke^{-rT}\Phi\big(d_2(t)\big),$$
$$\varphi_1(t) = \Phi\big(d_1(t)\big).$$

(OBdA sei $P_0(0)=1$). Es ist lediglich noch nachzuprüfen, dass diese Strategie auch selbst-finanzierend ist, was durch (langwieriges) Verifizieren der Gleichung

$$dX_C(t) = \varphi_0(t)\,dP_0(t) + \varphi_1(t)\,dP_1(t)$$

mittels Itô-Formel geschehen kann. Wir werden dies später mittels einer einfacheren Methode überprüfen (siehe Proposition 12). Insbesondere gilt

$$0 \le \varphi_1(t) \le 1 \qquad \text{für alle } t \in [0, T],$$
$$-Ke^{-rT} \le \varphi_0(t) \le 0 \qquad \text{für alle } t \in [0, T],$$

d.h. die Aktienposition ist immer (!) teilweise durch einen Kredit finanziert. Die Aktienposition selber ist immer positiv, nach oben durch das Halten einer Aktie beschränkt.

Black-Scholes-Formel und Maßwechsel

Mit der Bezeichnung

$$W^Q(t) := W(t) + \theta \cdot t$$

gilt

$$\begin{aligned}
\hat{p} &= X_C(0) \\
&= E\Big(exp\big(-\big(r + \tfrac{1}{2}\theta^2\big)T - \theta W(T)\big)\big(p_1\, exp\big[\big(b - \tfrac{1}{2}\sigma^2\big)T + \sigma W(T)\big] - K\big)^+ \Big) \\
&= E\Big(exp(-rT)\cdot\big(p_1\, exp\big[\big(r - \tfrac{1}{2}\sigma^2\big)T + \sigma W^Q(T)\big] - K\big)^+ \\
&\qquad \cdot exp\big(-\tfrac{1}{2}\theta^2 T - \theta W(T)\big)\Big)
\end{aligned}$$

$$= E_Q\left(e^{-rT} \cdot \left(P_1(T) - K\right)^+\right)$$

wobei $E_Q(.)$ den Erwartungswert bzgl. dem Maß Q, das durch die Radon-Nikodym-Ableitung

$$\frac{dQ}{dP} = exp\left(-\frac{1}{2}\theta^2 T - \theta W(T)\right)$$

gegeben ist, bezeichnet. Kann man nun zeigen

Q ist ein zu P äquivalentes Wahrscheinlichkeitsmaß auf F_T (*)
und $\{(W^Q(t), F_t)\}_{t\in[0,T]}$ ist eine Brownsche Bewegung bzgl. Q,

so gelten:

a) Der diskontierte Aktienkurs

$$\frac{P_1(t)}{P_0(t)} = \frac{p_1}{p_0} \cdot exp\left(\sigma W^Q(t) - \frac{1}{2}\sigma^2 t\right)$$

ist ein Q-Martingal (Q heißt deshalb ein zu P äquivalentes Martingalmaß), und es gilt

$$dP_1(t) = P_1(t)\left(r\,dt + \sigma\,dW^Q(t)\right).$$

b) Der Optionspreis ist gerade gleich dem Erwartungswert bzgl. E_Q, der auf den heutigen Tag abgezinsten Zahlung aus der Option, d.h er ist gleich dem „natürlichen Wert" im **risiko-neutralen** Markt, in dem alle Wertpapierpreise gleichen Erwartungswert haben. Man spricht deshalb auch von risiko-neutraler Bewertung

Der Beweis von (*) ist Gegenstand des nun folgenden Exkurses.

Exkurs 5: Der Satz von Girsanov

Allgemeine Voraussetzungen für diesen Abschnitt:

$\{(X(t), F_t)\}_{t\geq 0}$ sei ein m-dimensionaler progressiv messbarer stochastischer Prozess, wobei $\{F_t\}_t$ die Brownsche Filterung ist, mit

$$\int_0^t X_i^2(s)\,ds < \infty \text{ } P\text{-fast sicher für alle } t \geq 0,\ i=1,\ldots,m,.$$

Sei dann

$$Z(t,X) := exp\left(-\sum_{i=1}^{m}\int_0^t X_i(s)\,dW_i(s) - \tfrac{1}{2}\int_0^t \|X(s)\|^2\,ds\right).$$

Da in $Z(t,X)$ das Argument ein Itô-Prozess ist, folgt mit der Itô-Formel, Satz II.35:

$$Z(t,X) = 1 - \sum_{i=1}^{m}\int_0^t Z(s,X)X_i(s)\,dW_i(s).$$

Damit ist $Z(t,X)$ ein stetiges, lokales Martingal mit $Z(0,X) = 1$. Da $Z(t,X)$ positiv ist, ist es insbesondere nach Satz II.15 ein Super-Martingal. Falls $Z(t,X)$ sogar Martingal ist, so gilt $E(Z(t,X))=1$ für alle $t \geq 0$. Für alle $T \geq 0$ lässt sich dann ein Wahrscheinlichkeitsmaß Q_T auf F_T durch

$$Q_T(A) := E\left(1_A \cdot Z(T,X)\right) \text{ für } A \in F_T \tag{2}$$

definieren. $Z(T,X)$ ist also die Dichte von Q_T bzgl. P. Das so definierte Wahrscheinlichkeitsmaß besitzt die folgende **Konsistenzeigenschaft**

$$Q_T(A) = Q_t(A)$$

für alle $A \in F_t$, $t \in [0,T]$, denn es gilt

$$\begin{aligned} Q_T(A) &= E\left(1_A \cdot Z(T,X)\right) = E\left(E\left(1_A \cdot Z(T,X) \mid F_t\right)\right) \\ &= E\left(1_A \cdot E\left(Z(T,X) \mid F_t\right)\right) = E\left(1_A \cdot Z(t,X)\right) = Q_t(A). \end{aligned}$$

Insbesondere gilt für Stoppzeiten $0 \leq \tau \leq T$ und $A \in F_\tau$ mit dem Satz II.13 („optional sampling")

$$\begin{aligned} Q_T(A) &= E\left(1_A \cdot Z(T,X)\right) = E\left(E\left(1_A \cdot Z(T,X) \mid F_\tau\right)\right) \\ &= E\left(1_A \cdot E\left(Z(T,X) \mid F_\tau\right)\right) = E\left(1_A \cdot Z(\tau,X)\right) = Q_\tau(A). \end{aligned}$$

Der folgende Satz zeigt nun, wie man bei einem Maßwechsel von P nach Q_T aus der P-Brownschen Bewegung $W(t)$ eine Q_T-Brownsche Bewegung $W^Q(t)$ erhält.

Satz 7 - Der Satz von Girsanov

Der Prozess $Z(t,X)$ sei ein Martingal und der Prozess $\{(W^Q(t), F_t)\}_{t\geq 0}$ sei definiert als

$$W_i^Q(t) := W_i(t) + \int_0^t X_i(s)\,ds \ , \quad 1 \leq i \leq m, \ t \geq 0$$

Dann ist für jedes feste $T \in [0,\infty)$ der Prozess $\{(W^Q(t), F_t)\}_{t\in[0,T]}$ eine m-dimensionale Brownsche Bewegung auf (Ω, F_T, Q_T), wobei das Wahrscheinlichkeitsmaß Q_T wie in (2) definiert sei.

Beweis :

i) Wir zeigen zunächst folgende Identität

$$E_{Q,T}\left(Y \middle| F_s\right) = \frac{1}{Z(S,X)} E\left(Y \cdot Z(R,X) \middle| F_s\right) \tag{3}$$

für alle Stoppzeiten S, R mit $0 \leq S \leq R \leq T$ und F_R-messbares Y mit $E_{Q,T}(|Y|) < \infty$. Dabei sei $E_{Q,t}$ der Erwartungswert bzgl. Q_t, $t \in [0,T]$.

Sei $A \in F_S$, dann gilt aufgrund der Konsistenzeigenschaft

$$\begin{aligned}
&E_{Q,T}\left(1_A \cdot \frac{1}{Z(S,X)} \cdot E\left(Y \cdot Z(R,X) \middle| F_s\right)\right) \\
&= E_{Q,S}\left(1_A \cdot \frac{1}{Z(S,X)} \cdot E\left(Y \cdot Z(R,X) \middle| F_s\right)\right) \\
&= E\left(1_A \cdot E\left(Y \cdot Z(R,X) \middle| F_s\right)\right) = E\left(1_A \cdot Y \cdot Z(R,X)\right) \\
&= E_{Q,R}\left(1_A \cdot Y\right) = E_{Q,T}\left(1_A \cdot Y\right),
\end{aligned}$$

woraus nach Definition des bedingten Erwartungswertes (3) folgt (beachte: die rechte Seite von (3) ist F_S-messbar).

ii) Definiere für $\theta \in \mathbf{R}^m$ beliebig, aber fest (vergleiche mit dem Beweis des Martingaldarstellungssatzes, Satz II.52) auf $\mathbf{R}^m \times [0,\infty)$:

$$f(x,t) := \exp\left(i\theta' x + \tfrac{1}{2}\|\theta\|^2 t\right),$$

$$M^{\theta}(\mathrm{t}) := f\left(W^{Q}(t),t\right) := \; exp\left(i\theta' W^{Q}(t) + \tfrac{1}{2}\|\theta\|^{2} t\right)$$

$$= exp\left(i\theta'\left(W(t) + \int_{0}^{t} X(s)\,ds\right) + \tfrac{1}{2}\|\theta\|^{2} t\right).$$

Durch Anwendung der mehrdimensionalen Itô-Formel, Satz II.40, auf Real- und Imaginärteil von f erhält man:

$$M^{\theta}(t) = 1 + \sum_{j=1}^{m} \int_{0}^{t} f_{x_j}\left(W^{Q}(s),s\right) dW_j^{Q}(s) + \int_{0}^{t} f_t\left(W^{Q}(s),s\right) ds$$

$$+ \tfrac{1}{2} \sum_{j,k=1}^{m} \int_{0}^{t} f_{x_j x_k}\left(W^{Q}(s),s\right) d\left\langle W_j^{Q}, W_k^{Q}\right\rangle_s .$$

Man beachte, dass $\left\langle W_j^{Q}, W_k^{Q}\right\rangle_s = \delta_{jk}\cdot s$ **gilt und somit**

$$M^{\theta}(t) = 1 + \sum_{j=1}^{m} i \cdot \int_{0}^{t} \theta_j \cdot f\left(W^{Q}(s),s\right)\left[dW_j(s) + X_j(s)\,ds\right]$$

$$+ \int_{0}^{t} \left(\tfrac{1}{2}\|\theta\|^{2} - \tfrac{1}{2}\sum_{j=1}^{m} \theta_j^{2}\right) f\left(W^{Q}(s),s\right) ds$$

$$= 1 + \sum_{j=1}^{m} i \cdot \int_{0}^{t} \theta_j f\left(W^{Q}(s),s\right) dW_j(s) + \sum_{j=1}^{m} i \cdot \int_{0}^{t} \theta_j X_j(s) f\left(W^{Q}(s),s\right) ds .$$

Hiermit haben wir nun die Darstellung von $M^{\theta}(t)$ als Itô-Prozess.

iii) Berechne $Z(t, X)\cdot M^{\theta}(t)$:

Mit der Produktregel, Korollar II.41, folgt

$$Z(t,X)\cdot M^{\theta}(t) = 1 + \int_{0}^{t} Z(s,X)\,dM^{\theta}(s) + \int_{0}^{t} M^{\theta}(s)\,dZ(s,X) + \int_{0}^{t} d\left\langle M^{\theta}, Z(.,X)\right\rangle_s$$

$$= 1 + \sum_{j=1}^{m} i \left[\int_0^t Z(s,X)\,\theta_j \cdot f\left(W^Q(s),s\right) dW_j(s) \right.$$

$$\left. + \int_0^t Z(s,X) \cdot \theta_j \cdot f\left(W^Q(s),s\right) X_j(s)\, ds \right]$$

$$- \sum_{j=1}^{m} \int_0^t f\left(W^Q(s),s\right) \cdot Z(s,X) \cdot X_j(s)\, dW_j(s)$$

$$- \sum_{j=1}^{m} i \cdot \int_0^t \theta_j \cdot f\left(W^Q(s),s\right) \cdot Z(s,X) \cdot X_j(s)\, ds$$

$$= 1 + \sum_{j=1}^{m} i \cdot \int_0^t Z(s,X) \cdot M^{\theta}(s) \cdot \left(\theta_j + i \cdot X_j(s)\right) dW_j(s).$$

Somit ist $Z(t, X) \cdot M^{\theta}(t)$ ein P-lokales Martingal.

iv) Zeige, dass $\{M^{\theta}(t)\}_{t \in [0,T]}$ Q_T-Martingal ist:

Sei τ_n eine geeignete Stoppzeit für das lokale Martingal $Z(t, X) \cdot M^{\theta}(t)$, so dass der gestoppte Prozess Martingal ist. Dann gilt mit (3) für $0 \leq s < t \leq T$:

$$E_{Q,T}\left(M^{\theta}(t \wedge \tau_n) \middle| F_{s \wedge \tau_n} \right)$$

$$= E\left(Z(t \wedge \tau_n, X) M^{\theta}(t \wedge \tau_n) \middle| F_{s \wedge \tau_n} \right) \cdot \frac{1}{Z(s \wedge \tau_n, X)}$$

$$= M^{\theta}(s \wedge \tau_n) \cdot \frac{Z(s \wedge \tau_n, X)}{Z(s \wedge \tau_n, X)} = M^{\theta}(s \wedge \tau_n).$$

Folglich ist $M^{\theta}(t)$ ein lokales Q_T-Martingal. Da $|M^{\theta}(t)|$ auf $[0, T]$ beschränkt ist, ist $M^{\theta}(t)$ sogar Q_T-Martingal. (Dies erhält man durch Anwendung des Satzes über dominierte Konvergenz und Grenzübergang $n \to \infty$ in obiger Beziehung für $M^{\theta}(t)$.)

v) Zeige, dass $W^Q(t)$ eine Brownsche Bewegung ist:

Da $M^{\theta}(t)$ Q_T-Martingal ist, folgt

$$\begin{aligned}1 &= E_{Q,T}\left(\frac{M^{\theta}(t)}{M^{\theta}(s)}\,\middle|\, F_s\right)\\ &= E_{Q,T}\left(exp\left(i\theta'\left(W^Q(t)-W^Q(s)\right)+\tfrac{1}{2}\|\theta\|^2(t-s)\right)\,\middle|\, F_s\right)\end{aligned}$$

für $0 \leq s \leq t \leq T$. Dies gilt genau dann, wenn

$$E_{Q,T}\left(exp\left(i\cdot\theta'\left(W^Q(t)-W^Q(s)\right)\right)\,\middle|\, F_s\right)=exp\left(-\tfrac{1}{2}\|\theta\|^2(t-s)\right).$$

Da dies gerade die Fourier-Transformierte einer $N(0,(t-s)\cdot I)$-verteilten Zufallsvariablen ist (wobei I die Einheitsmatrix ist), und die Fourier-Transformierte eindeutig ist, folgt, dass die Zuwächse $(W^Q(t)-W^Q(s))$ unter Q_T gemäß $N(0,(t-s)\cdot I)$ verteilt sind. Außerdem sind wegen der obigen Gleichheit die Zuwächse $(W^Q(t)-W^Q(s))$ unter Q_T unabhängig von F_s. Da weiter $W^Q(t)$ stetige Pfade besitzt, ist $W^Q(t)$ somit eine Brownsche Bewegung bzgl. Q_T. □

Die Novikov-Bedingung

Um den Satz von Girsanov anwenden zu können, benötigen wir ein Kriterium, um festzustellen, ob $Z(t,X)$ ein Martingal ist. Eine hinreichende Bedingung dafür ist die sogenannte Novikov-Bedingung:

$$E\left(exp\left(\tfrac{1}{2}\int_0^t \|X(s)\|^2 ds\right)\right) < \infty .$$

Ein Beweis hierfür steht z.B. in Karatzas/Shreve (1991), Abschnitt 3.5 D. Wir zeigen lediglich eine abgeschwächte Variante (vgl. Korollar 37.11 in Rogers/ Williams (1987)), die für unsere Anwendungen ausreicht:

Proposition 8

Gilt $\int_0^T \|X(s)\|^2 \, ds < K$ mit einer Konstanten $K>0$, so ist $Z(t,X)$ Martingal.

Beweis: (nur für $m=1$, der Fall $m>1$ ist analog)

i) Es sei

$$M_t := -\int_0^t X(s)\, dW(s)$$

Dann gilt für $y>0$

$$P\left(\max_{0\le s\le t} M_s \ge y\right) \le exp\left(-\frac{y^2}{2K}\right), \tag{4}$$

denn:
Da $Z(t,X)$ ein nicht-negatives, stetiges Super-Martingal mit $Z(0,X)=1$ ist, gilt für $y>0$, $\theta>0$, mit Lemma II.19, angewendet auf $Z(t,\theta X)$.

$$P\left(\max_{0\le s\le t} M_s \ge y\right)$$

$$\le P\left(\max_{0\le s\le t} exp\left(\theta\cdot M_s - \tfrac{1}{2}\theta^2 \int_0^s X^2(u)\,du\right) \ge exp\left(\theta y - \tfrac{1}{2}\theta^2 K\right)\right)$$

$$\le exp\left(-\theta y + \tfrac{1}{2}\theta^2 K\right).$$

Die Wahl $\theta := y/K$ liefert die Behauptung (4).

ii) Sei $\xi(t) := \max_{0\le s\le t} M(s)$ und F^{ξ} die Verteilungsfunktion von $\xi(t)$ unter P. Dann folgt mittels partieller Integration und (4) für $\theta>0$:

$$E\left(e^{\theta\cdot\xi(t)}\right) = \int_0^\infty e^{\theta y}\,dF^{\xi}(y)$$

$$= 1+\theta\cdot \int_0^\infty e^{\theta y} P(\xi(t)\ge y)\,dy$$

$$\le 1+\theta\int_0^\infty e^{\theta y} e^{-y^2/2K} dy < \infty \tag{5}$$

iii) Da $Z(t, X)$ ein lokales Martingal ist, existiert eine lokalisierende Folge

$$\tau_n \xrightarrow{n\to\infty} \infty$$

mit

$$E\left(Z(t\wedge\tau_n, X)\,\middle|\, F_s\right) = Z(s\wedge\tau_n, X) \tag{6}$$

Da $Z(t\wedge\tau_n, X)$ und $Z(s\wedge\tau_n, X)$ jeweils von $\exp(\xi(t))$ dominiert werden und (5) gilt, liefert der Grenzübergang $n\to\infty$ in (6) die Martingal-Eigenschaft von $Z(t, X)$.

□

III.2 Fortsetzung: Optionsbewertung nach dem Duplikationsprinzip

Der Satz von Girsanov und die Optionsbewertung

Mit der Wahl

$$X(t) := \theta(t)$$

ist die Voraussetzung der Proposition 8 wegen der gleichmäßigen Beschränktheit von r, b und der gleichmäßigen Positiv-Definitheit von $\sigma\sigma'$ erfüllt. $Z(t,\theta)$ entspricht dann $Z(t)$ aus den Bezeichnungen auf Seite 74. Anwendung des Satzes von Girsanov, Satz 7, liefert dann, dass $W^Q(t)$ mit

$$W_i^Q(t) := W(t) + \int_0^t \theta_i(s)\,ds \ , \quad t \in [0, T], \ i=1,\dots,d$$

eine Q_T-Brownsche Bewegung bzgl. $\{F_t\}_{t\in[0,T]}$ ist, wobei Q_T durch

$$Q_T(A) = E\left(1_A \cdot Z(T)\right), \ A \in F_T$$

definiert ist. Also gilt für die Radon-Nikodym-Ableitung

$$\frac{dQ_T}{dP} = Z(T,\theta) .$$

Insbesondere ist $Z(T,\theta)$ strikt positiv, woraus folgt, dass P und Q_T äquivalente Wahrscheinlichkeitsmaße sind, d.h. sie besitzen die gleichen Nullmengen. Desweiteren gilt für die abgezinsten Preisprozesse $P_i(t)$, d.h. die mit $P_0(t)$ diskontierten Preisprozesse

$$\frac{P_i(t)}{P_0(t)}, \ i=0,\dots,d,$$

dass sie Martingale bzgl. Q_T sind. Deshalb bezeichnet man Q_T auch als ein **äquivalentes Martingalmaß**. Wir werden im Folgenden zeigen, dass das so definierte Wahrscheinlichkeitsmaß Q_T das einzige äquivalente Martingalmaß in unserem Marktmodell ist. Hierzu benötigen wir noch ein Lemma über die Gestalt von zu P auf F_t äquivalenten Wahrscheinlichkeitsmaßen.

Lemma 9

Es sei Q ein zu P auf F_T äquivalentes Wahrscheinlichkeitsmaß. Dann gilt für den durch

$$D_t := \left.\frac{dQ}{dP}\right|_{F_t}, t \in [0,T]$$

definierten Dichteprozess $\{D_t\}_{t\in[0,T]}$:

$\{(D_t, F_t)\}_{t\in[0,T]}$ ist ein positives Brownsches Martingal bzgl. P mit

$$D_t = 1 + \int_0^t \Psi(s)' \, dW(s)$$

für einen progressiv messbaren d-dimensionalen Prozess Ψ mit

$$\int_0^T \|\Psi(s)\|^2 \, ds < \infty \text{ } P\text{-fast sicher.}$$

Beweis:

Da Q zu P auf F_T äquivalent ist, ist Q auch zu P eingeschränkt auf F_t, $t \in [0,T]$ äquivalent. Mit der Definition der bedingten Erwartung folgt dann für alle $A \in F_t$

$$\int_A D_T dP = \int_A \left.\frac{dQ}{dP}\right|_{F_T} dP = \int_A \left.\frac{dQ}{dP}\right|_{F_t} dP = \int_A D_t dP,$$

also

$$D_t = E\left(D_T \middle| F_t\right),$$

woraus sich sofort die Martingal-Eigenschaft ergibt. Da Q und P beides äquivalente Maße sind, muß D_t P-fast sicher strikt positiv sein. Da D_t Brownsches Martingal ist, folgen die Aussagen über die Gestalt der Darstellung von D_t durch $\Psi(s)$, $s \in [0,T]$ aus dem Korollar 53 zum Martingaldarstellungssatz. □

Nun sind wir in der Lage, den angekündigten Satz über die Eindeutigkeit des äquivalenten Martingalmaßes zu zeigen:

Satz 10 - Eindeutigkeit des äquivalenten Martingalmaßes

Im vollständigen Marktmodell ist Q_T das eindeutige äquivalente Martingalmaß auf $\{F_t\}_{t\in[0,T]}$ für die Preisprozesse $P_i(t)$, i=0,1,...,d.

Beweis:

Definiere

$$Y_i(t) := \frac{P_i(t)}{P_0(t)} \quad , \; i=1,\dots,d.$$

Dann gilt

$$\begin{aligned} dY_i(t) &= Y_i(t)\left[\left(b_i(t)-r(t)\right)dt + \sum_{j=1}^{d}\sigma_{ij}(t)\,dW_j(t)\right] \\ &= Y_i(t)\left[\sum_{j=1}^{d}\sigma_{ij}(t)\theta_j(t)\,dt + \sum_{j=1}^{d}\sigma_{ij}(t)\,dW_j(t)\right] \\ &= Y_i(t)\sum_{j=1}^{d}\sigma_{ij}(t)\,dW_j^Q(t) \end{aligned}$$

$Y_i(t)$ ist dann nach Proposition 8 Q_T-Martingal, da die σ_{ij} gleichmäßig beschränkt sind (beachte hierzu auch die explizite Form der Lösung der obigen Gleichung für $Y(t)$!). Sei nun Q ein weiteres zu P äquivalentes Martingalmaß mit Dichte $\{D_t\}_{t\in[0,T]}$ wie in Lemma 9. Dann gilt mit der Produktregel II.41 und Lemma 9

$$D_t \cdot Y_i(t) = p_i + \int_0^t D_s \; dY_i(s) + \int_0^t Y_i(s)\,dD_s + \langle D, Y_i\rangle_t \tag{7}$$

$$= p_i + \int_0^t \left[D_s \cdot Y_i(s) \cdot \sum_{j=1}^{d}\sigma_{ij}(s)\cdot\theta_j(s) + Y_i(s)\cdot\sum_{j=1}^{d}\Psi_j(s)\cdot\sigma_{ij}(s)\right] ds$$

$$+ \sum_{j=1}^{d}\int_0^t \left[D_s Y_i(s)\sigma_{ij}(s) + Y_i(s)\Psi_j(s)\right] dW_j(s)$$

Damit $Y_i(t)$ ein Q-Martingal sein kann, muss notwendigerweise $D_t \cdot Y_i(t)$ ein P-Martingal sein. Insbesondere muss dafür der Driftterm auf der rechten Seite von (7) verschwinden, woraus dann (bis auf $P\otimes\lambda$-Äquivalenz)

$$\Psi(s) = -D_s \cdot \theta(s)$$

folgt. Für D_s gilt dann die Darstellung

$$D_t = 1 - \int_0^t D_s \cdot \theta(s)'\,dW(s)$$

Diese stochastische Differentialgleichung hat aber den zu Q_T gehörenden Dichteprozess $Z(t)$ als eindeutige Lösung. Also stimmt Q mit Q_T auf F_T überein. □

Bemerkung

Im Abschnitt III.6 zeigen wir allgemeiner, dass aus der Existenz eines äquivalenten Martingalmaßes die Arbitragefreiheit des Marktes folgt. Umgekehrt folgt unter einigen technischen Bedingungen aus der Arbitragefreiheit auch die Existenz eines äquivalenten Martingalmaßes (siehe III.6).

Korollar 11 - Optionsbewertung mit dem äquivalenten Martingalmaß

Es sei (g, B) ein Contingent Claim, so dass $g(s)$ gleichmäßig auf $[0, T]$ beschränkt ist. Dann gilt für seinen Preisprozess $\hat{X}(t)$

$$\hat{X}(t) = E_Q\left(exp\left(-\int_t^T r(s)\,ds \right) \cdot B + \int_t^T exp\left(-\int_t^s r(u)\,du \right) \cdot g(s)\,ds \,\Big|\, F_t \right)$$

für $0 \le t \le T$ mit $E_Q = E_{Q,T}$.

Beweis:

Man beachte

$$H(t) = exp\left(-\int_0^t r(s)\,ds \right) \cdot Z(t) = \gamma(t) \cdot Z(t).$$

Außerdem erfüllt $Z(t)$ die stochastische Differentialgleichung

$$dZ(t) = -\theta(t) \cdot Z(t)\,dW(t).$$

Sei $t \in [0, T]$ fest. Dann folgt mit der Produktregel, Korollar II.41,

$$\frac{Z(T)}{Z(t)} \cdot \int_t^T \frac{\gamma(s)}{\gamma(t)} \cdot g(s)\,ds$$

$$= \int_t^T \frac{Z(s)}{Z(t)} \cdot \frac{\gamma(s)}{\gamma(t)} \cdot g(s)\,ds + \int_t^T \left(\int_t^s \frac{\gamma(u)}{\gamma(t)} \cdot g(u)\,du \right) \cdot \frac{1}{Z(t)}\,dZ(s)$$

$$= \int_t^T \frac{H(s)}{H(t)} g(s)\,ds + \int_t^T \underbrace{\left(\int_t^s \frac{\gamma(u)}{\gamma(t)} \cdot g(u)\,du \right) \cdot (-\theta(s)) \cdot \frac{Z(s)}{Z(t)}}_{f(s)}\, dW(s).$$

Da $g(s)$ gleichmäßig auf $[0, T]$ beschränkt ist und die Voraussetzungen in Proposition 8 für $\theta(s)$ erfüllt sind, ist für $u \geq 0$ der Prozess

$$\int_0^u f(s)\, dW(s)$$

ein P-Martingal mit Erwartungswert Null. Hieraus folgt dann insbesondere

$$E\left(\int_t^T f(s)\, dW(s) \,|\, F_t \right) = E\left(\int_0^T f(s)\, dW(s) - \int_0^t f(s)\, dW(s) \,|\, F_t \right) = 0\,.$$

Dann folgt mit Satz 5 und der Identität (3) aus dem Beweis von Satz 7

$$\hat{X}(t) = E\left(\frac{H(T)}{H(t)} \cdot B + \int_t^T \frac{H(s)}{H(t)} g(s)\, ds \,|\, F_t \right)$$

$$= E\left(\frac{Z(T)}{Z(t)} \cdot \left[exp\left(-\int_t^T r(s)\, ds \right) \cdot B + \int_t^T exp\left(-\int_t^s r(u)\, du \right) \cdot g(s)\, ds \right] - \int_t^T f(s)\, dW(s) \,\Big|\, F_t \right)$$

$$= E_Q\left(exp\left(-\int_t^T r(s)\, ds \right) \cdot B + \int_t^T exp\left(-\int_t^s r(u)\, du \right) \cdot g(s)\, ds \,\Big|\, F_t \right) \qquad \Box$$

Unabhängigkeit des Optionspreises von *b*

Aus Korollar 11 folgt insbesondere, dass im Fall $g \equiv 0$

$$\hat{p} = E_Q\left(exp\left(-\int_0^T r(s)\, ds \right) \cdot B \right)$$

gilt, d.h. $\hat{p}$ ist gleich dem **„natürlichen Preis"** bzgl. eines neuen Wahrscheinlichkeitsmaßes Q. Dieses Maß ist allerdings nicht wählbar, sondern eindeutig festgelegt. Interpretiert man die Wahl von $b(t)$ als Wahl des Wahrscheinlichkeitsmaßes P, so wird klar, warum man P als das **subjektive Maß** und Q als das **objektive Maß** bezeichnet. Weiter gilt in (Ω, F_T, Q)

$$dP_i(t) = P_i(t) \cdot \left(r(t)\,dt + \sum_{j=1}^{d} \sigma_{ij}(t)\,dW_j^Q(t) \right), \quad i=0,1,\ldots,d,$$

d.h. alle Wertpapiere, auch der Bond, haben gleiche mittlere Ertragsrate $r(t)$, weshalb man auch von einem **risiko-neutralem Markt** spricht und $Q=Q_T$ als **risiko-neutrales Maß** bezeichnet. Da $b(t)$ im risiko-neutralen Markt gerade $r(t)\cdot\underline{1}$ entspricht, geht $b(t)$ sehr wohl in $\hat{p}$ ein, allerdings in Gestalt von $r(t)\cdot\underline{1}$, was die Herkunft als Aktiendrift nicht erkennen lässt. Insbesondere lässt es sich in der Black-Scholes-Formel nicht vom risikolosen Zinssatz unterscheiden.

Praktische Berechnung des Optionspreises

Der Optionspreis lässt sich oft mit Korollar 11 leichter berechnen als mit Satz 5. Zur Übung empfehlen wir die Herleitung der Black-Scholes-Formel mit Hilfe von Korollar 11. Wir verdeutlichen diese Methode auch am folgenden Beispiel:

Beispiel: Europäischer Digital-Call

Der auf den ersten Blick seltsam erscheinende europäische Digital-Call ist in der Praxis sogar recht häufig. Hier wird, wenn der Aktienpreis $P_1(t)$ in $t=T$ eine bestimmte Grenze K übersteigt, ein bestimmter Betrag B^*, hier gleich 1, ausgezahlt, ansonsten erhält man nichts (deshalb auch die englische Bezeichnung „cash-or-nothing-call“). Die Auszahlung beträgt also:

$$B = 1_{\{P_1(T)\geq K\}}.$$

Im Black-Scholes-Modell, d.h. $d=m=1$, b, r, σ konstant, $\sigma>0$, gilt nach Korollar 11

$$\begin{aligned}\hat{X}(t) &= E_Q\left(e^{-r(T-t)} \cdot 1_{\{P_1(T)\geq K\}} \,\middle|\, F_t \right) \\ &= e^{-r(T-t)} \cdot Q\left(P_1(T) \geq K \,\middle|\, P_1(t) \right).\end{aligned}$$

Sei t fest. Dann gilt $P_1(T)\geq K$ genau dann, wenn

$$W^Q(T) - W^Q(t) \geq \frac{1}{\sigma}\left(ln\left(\frac{K}{P_1(t)} \right) - \left(r - \tfrac{1}{2}\sigma^2 \right)(T-t) \right) =: \hat{K}$$

Da $W^Q(T)-W^Q(t)$ normalverteilt ist mit Erwartungswert 0 und Varianz $(T-t)$, folgt

$$\hat{X}(t) = e^{-r(T-t)} \int_{\tilde{K}}^{\infty} \frac{1}{\sqrt{2\pi(T-t)}} exp\left(-\frac{x^2}{2(T-t)}\right) dx$$

$$= e^{-r(T-t)} \Phi\left(\frac{ln\left(\frac{P_1(t)}{K}\right) + \left(r - \frac{1}{2}\sigma^2\right)(T-t)}{\sigma\sqrt{T-t}}\right).$$

III.3 Optionsbewertung mit Hilfe partieller Differentialgleichungen

In ihrer berühmten Arbeit von 1973 verwenden Black und Scholes nicht die Duplikationsmethode zur Bewertung von Optionen. Die von ihnen entwickelte Methode basiert auf der Transformation des Optionsbewertungsproblems in die Aufgabe, eine parabolische partielle Differentialgleichung mit Endbedingung zu lösen. Der Zusammenhang zwischen dieser Aufgabe – einem sogenannten Cauchy-Problem – und der Berechnung eines Erwartungswerts eines Funktionals einer Lösung einer stochastischen Differentialgleichung wird durch den im Exkurs 6 behandelten Darstellungssatz von Feynman und Kac gegeben. Da die Berechnung von Optionspreisen mittels Duplikationsmethode nach Satz 5 aber lediglich die Berechnung des Erwartungswerts eines Funktionals der zugrunde liegenden Aktienpreise ist, ist somit die Beziehung zwischen den Methoden der Optionsbewertung nach dem Duplikationsprinzip und dem Ansatz mittels partieller Differentialgleichungen hergestellt.

Neben der Verwendung partieller Differentialgleichungen als hauptsächliches technisches Hilfsmittel ist die Konstruktion eines risikolosen Portfolios aus Bond, Aktie und Option die maßgebliche konzeptionelle Idee von Black und Scholes.

Allgemeine Voraussetzungen für diesen Abschnitt

Wir betrachten ein Black-Scholes-Modell, d.h. $d=m=1$, b, r, σ konstant, $\sigma>0$.

Konstruktion eines risikolosen Portfolios und ein Cauchy-Problem

Black und Scholes betrachten in ihrer Arbeit ein Portfolio, das aus Bond, Aktie und genau einer verkauften Option besteht. Der Einfachheit halber beschränken wir uns im Moment auf einen europäischen Call mit Ausübungspreis K. Black und Scholes nehmen an, dass sich der Callpreis zur Zeit t als eine Funktion $C(t, P_1(t))$ der Zeit t und des Aktienpreises $P_1(t)$ darstellen lässt. Hat man nun den Call verkauft, so entspricht dies einer Position von $-C(t, P_1(t))$ an Vermögen, denn mit dem Verkauf des Calls geht man die Verpflichtung ein, im Zeitpunkt T die Summe $(P_1(T)-K)^+$ auszuzahlen. Im Zeitpunkt t ist $C(t, P_1(t))$ sozusagen die Summe, die man zahlen muss, um sich dieser Verpflichtung wieder zu entledigen. Der Preis der Option ist im Zeitpunkt T somit auf

$$C(T, P_1(T)) = (P_1(T) - K)^+$$

festgelegt. Die Idee von Black und Scholes besteht nun darin, eine selbst-finanzierende Handelsstrategie $(\varphi_0(t), \varphi_1(t))$ in Aktie und Bond zu verfolgen, so dass der Vermögensprozess unter Einschluss der verkauften Option,

$$Y(t) := \varphi_0(t) P_0(t) + \varphi_1(t) P_1(t) - C(t, P_1(t)),$$

keinen zufälligen Schwankungen mehr unterworfen ist. Man spricht dann von einem **risikolosen Portfolio**. Falls der Preis der Option $C(t, P_1(t))$ die Voraussetzungen der mehrdimensionalen Itô-Formel, Satz II.40, erfüllt, also hinreichend glatt ist, dann gilt (beachte, dass $(\varphi_0(t), \varphi_1(t))$ als selbst-finanzierend angenommen wurde !)

$$\begin{aligned} dY(t) &= \varphi_0(t)\, dP_0(t) + \varphi_1(t)\, dP_1(t) - dC(t, P_1(t)) \\ &= \Big[\varphi_0(t) \cdot P_0(t) \cdot r + \varphi_1(t) \cdot P_1(t) \cdot b \\ &\quad - \Big(C_t + C_p \cdot P_1(t) \cdot b + \tfrac{1}{2} C_{pp} \cdot P_1^2(t) \cdot \sigma^2\Big)\Big] dt \\ &\quad + \Big(\varphi_1(t) \cdot P_1(t) \cdot \sigma - C_p \cdot P_1(t) \cdot \sigma\Big) dW(t) \end{aligned}$$

Damit $Y(t)$ der Vermögensprozess eines risikolosen Portfolios ist, muss der Diffusionskoeffizient verschwinden. Es muss also gelten

$$\varphi_1(t) = C_p(t, P_1(t)).$$

Aus Arbitragegründen muss sich der zum risikolosen Portfolio gehörende Vermögensprozess $Y(t)$ wie der Bond entwickeln, man verlangt also

$$dY(t) = r \cdot Y(t)\, dt .$$

Setzt man nun $C_p(t, P_1(t))$ für $\varphi_1(t)$ ein, dann liefert diese Forderung für den Driftkoeffizienten

$$\begin{aligned}
r \cdot Y(t) \overset{!}{=} & \, r \cdot \varphi_0(t) \cdot P_0(t) + b \cdot C_p \cdot P_1(t) \\
& - \left(C_t + C_p \cdot P_1(t) \cdot b + \tfrac{1}{2} C_{pp} \cdot P_1^2(t) \cdot \sigma^2\right) \\
= & \, r \cdot \left(\varphi_0(t) \cdot P_0(t) + \varphi_1(t) \cdot P_1(t) - C(t, P_1(t))\right) + r \cdot C(t, P_1(t)) \\
& + (b - r) \cdot C_p \cdot P_1(t) - \left(C_t + b \cdot C_p \cdot P_1(t) + \tfrac{1}{2} C_{pp} \cdot \sigma^2 \cdot P_1^2(t)\right) \\
= & \, r \cdot Y(t) + \underbrace{\left(r \cdot C - r \cdot C_p \cdot P_1(t) - C_t - \tfrac{1}{2} C_{pp} \cdot \sigma^2 \cdot P_1^2(t)\right)}_{\overset{!}{=}0}.
\end{aligned}$$

Zusammen mit der Endbedingung in $t=T$ erhalten wir also, dass der Callpreis $C(t, P_1(t))$ unter geeigneten Glattheitsannahmen Lösung des folgenden Cauchy-Problems ist:

$$\begin{aligned}
& \tfrac{1}{2}\sigma^2 p^2 C_{pp} + r \cdot p \cdot C_p + C_t - r \cdot C = 0, \quad (t, p) \in [0, T) \times (0, \infty) \\
& C(T, p) = (p - K)^+, \qquad p \in (0, \infty) \qquad \textbf{(CP)} \\
& \text{mit } C \in C([0, T] \times (0, \infty)) \cap C^{1,2}([0, T) \times (0, \infty)).
\end{aligned}$$

Da aus Arbitragegründen für den Preis des Calls weiter gilt

$$0 \le C(t, P_1(t)) \le P_1(t),$$

ist der Callpreis eindeutig durch (CP) charakterisiert, wenn (CP) eine eindeutige Lösung besitzt, die höchstens polynomial in $p \in (0,\infty)$ wächst und eine zu $Y(t)$ gehörende selbst-finanzierende Handelsstrategie $(\varphi_0(t), \varphi_1(t))$ mit den zur Herleitung von (CP) geforderten Eigenschaften existiert.

Somit können wir die folgende Proposition formulieren:

Proposition 12

a) Das Cauchy-Problem (CP) besitzt eine eindeutige Lösung $C(t, p)$, die höchstens polynomial wächst. Sie ist durch

$$C(t, P_1(t)) = P_1(t)\Phi(d_1(t)) - Ke^{-r(T-t)}\Phi(d_2(t))$$

mit $d_1(t)$ und $d_2(t)$ wie in Korollar 6 („Black-Scholes-Formel") gegeben.

b) Durch $(\varphi_0(t), \varphi_1(t))$ mit

$$\varphi_0(t) = \frac{\left(C(t, P_1(t)) - C_p(t, P_1(t)) \cdot P_1(t)\right)}{P_0(t)},$$

$$\varphi_1(t) = C_p(t, P_1(t)),$$

ist eine selbst-finanzierende Handelsstrategie mit Vermögensprozess $C(t, P_1(t))$ gegeben. Insbesondere ist $(\varphi_0(t), \varphi_1(t))$ eine Duplikationsstrategie für den europäischen Call und $C(t, P_1(t))$ ist der Preis des europäischen Calls zur Zeit t.

Beweis:

a) Aus dem Satz von Feynman und Kac, der im folgenden Exkurs behandelt wird, folgt die Eindeutigkeit einer Lösung des Cauchy-Problems, die höchstens polynomial wächst. Es lässt sich (langwierig!) verifizieren, dass der Black-Scholes-Preis eine Lösung des Cauchy-Problems ist. Offenbar wächst er nur polynomial in p und ist somit gleich der gesuchten Lösung.

b) Da $C(t, P_1(t))$ das Cauchy-Problem (CP) löst, sind die Voraussetzungen zur Anwendung der Itô-Formel erfüllt, und es gilt unter Verwendung von a):

$$\begin{aligned}
&dC(t, P_1(t)) \\
&= \left(C_t(t, P_1(t)) + C_p(t, P_1(t)) \cdot P_1(t) \cdot b + \tfrac{1}{2} C_{pp}(t, P_1(t)) \cdot P_1^2(t) \cdot \sigma^2\right) dt \\
&\qquad + C_p(t, P_1(t)) \cdot P_1(t) \cdot \sigma \, dW(t) \\
&= \left(C_p(t, P_1(t)) \cdot P_1(t) \cdot b + r \cdot \left[C(t, P_1(t)) - C_p(t, P_1(t)) \cdot P_1(t)\right]\right) dt \\
&\qquad + C_p(t, P_1(t)) \cdot P_1(t) \cdot \sigma \, dW(t).
\end{aligned}$$

Andererseits erfüllt eine selbst-finanzierende Handelsstrategie (φ_0, φ_1) mit Vermögensprozess $C(t, P_1(t))$ die Gleichung

$$\begin{aligned}
dC(t, P_1(t)) = {} & \left[\varphi_0(t) \cdot P_0(t) \cdot r + \varphi_1(t) \cdot P_1(t) \cdot b\right] dt \\
& + \varphi_1(t) \cdot P_1(t) \cdot \sigma \, dW(t).
\end{aligned}$$

Vergleich der beiden Darstellungen von $dC(t, P_1(T))$ führt auf die in b) angegebene Form. Hieraus folgt zum einen

$$C(t, P_1(t)) = \varphi_0(t) \cdot P_0(t) + \varphi_1(t) \cdot P_1(t)$$

(d.h. $C(t, P_1(T))$ ist tatsächlich der zu (φ_0, φ_1) gehörende Vermögensprozess), zum anderen folgen die Teile der Aussage b), die (φ_0, φ_1) betreffen. Insbesondere erfüllt (φ_0, φ_1) alle Anforderungen einer Handelsstrategie.

Desweiteren kann sofort verifiziert werden, dass sich die zur Herleitung von (CP) benötigte selbst-finanzierende Strategie $(\varphi_{\underline{0}}, \varphi_{\underline{1}})$ zu $Y(t)$ als

$$\varphi_{\underline{0}}(t) := \varphi_0(t) + y \text{ mit } y := Y(0)$$

$$\varphi_{\underline{1}}(t) := \varphi_1(t)$$

ergibt, woraus folgt, dass $C(t, P_1(t))$ tatsächlich dem Callpreis entspricht. □

Bemerkungen

a) Die Handelsstrategie $\varphi_1(t)$ ist nach Proposition 12 durch das „Delta" des Optionspreises gegeben.

b) Die Konvexität von $(p-K)^+$, der Endzahlung, überträgt sich auf $C(t, p)$ für $t \in [0, T)$. Daher wird $\varphi_0(t)$ in Teil b) der Proposition 12 negativ. (beachte: f konvex, $f(0)=0 \Rightarrow f(x) - f'(x) \cdot x < 0$).

c) Zur Existenz der Handelsstrategie wurde bei dieser Methode der Martingaldarstellungssatz nicht benötigt. Mehr noch: statt lediglich einer Existenzaussage über die Handelstrategie, gibt die Proposition die explizite Form an.

Bemerkung: „Lösung der Black-Scholes-Gleichung (CP)"

Natürlich haben Black und Scholes das Cauchy-Problem (CP) nicht durch Erraten und anschließendes Verifizieren gelöst. Ihr Vorgehen bestand darin, (CP) auf die Gestalt der in der Physik wohlbekannten Wärmeleitungsgleichung zu transformieren und dann diese zu lösen. Wir skizzieren dieses Vorgehen in Anlehnung an Abschnitt 5.4 in Wilmott et al. (1995):

Durch die Substitutionen

$$x = ln\left(p/K\right), \qquad \tau = 1/2\,\sigma^2(T-t)$$

$$C(t, p) = K\upsilon(\tau, x), \quad \rho = 2\upsilon/\sigma^2$$

erhalten wir aus (CP) das äquivalente Problem

$$\upsilon_\tau = \upsilon_{xx} + (\rho - 1)\upsilon_x - \rho\upsilon,\ \tau>0,\ x\in\mathbf{R}, \qquad \text{(TCP)}$$
$$\upsilon(0,x) = (e^x - 1)^+,\ x\in\mathbf{R}.$$

Mit dem Ansatz

$$\upsilon(\tau,x) = e^{\alpha x + \beta\tau}u(\tau,x)$$

für geeignete reelle Konstanten α, β erhält man die partielle Differentialgleichung

$$\beta u + u_\tau = \alpha^2 u + 2\alpha u_x + u_{xx} + (\rho - 1)(\alpha u + u_x) - \rho u,$$

die durch die Wahl

$$\alpha = -\tfrac{1}{2}(\rho - 1),\ \beta = -\tfrac{1}{4}(\rho + 1)^2$$

in die Gestalt

$$u_\tau = u_{xx},\ \tau>0,\ x\in\mathbf{R}, \qquad (1)$$

mit Anfangsbedingung

$$u(0,x) = g(x) := \left(e^{\frac{1}{2}(\rho+1)x} - e^{\frac{1}{2}(\rho-1)x}\right)^+,\ x\in\mathbf{R}, \qquad (2)$$

übergeht. Aus der Theorie der Wärmeleitungsgleichung ist es nun wohlbekannt, dass (1), (2) durch

$$u(\tau,x) = \frac{1}{2\pi}\int_{-\infty}^{\infty} g(x)\cdot exp\left(-\frac{(x-y)^2}{4\tau}\right)dy$$

gelöst wird (vgl. auch Übung Ü.4). Die Berechnung dieses Integrals vollzieht sich nun analog zu den Rechnungen im Beweis von Korollar 6. Ihre explizite Durchführung sowie die Rücksubstitution bis zur vollständigen Gestalt der Black-Scholes-Formel bleiben daher dem Leser überlassen.

Wir betrachten nun ein d-dimensionales Black-Scholes-Modell mit d Aktien. Unter gewissen Voraussetzungen an die Endauszahlung lässt sich das Vorgehen in Proposition 12 verallgemeinern:

Proposition 13

Es existiere eine polynomial beschränkte Lösung $f\colon [0,T]\times(0,\infty)^d \to \mathbf{R}$, also

$$\max_{0\le t\le T}|f(t,p)| \le M\left(1 + \|p\|^k\right) \text{ für ein festes } M>0,\ k\in\mathbf{N},\ p\in(0,\infty)^d,$$

des Cauchy-Problems

$$f_t + \frac{1}{2}\sum_{i,j=1}^{d} a_{ij} p_i p_j f_{p_i p_j} + \sum_{i=1}^{d} r p_i f_{p_i} - rf = 0 \text{ auf } [0,T)\times\mathbf{R}^d$$

$$f(T, p_1, \ldots, p_d) = g(p_1, \ldots, p_d) \quad \text{für } p \in \mathbf{R}^d,$$

mit f stetig, $f \in C^{1,2}([0,T)\times(0,\infty)^d)$ und $a=\sigma\sigma'$. Weiter gelte

$$E_Q\left(g\left(P_1(T), \ldots, P_d(T)\right)\right) < \infty .$$

Dabei sei $E_Q = E_{Q,T}$ definiert wie in Exkurs 5. Dann ist der Preis $X_B(t)$ des Contingent Claims $B=g(P_1(T),\ldots P_d(T))$ im d-dimensionalen Black-Scholes-Modell durch

$$X_B(t) = f\left(t, P_1(t), \ldots, P_d(t)\right)$$

gegeben. Weiter stellt

$$\Psi_i(t) = f_{p_i}\left(t, P_1(t), \ldots, P_d(t)\right), \; i=1,\ldots,d$$

$$\Psi_0(t) = \frac{f\left(t, P_1(t), \ldots, P_d(t)\right) - \sum_{i=1}^{d} \Psi_i(t) \cdot P_i(t)}{P_0(t)}$$

eine Duplikationsstrategie für B dar.

Beweis:

Aufgrund der speziellen Form der Endzahlung B und der Unabhängigkeit der Zuwächse der Komponenten der d-dimensionalen Brownschen Bewegung $W(t)$ und nach Korollar 11 gilt

$$\begin{aligned} X_B(t) &= E\left(e^{-r(T-t)} g\left(P_1(T), \ldots, P_d(T)\right) \middle| F_t\right) \\ &= E^{t, P_1(t), \ldots, P_d(t)}\left(e^{-r(T-t)} g\left(P_1(T), \ldots, P_d(T)\right)\right) \end{aligned}$$

(zur letzten Schreibweise vgl. Bemerkung nach Korollar 6) Unter den obigen Existenzannahmen für die Lösung des Cauchy-Problems gilt nach dem Satz von Feynman und Kac gerade

$$f\left(t, P_1(t), \ldots, P_d(t)\right) = X_B(t)$$

Imitation des entsprechenden Teils des Beweises von Proposition 12 liefert die Aussage über die Duplikationsstrategie $\Psi(t) = (\Psi_0(t), \ldots, \Psi_d(t))$. □

Zusammenfassung: Herleitung der Black-Scholes-Formel

Der Preis $C(t, P_1(T))$ eines Europäischen Calls war zum einen gegeben als bedingter Erwartungswert

$$C(t, P_1(t)) = E_Q^{t,P_1(t)}\left(e^{-r(T-t)}\left(P_1(T) - K\right)^+\right)$$

und

$$dP_1(s) = P_1(s)\left(r\,ds + \sigma\,dW^Q(s)\right),\ s \in [t, T]$$

und zum anderen als Lösung des Cauchy-Problems

$$\begin{aligned} &C_t + \tfrac{1}{2}\sigma^2 p^2 C_{pp} + r \cdot p \cdot C_p - r \cdot C = 0 \quad , (t,p) \in [0, T) \times (0,\infty) \\ &C(T, p) = (p - K)^+ \quad , p \in (0,\infty) \end{aligned}$$

Im folgenden Exkurs wird gezeigt werden, dass dies kein Zufall ist, sondern ein Spezialfall eines Zusammenhangs zwischen Lösungen stochastischer Differentialgleichungen und partieller Differentialgleichungen.

Exkurs 6: Die Feynman-Kac-Darstellung

> ***Allgemeine Voraussetzungen für diesen Abschnitt***
>
> Weiterhin übernehmen wir hier die Voraussetzungen aus Kapitel II, Abschnitt II.2, Seite 64. Allerdings muss jetzt nicht unbedingt $m=d$ gelten (beachte: m ist die Dimension der Brownschen Bewegung).

Definition 14

Existiert auf (Ω, F, P) ein d-dimensionaler stetiger Prozess $\{(X(t), F_t)\}_{t\geq 0}$ mit

$$X(0) = x \quad , x \in \mathbf{R}^d \text{ fest,}$$

$$X_i(t) = x_i + \int_0^t b_i(s, X(s))\,ds + \sum_{j=0}^{m} \int_0^t \sigma_{ij}(s, X(s))\,dW_j(s)$$

P-fast sicher, für alle $t \geq 0$, $i \in \{1,\ldots,d\}$, so dass

$$\int_0^t \left(\left| b_i(s, X(s)) \right| + \sum_{j=1}^m \sigma_{ij}^2(s, X(s)) \right) ds < \infty$$

P-fast sicher, für alle $t \geq 0$, $i \in \{1,...,d\}$, gilt, so heißt $X(t)$ eine **starke Lösung der stochastischen Differentialgleichung**

$$dX(t) = b(t, X(t))\, dt + \sigma(t, X(t))\, dW(t) \qquad \textbf{(SDE)}$$
$$X(0) = x$$

wobei

$$b : [0,\infty) \times \mathbf{R}^d \to \mathbf{R}^d \,, \; \sigma : [0,\infty) \times \mathbf{R}^d \to \mathbf{R}^{d,m}$$

gegebene Funktionen sind.

Bemerkung

a) Nach dem Satz II.42, „Variation der Konstanten", wissen wir bereits, dass die stochastische Differentialgleichung der Gestalt

$$dX(t) = \big(b(t) \cdot X(t) + a(t)\big)dt + \big(\sigma(t) \cdot X(t) + \nu(t)\big)dW(t)$$

unter bestimmten Voraussetzungen an b, a, σ und ν eine eindeutige, explizite starke Lösung besitzt.

b) Auf den Begriff einer schwachen Lösung wollen wir nicht eingehen. Wir verweisen auf Kapitel 5.3 in Karatzas/Shreve (1991).

Der folgende Satz gibt ein Analogon zum Existenz- und Eindeutigkeitsresultat von Picard-Lindelöf im deterministischen Fall an:

Satz 15 – „Existenz und Eindeutigkeit für stochastische Differentialgleichungen"

Sind die Koeffizienten $b(t,x)$, $\sigma(t,x)$ der stochastischen Differentialgleichung (SDE) stetige Funktionen mit

$$\|b(t,x) - b(t,y)\| + \|\sigma(t,x) - \sigma(t,y)\| \leq K\|x - y\| \qquad \textbf{(L)}$$
$$\|b(t,x)\|^2 + \|\sigma(t,x)\|^2 \leq K^2\left(1 + \|x\|^2\right) \qquad \textbf{(W)}$$

für alle $t \geq 0$, $x, y \in \mathbf{R}^d$ und eine Konstante $K>0$, wobei $\|.\|$ die Euklidische Norm geeigneter Dimension ist. Dann existiert eine stetige starke Lösung $\{(X(t), F_t)\}_{t\geq 0}$ von (SDE) mit

$$E\left(\|X(t)\|^2\right) \leq C \cdot \left(1+\|x\|^2\right) \cdot e^{C \cdot T} \text{ für alle } t \in [0,T]. \qquad \textbf{(E)}$$

für eine Konstante $C=C(K,T)$ und $T>0$. Weiter ist $X(t)$ bis auf Ununterscheidbarkeit eindeutig.

Beweis:

1.Schritt: Eindeutigkeit

Angenommen X und $\widetilde{X}$ seien zwei Lösungen von (SDE). Wir definieren für $n \in \mathbf{N}$ die Stoppzeiten

$$\tau_n := \inf\left\{t \geq 0 \,\middle|\, \|X(t)\| \geq n\right\}, \tilde{\tau}_n := \inf\left\{t \geq 0 \,\middle|\, \|\widetilde{X}(t)\| \geq n\right\}, \; s_n := \tau_n \wedge \tilde{\tau}_n .$$

Aus der Stetigkeit von X, $\widetilde{X}$ folgt

$$\lim_{n\to\infty} s_n = +\infty \; P\text{-fast sicher.}$$

Wegen $\|v_1+\ldots+v_n\|^2 \leq n^2\left(\|v_1\|^2+\ldots+\|v_n\|^2\right)$ für $v_i \in \mathbf{R}^d$, $i=1,\ldots,n$, $n \in \mathbf{N}$, der Hölderschen Ungleichung, der Itô-Isometrie und (L) gilt:

$$\begin{aligned}
&E\left(\left\|X(t\wedge s_n)-\widetilde{X}(t\wedge s_n)\right\|^2\right) \\
&= E\left(\left\|\int_0^{t\wedge s_n}\left(b(u,X(u))-b(u,\widetilde{X}(u))\right)du + \int_0^{t\wedge s_n}\left(\sigma(u,X(u))-\sigma(u,\widetilde{X}(u))\right)dW(u)\right\|^2\right) \\
&\qquad \leq 4t\cdot E\left(\int_0^{t\wedge s_n}\left\|\left(b(u,X(u))-b(u,\widetilde{X}(u))\right)\right\|^2 du\right) \\
&\qquad\quad +4\cdot E\left(\int_0^{t\wedge s_n}\left\|\left(\sigma(u,X(u))-\sigma(u,\widetilde{X}(u))\right)\right\|^2 du\right) \\
&\qquad \leq 4(T+1)\cdot K^2\cdot E\left(\int_0^t\left\|\left(X(u\wedge s_n)-\widetilde{X}(u\wedge s_n)\right)\right\|^2 du\right)
\end{aligned}$$

$$= 4(T+1) \cdot K^2 \cdot \int_0^t E\left(\left\|\left(X(u \wedge s_n) - \widetilde{X}(u \wedge s_n)\right)\right\|^2\right) du \tag{1}$$

Anwendung der Grønwallschen Ungleichung auf die stetige Funktion

$$g(t) := E\left(\left\|X(t \wedge s_n) - \widetilde{X}(t \wedge s_n)\right\|^2\right)$$

liefert wegen (1) $g(t) \equiv 0$. Also sind damit $\left\{X(t \wedge s_n)\right\}_{t \geq 0}$, $\left\{\widetilde{X}(t \wedge s_n)\right\}_{t \geq 0}$ Modifikationen voneinander und, da beide stetige Pfade haben, ununterscheidbar. Grenzübergang $n \to \infty$ liefert diesselbe Aussage für X, $\widetilde{X}$.

2.Schritt: Existenz – einige Abschätzungen

Wie im deterministischen Fall geschieht der Existenzbeweis über die Konstruktion einer Iterationsfolge:

$$X^{(0)}(t) \equiv x \tag{2}$$

$$X^{(k+1)}(t) := x + \int_0^t b\left(s, X^{(k)}(s)\right) ds + \int_0^t \sigma\left(s, X^{(k)}(s)\right) dW(s)$$

für $t \in [0,T]$, $k=0,1,2,\ldots$ $X^{(k)}(t)$ ist offenbar F_t-messbar und besitzt stetige Pfade. Weiter existiert für alle $T>0$ wegen (W) und einer zu (1) im ersten Schritt analogen Abschätzung die Ungleichung

$$E\left(\left\|X^{(k+1)}(t)\right\|^2\right) \leq 9\|x\|^2 + 9(t+1)K^2 \int_0^t \left(1 + E\left(\left\|X^{(k)}(s)\right\|^2\right)\right) ds \tag{3}$$

für alle $t \in [0,T]$, wobei die Existenz des Erwartungswertes auf der rechten Seite induktiv aus der Anfangsbedingung $X^{(0)}=x$ und somit aus

$$E\left(\left\|X^{(1)}(t)\right\|^2\right) \leq E\left(\left\|x + \int_0^t b(s,x)\, ds + \int_0^t \sigma(s,x)\, dW(s)\right\|^2\right)$$

folgt. Aus (3) und (W) folgt insbesondere

$$\sup_{0 \leq t \leq T} E\left(\left\|X^{(k)}(t)\right\|^2\right) < \infty.$$

und somit, dass die auf der rechten Seite von (2) auftretenden Integrale existieren. Mit

$$C := C(T,K) := 9(T+1)K^2$$

folgt aus (3) die Ungleichung

$$E\left(\left\|X^{(k+1)}(t)\right\|^2\right) \le C\left(1+\|x\|^2\right) + C\int_0^t E\left(\left\|X^{(k)}(s)\right\|^2\right) ds .$$

Induktive Anwendung dieser Ungleichung auf den Integranden der rechten Seite liefert schließlich

$$E\left(\left\|X^{(k+1)}(t)\right\|^2\right) \le C\left(1+\|x\|^2\right)\left(1+Ct+\frac{(Ct)^2}{2}+\ldots+\frac{(Ct)^{k+1}}{(k+1)!}\right)$$
$$\le C\left(1+\|x\|^2\right)e^{Ct} . \tag{4}$$

<u>3.Schritt</u>: Existenz – Konvergenz der Iteration

Wegen (W) und (4) ist der Prozess

$$M(t) := \int_0^t \left(\sigma\left(s, X^{(k)}(s)\right) - \sigma\left(s, X^{(k-1)}(s)\right)\right) dW(s)$$

ein d-dimensionales, quadrat-integrierbares Martingal. Komponentenweise Anwendung der Doobschen Ungleichung liefert daher wegen (W)

$$E\left(\sup_{0\le s\le t}\left\|M(s)\right\|^2\right) \le 4\cdot E\int_0^t \left\|\sigma\left(s, X^{(k)}(s)\right) - \sigma\left(s, X^{(k-1)}(s)\right)\right\|^2 ds$$
$$\le 4\cdot K^2\cdot E\int_0^t \left\|X^{(k)}(s) - X^{(k-1)}(s)\right\|^2 ds . \tag{5}$$

Wegen (W) gilt für

$$B(t) := \int_0^t \left(b\left(s, X^{(k)}(s)\right) - b\left(s, X^{(k-1)}(s)\right)\right) ds$$

die Beziehung

$$E\left(\left\|B(t)\right\|\right)^2 \le K^2\cdot t\cdot \int_0^t E\left(\left\|X^{(k)}(s) - X^{(k-1)}(s)\right\|^2\right) ds , \tag{6}$$

und somit folgt aus (5) und (6) wegen $X^{(k+1)}(t)-X^{(k)}(t)=B(t)+M(t)$:

$$E\left(\sup_{0\le s\le t}\left\|X^{(k+1)}(s)-X^{(k)}(s)\right\|^2\right)$$

$$\le K^2\cdot(4+T)\cdot\int_0^t E\left(\left\|X^{(k)}(s)-X^{(k-1)}(s)\right\|^2\right)ds \tag{7}$$

Iterative Anwendung von (7) auf den Integranden der rechten Seite dieser Ungleichung liefert mit den Bezeichnungen

$$D:=K^2(4+T),\, D^*:=\sup_{0\le t\le T} E\left(\left\|X^{(1)}(t)-x\right\|^2\right)$$

die Abschätzung

$$E\left(\sup_{0\le s\le t}\left\|X^{(k+1)}(s)-X^{(k)}(s)\right\|^2\right)\le D^*\frac{(Dt)^k}{k!}. \tag{8}$$

Man beachte, dass D^* wegen (4) endlich ist. Wir zeigen nun ähnlich wie im Beweis des Fortsetzungssatzes für stochastische Integrale, Satz II.32, dass die Folge stetiger Prozesse $X^{(k)}(t)$ gleichmäßig konvergiert: Wegen (8) und der Chebyshev-Ungleichung folgt

$$P\left(\max_{0\le t\le T}\left\|X^{(k+1)}(t)-X^{(k)}(t)\right\|\ge\frac{1}{2^{k+1}}\right)\le 4D^*\frac{(4DT)^k}{k!} \tag{9}$$

Wählt man nun

$$A_k:=\left\{\max_{0\le t\le T}\left\|X^{(k+1)}(t)-X^{(k)}(t)\right\|\ge\frac{1}{2^{k+1}}\right\},$$

so liefert die Anwendung des Borel-Cantelli-Lemmas auf die Folge der A_k, $k\in\mathbb{N}$, wegen (9) die gleichmäßige Konvergenz der Folge der Pfade von $X^{(k)}(t)$, $k\in\mathbb{N}$. Folglich existiert ein stetiger Prozess $X(t)$ mit

$$X(t)=\lim_{k\to\infty}X^{(k)}(t)\ P\text{-fast sicher, für alle } t\in[0,T]$$

Da T aber beliebig war, gilt diese Konvergenz auf $[0,\infty)$. Weiter folgt damit auch aus (4) und dem Lemma von Fatou die Abschätzung (E).

4.Schritt: Lösungseigenschaft

Damit $X(t)$ tatsächlich Lösung der stochastischen Differentialgleichung ist, muss noch die Konvergenz der Integrale auf der rechten Seite von (2) gezeigt werden. Aus der gleichmäßigen Konvergenz von $X^{(k)}(t)$ gegen $X(t)$ auf $[0,T]$ folgt

$$\max_{0\le t\le T}\left\|X(t,\omega)-X^{(k)}(t,\omega)\right\|\le 2^{-k} \text{ für alle } k\ge N(\omega) \tag{10}$$

für ein geeignetes $N(\omega)\in\mathbf{N}$. Also folgt mit (L) und (10):

$$\left\|\int_0^t b(s,X(s))\,ds-\int_0^t b\left(s,X^{(k)}(s)\right)ds\right\|^2$$

$$\le K^2\cdot T\cdot\int_0^T\left\|X(s)-X^{(k)}(s)\right\|^2 ds \xrightarrow{k\to\infty} 0. \tag{11}$$

Für die Konvergenz der stochastischen Integrale beachte man, dass für festes $t\in[0,T]$ die Folge $\{X^{(k)}(t)\}_{k\in\mathbf{N}}$ eine Cauchy-Folge in $L^2(\Omega,F,P)$ bildet (wegen (8)) und wegen

$$X^{(k)}(t)\xrightarrow{k\to\infty}X(t) \;\; P\text{-fast sicher}$$

dann auch

$$E\left(\left\|X^{(k)}(t)-X(t)\right\|^2\right)\xrightarrow{k\to\infty}0$$

folgt. Also gilt mit der Itô-Isometrie (wegen (E) und (L))

$$E\left\|\int_0^t\left(\sigma\left(s,X^{(k)}(s)\right)-\sigma(s,X(s))\right)dW(s)\right\|^2 \tag{12}$$

$$=E\int_0^t\left\|\sigma\left(s,X^{(k)}(s)\right)-\sigma(s,X(s))\right\|^2 ds$$

$$\le K^2\cdot\int_0^t E\left(\left\|X^{(k)}(t)-X(t)\right\|^2\right)ds\xrightarrow{k\to\infty}0 \text{ für alle } t\in[0,T],$$

wobei der Satz über dominierte Konvergenz wegen der gleichmäßigen Konvergenz von $X^{(k)}(t)$ gegen $X(t)$ auf $[0,T]$ anwendbar ist. Aus (11) und (12) folgt die gewünschte Konvergenz der Integrale auf der rechten Seite von (2) für festes $t\in[0,T]$. Für die fast sichere Konvergenz des stochastischen Integrals kann man hierbei zu einer geeigneten Teilfolge übergehen. Aus der Stetigkeit von rechter und linker Seite der stochastischen Differentialgleichung folgt mit dem üblichen Schluss auch deren Gültigkeit für beliebige $t \geq 0$. □

Die Anwendung der Beziehung

$$|x_1|^p + \ldots + |x_n|^p \leq n\left(|x_1| + \ldots + |x_n|\right)^p \leq n^{p+1}\left(|x_1|^p + \ldots + |x_n|^p\right)$$

für beliebiges $x \in \mathbf{R}^n$, $p > 1$, sowie analoge Abschätzungen wie in den ersten drei Schritten des vorangegangenen Beweises (vgl. Karatzas/Shreve (1991), S.303, 389) liefern das nützliche

Lemma 16

Unter den Voraussetzungen von Satz 15 gilt für die Lösung X der stochastischen Differentialgleichung für $m \geq 1$ sowie $T > 0$ fest

$$E\left(\max_{0 \leq s \leq t} \|X(s)\|^{2m}\right) \leq C\left(1 + \|x\|^{2m}\right)e^{Ct}$$

für alle $t \in [0, T]$ und eine geeignete Konstante $C = C(T, K, m, d)$.

Schreibweise

Die Lösung der stochastischen Differentialgleichung (SDE) mit der Anfangsbedingung $X(t) = x$ kennzeichnen wir nun besonders durch die Schreibweise

$$X^{t,x}(s).$$

Der Einfachheit halber lassen wir im Folgenden häufig die oberen Indices weg, kennzeichnen dafür aber die Erwartungswerte mit einem oberen Index

$$E\left(\ldots X^{t,x}(s) \ldots\right) = E^{t,x}\left(\ldots X(s) \ldots\right).$$

Bemerkungen

a) Die vorangegangenen Ergebnisse können auch auf den Fall einer zufälligen Anfangsbedingung

$$X(0) = Z$$

verallgemeinert werden, wenn Z eine quadrat-integrierbare Zufallsvariable ist (bzw. in Lemma 16 die Bedingung $E(\|Z\|^{2m}) < \infty$ erfüllt) und unabhängig von der Brownschen Filterung $\{F_t\}_{t \geq 0}$ ist. $X(t)$ ist dann an die P-Erweiterung $\{G_t\}_{t \geq 0}$ von

$$G_t^* := \sigma\left(Z, W(s);\ 0 \le s \le T\right)$$

adaptiert (d.h. $X(t)$ ist G_t-messbar).

b) Es kann gezeigt werden, dass die Lösung $\{X(t), F_t\}_t$ von (SDE) ein Markov-Prozess ist, d.h. für alle Borel-messbaren, beschränkten Funktionen f gilt

$$E\left(f(X(s))\,\middle|\,F_t\right) = E\left(f(X(s))\,\middle|\,X(t)\right) = g\left(X(t)\right) \qquad (*)$$

für festes $t \le s$ (siehe z.B. Rogers/Williams (1987), Abschnitt V.4) mit $g(x) := E(f(X^{t,x}(s)))$. In diesem Sinn werden wir die obige Notation $E^{t,x}(f(X(s)))$ verwenden. Da in unseren Anwendungen die Markov-Eigenschaft (*) oft direkt aus der Unabhängigkeit der Zuwächse der Brownschen Bewegung folgt, verzichten wir auf die Darstellung eines Beweises der Markov-Eigenschaft von X.

Definition 17

Sei $X(t)$ die eindeutige Lösung der stochastischen Differentialgleichung (SDE) unter den Bedingungen (L) und (W). Für $f: \mathbf{R}^d \to \mathbf{R}$, $f \in C^2(\mathbf{R}^d)$, heißt der Operator A_t, definiert durch

$$\left(A_t f\right)(x) := \tfrac{1}{2}\sum_{i=1}^{d}\sum_{k=1}^{d} a_{ik}(t,x)\cdot\frac{\partial^2 f}{\partial x_i \partial x_k}(x) + \sum_{i=1}^{d} b_i(t,x)\cdot\frac{\partial f}{\partial x_i}(x)$$

mit

$$a_{ik}(t,x) := \sum_{j=1}^{m} \sigma_{ij}(t,x)\cdot\sigma_{kj}(t,x)$$

der **charakteristische Operator** zu $X(t)$.

Beispiele

1. $X(t)=W(t)$ löst die stochastische Differentialgleichung $dX(t) = dW(t)$, $X(0)=0$. Also ist

$$\tfrac{1}{2}\Delta = \tfrac{1}{2}\sum_{i=1}^{d}\frac{\partial^2}{\partial x_i^2}$$

der charakteristische Operator der d-dimensionalen Brownschen Bewegung.

2. Der Aktienpreisprozess

$$X(t) = x\cdot e^{\left(b-\frac{1}{2}\sigma^2\right)t+\sigma W(t)}$$

löst die stochastische Differentialgleichung

$$dX(t) = X(t)\big(b\,dt + \sigma\,dW(t)\big),$$
$$X(0) = x$$

und hat damit den charakteristischen Operator A_t definiert durch

$$(A_t f)(x) = \tfrac{1}{2}\sigma^2 x^2 f''(x) + b \cdot x \cdot f'(x).$$

Beschreibung des zu A_t gehörigen Cauchy-Problems

Sei $T>0$ fest. Wir betrachten nun zum Operator A_t das folgende **Cauchy-Problem**:

Suche eine Funktion $\upsilon(t,x) : [0,T] \times \mathbf{R}^d \to \mathbf{R}$ mit

$$-\upsilon_t + k\upsilon = A_t\upsilon + g \quad \text{auf } [0,T) \times \mathbf{R}^d \qquad \textbf{(C)}$$
$$\upsilon(T,x) = f(x) \quad \text{für } x \in \mathbf{R}^d$$

wobei

$$f : \mathbf{R}^d \to \mathbf{R},\quad g : [0,T] \times \mathbf{R}^d \to \mathbf{R},\quad k : [0,T] \times \mathbf{R}^d \to [0,\infty)$$

Zur Sicherung der Eindeutigkeit einer Lösung von (C) verlangt man zusätzlich, dass υ einer polynomialen Wachstumsbedingung genügt:

$$\max_{0 \le t \le T} |\upsilon(t,x)| \le M\left(1 + \|x\|^{2\mu}\right) \quad \text{mit } M > 0,\ \mu \ge 1 \qquad \textbf{(PW)}$$

Üblicherweise setzt man voraus, dass für die Funktionen f, g, k mit geeigneten Konstanten L, λ gelte:

f, g, k stetig mit

$$|f(x)| \le L\left(1 + \|x\|^{2\lambda}\right),\ L > 0,\ \lambda \ge 1 \ \ \underline{\text{oder}}\ \ f(x) \ge 0 \qquad \textbf{(V1)}$$

$$|g(t,x)| \le L\left(1 + \|x\|^{2\lambda}\right),\ L > 0,\ \lambda \ge 1 \ \ \underline{\text{oder}}\ \ g(t,x) \ge 0 \qquad \textbf{(V2)}$$

Satz 18 - Die Feynman-Kac-Darstellung

Unter den Voraussetzungen (V1) und (V2) existiere eine Lösung $\upsilon(t,x)$: $[0,T]\times\mathbf{R}^d \to \mathbf{R}$ des Cauchy-Problems (C), die stetig ist und in $C^{1,2}([0,T)\times\mathbf{R}^d)$ liegt. Der Operator A_t in (C) sei der charakteristische Operator zu $X(t)$, der eindeutigen Lösung einer stochastischen Differentialgleichung (SDE), deren Koeffizienten b, σ mit

$$b_i(t,x)\,,\ \sigma_{ij}(t,x) : [0,\infty)\times\mathbf{R}^d \to \mathbf{R} \text{ für } i=1,..,d\,,\ j=1,...,m,$$

die Bedingungen (L) erfüllen und stetig sind.

Genügt dann $\upsilon(t,x)$ der polynomialen Wachstumsbedingung (PW), so gilt:

$$\upsilon(t,x) = E^{t,x}\left(f(X(T))\cdot exp\left(-\int_t^T k(\theta,X(\theta))d\theta\right)\right.$$
$$\left. + \int_t^T g(s,X(s))\cdot exp\left(-\int_t^s k(\theta,X(\theta))d\theta\right) ds\right).$$

Insbesondere ist somit $\upsilon(t,x)$ die eindeutige Lösung von (C), die (PW) erfüllt.

Bemerkung

Kann man also zeigen, dass (C) eine eindeutige Lösung besitzt, die (PW) erfüllt, so ist diese durch obigen Erwartungswert als Funktion der Anfangsparameter (t,x) von (SDE) gegeben. Es gilt aber im allgemeinen nicht der Umkehrschluss, d.h. der Erwartungswert ist nicht notwendigerweise eine Lösung von (C). Kann man aber den Erwartungswert berechnen und verifizieren, dass er das Cauchy-Problem löst, so ist er die eindeutige Lösung, die (PW) erfüllt.

Beispiel

Löse folgendes Cauchy-Problem

$$\tfrac{1}{2}\upsilon_{xx} = -\upsilon_t\,,$$
$$\upsilon(T,x) = x^2\,,$$

Hier sind also k, $g \equiv 0$ und $f(x) = x^2$. $1/2\cdot\upsilon_{xx}$ ist der charakteristische Operator der Brownschen Bewegung (siehe Beispiel oben). Als Kandidat für die Lösung bietet sich nach Satz 18 und der anschließenden Bemerkung an:

$$\tilde{\upsilon}(t,x) = E^{t,x}\left(W^2(T)\right) = x^2 + (T-t).$$

Man rechnet leicht nach, dass $\tilde{\upsilon}$ das gegebene Cauchy-Problem löst. Damit ist $\tilde{\upsilon}(t,x)$ dann auch einzige Lösung von (C), die (PW) erfüllt.

Beweis von Satz 18 :

Der Einfachheit halber sei $m=d=1$ und $k(\theta, X(\theta)) \equiv k$. Der Beweis für den allgemeinen Fall verläuft analog.

Sei $0 \le t \le s \le T$. Dann liefern die mehrdimensionale Itô-Formel, Satz II.40, und Korollar II.41,

$$\begin{aligned}
&\upsilon(s,X(s)) \cdot e^{-k(s-t)} \\
&= \upsilon(t,x) \cdot 1 + \int_t^s e^{-k(u-t)} d\left(\upsilon(u,X(u))\right) + \int_t^s \upsilon(u,X(u))\, d\left(e^{-k(u-t)}\right) \\
&= \upsilon(t,x) + \int_t^s e^{-k(u-t)}\left(\upsilon_t + \upsilon_x \cdot b(u,X(u)) + \tfrac{1}{2}\upsilon_{xx} \cdot \sigma^2(u,X(u)) - k \cdot \upsilon\right) du \\
&\quad + \int_t^s e^{-k(u-t)}\left(\upsilon_x \cdot \sigma(u,X(u))\right) dW(u)
\end{aligned}$$

Da $A_t \upsilon = \frac{1}{2}\upsilon_{xx} \cdot \sigma^2(t,X(t)) + \upsilon_x \cdot b(t,X(t))$ und da $\upsilon(t,x)$ (C) löst, folgt weiter

$$\begin{aligned}
&\upsilon(s,X(s)) \cdot e^{-k(s-t)} \qquad (13)\\
&= \upsilon(t,x) - \int_t^s e^{-k(u-t)} \cdot g(u,X(u))\, du + \int_t^s e^{-k(u-t)}\left(\upsilon_x \cdot \sigma(u,X(u))\right) dW(u).
\end{aligned}$$

Definiere die Stoppzeit

$$\tau_n := \inf\left\{s \ge t : \|X(s)\| \ge n\right\}$$

Wir setzen dann $s = T \wedge \tau_n$ in (13) und bilden den Erwartungswert. Da der Integrand des stochastischen Integrals beschränkt ist (beachte die Stoppzeit !), ist der Erwartungswert dieses Integrals Null und wir erhalten

$$\upsilon(t,x) = \underbrace{E^{t,x}\left(\upsilon\left(\tau_n, X\left(\tau_n\right)\right)\cdot e^{-k\left(\tau_n - t\right)}\cdot 1_{\left\{\tau_n \le T\right\}}\right)}_{B}$$

$$+ \underbrace{E^{t,x}\left(f\left(X(T)\right)\cdot e^{-k(T-t)}\cdot 1_{\left\{\tau_n > T\right\}}\right)}_{D}$$

$$+ \underbrace{E^{t,x}\left(\int_t^{T\wedge\tau_n} e^{-k(u-t)}\cdot g\left(u, X(u)\right)du\right)}_{G}.$$

Es gelten nun:

i) Mit dem Satz über die dominierte (bzw. monotone) Konvergenz folgt aus (V2) und der Abschätzung

$$E^{t,x}\left(\max_{t\le\theta\le s}\left\|X(\theta)\right\|^{2r}\right) \le C\left(1+\|x\|^{2r}\right)\cdot e^{C(s-t)} \tag{14}$$

für alle $r \ge 1$ und ein $C = C(K,r,T,d) > 0$ (siehe Lemma 16), die Konvergenz

$$G \xrightarrow{n\to\infty} E^{t,x}\left(\int_t^T e^{-k(u-t)}\cdot g\left(u, X\left(u\right)\right)du\right).$$

ii) Aus der polynomialen Wachstumsbedingung (PW) folgt:

$$E^{t,x}\left(\left|\upsilon\left(\tau_n, X\left(\tau_n\right)\right)\right|\cdot 1_{\left\{\tau_n \le T\right\}}\right) \le M\cdot\left(1+n^{2\mu}\right)\cdot P^{t,x}\left(\tau_n \le T\right).$$

Weiter liefern die Chebyshev-Ungleichung und (14) die Abschätzung

$$P^{t,x}\left(\tau_n \le T\right) = P^{t,x}\left(\max_{t\le\theta\le T}\left\|X\left(\theta\right)\right\| \ge n\right)$$

$$\le n^{-2r}E^{t,x}\left(\max_{t\le\theta\le T}\left\|X\left(\theta\right)\right\|^{2r}\right) \le n^{-2r}C\left(1+\|x\|^{2r}\right)e^{CT}.$$

Wählt man dann $r > \mu$, so folgt

$$B \xrightarrow{n\to\infty} 0.$$

iii) Mit (V1) kann man den Satz über die dominierte (bzw. monotone) Konvergenz anwenden, dies liefert

$$D \xrightarrow{n\to\infty} E^{t,x}\left(f\left(X(T)\right)\cdot e^{-k(T-t)}\right)$$

Insgesamt folgt mit i) - iii) die gewünschte Darstellung von $\upsilon(t,x)$. □

III.4 Arbitragegrenzen für amerikanische und europäische Optionen

Innerhalb dieses Abschnitts sollen keine exakten Preisformeln für Optionen, sondern lediglich obere und untere Schranken für ihre Preise bestimmt werden. Diese Schranken werden aber unabhängig von der Modellierung der zugrunde liegenden Aktienpreise nur mit Hilfe von Arbitrageargumenten hergeleitet. Das heißt, dass das einzige verwendete Hilfsmittel der Grundsatz sein wird, dass kein Optionspreis festgesetzt werden darf, der Arbitragemöglichkeiten zulässt. Wir sprechen deshalb von **Arbitragegrenzen**. Die Rechtfertigung dieser Grenzen besteht darin, dass bei vorhandener Möglichkeit, ohne Kapitaleinsatz Gewinn zu erzielen, diese von allen Marktteilnehmern sofort wahrgenommen werden würde, worauf dann der Markt mit sofortiger Preisänderung reagieren würde, bis keine Arbitragemöglichkeit mehr vorhanden wäre. Insbesondere wollen wir daher im Folgenden annehmen, dass die Aktienpreise keine solche Möglichkeit zulassen. Für die Gültigkeit der im Folgenden hergeleiteten Arbitragegrenzen ist daher im jeweiligen Marktmodell nur dessen Arbitragefreiheit zu überprüfen.

Im Gegensatz zur exakten Preisfestsetzung im Black-Scholes-Fall ist bei amerikanischen Optionen die Bestimmung von Arbitragegrenzen sogar wesentlich einfacher als bei Optionen europäischen Typs (zur Bewertung amerikanischer Optionen im Black-Scholes-Fall vergleiche Abschnitt III.5). Das Beweisprinzip für alle im Folgenden angegebenen Schranken wird meist darauf beruhen, für Preisfestsetzungen oberhalb der oberen oder unterhalb der unteren Schranke eine Arbitragestrategie zu konstruieren.

Offensichtliche Schranken für Preise amerikanischer und europäischer Puts und Calls sind

$$C_E(t, P_1(t)) \geq 0,\; P_E(t, P_1(t)) \geq 0,\; C_A(t, P_1(t)) \geq 0,\; P_A(t, P_1(t)) \geq 0,$$

wobei C_E, C_A jeweils Preise europäischer und amerikanischer Calls und P_E, P_A Preise europäischer und amerikanischer Puts sind. $P_1(t)$ ist dabei der aktuelle

Preis der zugrunde liegenden Aktie. Zum „Beweis" obiger Relationen beachte man, dass im Fall negativer Preise sogar die Strategie

- „Kaufe die jeweilige Option und lasse sie ohne Ausübung verfallen"

eine Arbitragestrategie ist, da der Investor in $t=0$ einen Geldbetrag erhält (nämlich den negativen „Optionspreis"!) und später keine Zahlung aus dieser Strategie heraus zu leisten hat.

Allgemeine Voraussetzungen für diesen Abschnitt

Zum Beweis der nachfolgenden Schranken nehmen wir an, dass es zu jedem Zeitpunkt t möglich ist, Geld zum risikolosen Zinssatz r anlegen oder leihen zu können. Ansonsten benötigen wir in diesem Abschnitt keine bestimmten Voraussetzungen an das Marktmodell oder an die Preisverläufe der Wertpapiere.

Proposition 19

a) Für den Preis $C_A(t, P_1(t))$ eines amerikanischen Calls mit Ausübungspreis $K \geq 0$ gilt

$$\left(P_1(t) - K\right)^+ \leq C_A(t, P_1(t)) \leq P_1(t) \tag{1}$$

b) Für den Preis $P_A(t, P_1(t))$ eines amerikanischen Puts mit Ausübungspreis $K \geq 0$ gilt

$$\left(K - P_1(t)\right)^+ \leq P_A(t, P_1(t)) \leq K \tag{2}$$

Beweis:

a) Gilt $\left(P_1(t) - K\right)^+ > C_A(t, P_1(t))$, so ist die Strategie

- „Kaufe die Option und übe sie sofort aus"

eine Arbitragestrategie. Sie liefert nämlich in t die Zahlung

$$P_1(t) - \mathrm{K} - C_A(t, P_1(t)) > 0$$

und danach keine weitere Zahlung mehr. Es entstünde somit ein risikoloser Gewinn ohne Kapitaleinsatz. Gilt hingegen $P_1(t) < C_A(t, P_1(t))$, so ist die folgende Strategie eine Arbitragstrategie

- „Verkaufe den Call für $C_A(t, P_1(t))$, kaufe die Aktie für $P_1(t)$ und lege den positiven Rest $C_A(t, P_1(\mathrm{t})) - P_1(t)$ zum risikolosen Zinssatz r an"

Übt dann der Käufer irgendwann die Option aus, so erhält er die Aktie und zahlt an den Verkäufer der Option K Geldeinheiten. Übt er hingegen die Option nie aus, so behält der Verkäufer die Aktie. In jedem der beiden Fälle hat man zum Verfolgen der obigen Strategie kein Anfangskapital benötigt, aber ein **strikt positives Endvermögen** von mindestens

$$(C_A(t, P_1(t)) - P_1(t))\ e^{r(T-t)}$$

erzielt, was zeigt, dass die beschriebene Strategie eine Arbitragestrategie ist. Insgesamt haben wir somit die Ungleichung (1) gezeigt.

b) Der analoge Beweis wird dem Leser als Übung überlassen. □

Da man bei amerikanischen Optionen die freie Wahl des Ausübungszeitpunkts hat, bei europäischen Optionen aber nur am Ende der Laufzeit ausüben darf, gelten für amerikanische und europäische Optionen mit gleicher Laufzeit und gleichem Ausübungspreis offenbar die Beziehungen

$$C_A(t, P_1(t)) \geq C_E(t, P_1(t)), \qquad P_A(t, P_1(t)) \geq P_E(t, P_1(t))\,. \tag{3}$$

Diese Beziehungen werden für den Beweis der folgenden Proposition benötigt:

Proposition 20

a) Für den Preis $C_E(t, P_1(t))$ eines europäischen Calls mit Ausübungspreis $K \geq 0$ und Laufzeit T gilt

$$\left(P_1(t) - e^{-r(T-t)}K\right)^+ \leq C_E(t, P_1(t)) \leq P_1(t), \tag{4}$$

falls während der Laufzeit des Calls keine Dividende auf die Aktie gezahlt wird.

b) Für den Preis $P_E(t, P_1(t))$ eines europäischen Puts mit Ausübungspreis $K \geq 0$ und Laufzeit T gilt

$$\left(e^{-r(T-t)}K - P_1(t)\right)^+ \leq P_E(t, P_1(t)) \leq K, \tag{5}$$

falls während der Laufzeit des Puts keine Dividende auf die Aktie gezahlt wird.

Beweis:

a) Wegen den Ungleichungen (1) und (3) gilt offenbar $C_E(t, P_1(t)) \leq P_1(t)$. Wir nehmen nun an, dass

$$C_E(t, P_1(t)) < \left(P_1(t) - e^{-r(T-t)}K\right)^+ \tag{*}$$

gilt, wobei wegen der Nicht-Negativität des Call-Preises automatisch der Positivteil der rechten Seite von (*) strikt positiv sein muß. Dann ist die folgende Strategie eine Arbitragestrategie:

- „Kaufe den Call für $C_E(t, P_1(t))$, führe einen Leerverkauf einer Aktie zum Preis $P_1(t)$ durch (d.h. verkaufe die Aktie ohne sie zu besitzen und liefere sie zu einem späteren Zeitpunkt) und lege den positiven Rest $P_1(t) - C_E(t, P_1(t))$ zum risikolosen Zinssatz r an".

Mit (*) besitzt man so im Zeitpunkt $t=T$ das verzinste Kapital

$$\left(P_1(t) - C_E\left(t, P_1(t)\right)\right) \cdot e^{r(T-t)} > K .$$

In $t=T$ ergeben sich dann die beiden folgenden Möglichkeiten:

1. $P_1(T)>K$

Man übt den Call am Laufzeitende aus, kauft die Aktie zum Preis K, gleicht dadurch den in t getätigten Leerverkauf aus und hat dann insgesamt in T den Gewinn

$$\left(P_1(t) - C_E\left(t, P_1(t)\right)\right) \cdot e^{r(T-t)} - K > 0$$

realisiert.

2. $P_1(T) \leq K$

Man lässt die Option verfallen, kauft die Aktie am Markt zum günstigeren Preis $P_1(T) \leq K$ und gleicht damit den Leerverkauf aus. Man erhält hier als Gewinn

$$\left(P_1(t) - C_E\left(t, P_1(t)\right)\right) \cdot e^{r(T-t)} - P_1(T) > K - K = 0 .$$

In beiden Fällen erhält man also ohne Einsatz von Anfangskapital ein strikt positives Endvermögen, womit die Arbitrageeigenschaft der Strategie gezeigt ist.

b) Der analoge Beweis bleibt dem Leser überlassen. □

Bemerkung

Es folgt, dass wegen (1) und (3) die Ungleichungen (4)

$$\left(P_1(t) - e^{-r(T-t)}K\right)^+ \leq C_A(t, P_1(t)) \leq P_1(t),$$

auch für amerikanische Calls gilt.

Weitere Beispiele für Arbitragegrenzen für Optionen mit anderen Auszahlungsprofilen als denen der Standardputs und -calls lassen sich leicht konstruieren. Es ist wichtig zu bemerken, dass man bei einem Portfolio von Optionen oft **bessere** Arbitrageschranken erhält, als die, die sich durch Addition der Einzelschranken der beteiligten Optionen ergeben würden. Es ist unter Umständen sogar möglich, den Preis des Portfolios aus reinen Arbitrageüberlegungen unabhängig vom Aktienpreismodell zu bestimmen. Das mit Abstand bekannteste Beispiel hierzu ist:

Satz 21 „Put-Call-Parität für europäische Optionen"

Für die Preise $P_E(t, P_1(t))$, $C_E(t, P_1(t))$ von europäischen Put- und Call-Optionen mit gleicher Laufzeit T und gleichem Ausübungspreis K gilt

$$C_E(t, P_1(t)) + K e^{-r(T-t)} = P_E(t, P_1(t)) + P_1(t) \tag{PCP}$$

(falls die zugehörige Aktie während der Laufzeit keine Dividende zahlt!).

Beweis:

Die linke Seite von (PCP) entspricht der Strategie, einen Call zu kaufen und $K e^{-r(T-t)}$ Geldeinheiten im Bond anzulegen. Sie führt zum Endvermögen

$$X_C(T) = \left(P_1(T) - K\right)^+ + K = K \cdot 1_{\{P_1(T)<K\}} + P_1(T) \cdot 1_{\{P_1(T)\geq K\}}. \tag{*}$$

Die Strategie auf der rechten Seite von (PCP), je einen Put und eine Aktie zu kaufen, führt zum Endvermögen

$$X_P(T) = \left(K - P_1(T)\right)^+ + P_1(T) = K \cdot 1_{\{P_1(T)<K\}} + P_1(T) \cdot 1_{\{P_1(T)\geq K\}}. \tag{**}$$

Da beide Strategien zum gleichen Endvermögen führen (und zwischendurch keine weiteren Zahlungen liefern), muss auch ihr Wert im Zeitpunkt t übereinstimmen, woraus die Gültigkeit von (PCP) in $t=T$ folgt. Würde sie nun in einem Zeitpunkt $t<T$ verletzt sein, so bestünde eine Arbitragemöglichkeit darin, die teurere der beiden zugehörigen Strategien zu „verkaufen" (d.h. die entsprechenden negativen Positionen zu halten) und die billigere zu „kaufen". Dies würde in t zu einer positiven Zahlung führen, die risikolos angelegt werden könnte. Da sich wegen (*) und (**) die Endzahlungen der beiden Strategien neutralisieren, hätten wir wieder ohne Anfangsvermögen ein strikt positives Endvermögen erzielt. Folglich muß (PCP) für alle $t \in [0, T]$ gelten. □

Bemerkungen

a) Formt man die Put-Call-Parität (PCP) um in

$$C_E(t, P_1(t)) - P_E(t, P_1(t)) = P_1(t) - K e^{-r(T-t)}, \qquad \text{(PCP*)}$$

so ist diese Gleichheit in $t = T$ sogar trivial wegen

$$C_E(T, P_1(T)) - P_E(T, P_1(T)) = \left(P_1(T) - K\right)^+ - \left(K - P_1(T)\right)^+$$
$$= P_1(T) - K.$$

b) Einen weiteren einfachen Beweis von (PCP) mittels der Darstellung (PCP*) erhält man graphisch durch Subtraktion der Payoff-Diagramme von Call (siehe Bild III.1) und Put (siehe Bild III.2), was offensichtlich das Payoff-Diagramm von $P_1(T) - K$ ergibt:

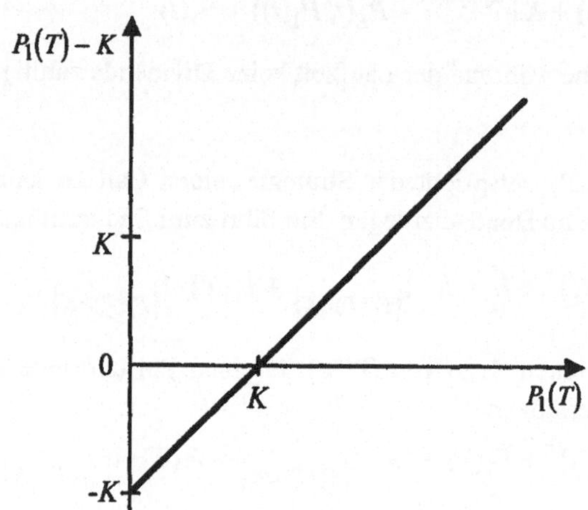

Bild III.4 Payoff-Diagramm der kombinierten Option „Call–Put"

c) Die Put-Call-Parität liefert uns auch eine einfache Beweismöglichkeit der Black-Scholes-Formel für einen europäischen Put, wenn der Preis für den Call schon bekannt ist (siehe Korollar 6):

$$P_E\left(t, P_1(t)\right) = C_E\left(t, P_1(t)\right) - P_1(t) - Ke^{-r(T-t)}$$
$$= P_1(t) \cdot \Phi\left(d_1(t)\right) - Ke^{-r(T-t)}\Phi\left(d_2(t)\right) - P_1(t) - Ke^{-r(T-t)}$$
$$= -P_1(t) \cdot \left(1 - \Phi\left(d_1(t)\right)\right) + Ke^{-r(T-t)}\left(1 - \Phi\left(d_2(t)\right)\right)$$
$$= -P_1(t) \cdot \left(\Phi\left(-d_1(t)\right)\right) + Ke^{-r(T-t)}\left(\Phi\left(-d_2(t)\right)\right).$$

Im Fall amerikanischer Optionen gilt die Put-Call-Parität im Allgemeinen nicht. Die vorgestellten Beweise von (PCP) benötigten alle, dass Put und Call den gleichen Ausübungszeitpunkt besaßen, was aber bei amerikanischen Puts und Calls nicht der Fall sein muss. Mehr noch, es kann sogar bei gleichem Ausübungspreis nie gleichzeitig vorteilhaft sein, einen Put und einen Call auszuüben. Bevor wir auf die zu (PCP) analoge Beziehung im Fall amerikanischer Optionen eingehen, zeigen wir noch ein auf den ersten Blick sehr überraschendes Resultat:

Proposition 22

Werden während der Laufzeit T eines europäischen und eines amerikanischen Calls mit gleichem Ausübungspreis K keine Dividenden auf die zugehörige Aktie gezahlt und ist der risikolose Zinsssatz r positiv, so gilt für die Preise der beiden Optionen

$$C_A(t, P_1(t)) = C_E(t, P_1(t)) \quad \text{für alle } t \in [0, T], \tag{6}$$

und es ist nie vorteilhaft, den amerikanischen Call vorzeitig auszuüben.

Beweis:

Wegen (3) und (4) gilt:

$$C_A(t, P_1(t)) \geq C_E(t, P_1(t)) \geq \left(P_1(t) - e^{-r(T-t)}K\right)^+. \tag{7}$$

Offenbar kann es nur vorteilhaft sein, einen amerikanischen Call auszuüben, wenn $P_1(t) > K$ gilt. In diesem Fall hat man aber wegen $r > 0$ und (7)

$$C_A(t, P_1(t)) \geq \left(P_1(t) - e^{-r(T-t)}K\right)^+ > \left(P_1(t) - K\right)^+ = P_1(t) - K, \tag{8}$$

d.h. der Wert eines amerikanischen Calls ist vor dem Laufzeitende T immer **strikt** größer als sein **innerer Wert** $P_1(t) - K$, der Ertrag, den man bei sofortiger Ausübung des Calls erzielen würde. Folglich kann Ausüben des amerikanischen Calls nur im Zeitpunkt T vorteilhaft sein. Somit sind die Zahlungen, die sich aus dem Besitz eines amerikanischen und dem eines europäischen Calls ergeben, gleich, woraus wegen der Voraussetzung der Arbitragefreiheit dann die behauptete Gleichung (6) folgt. □

Bemerkung

a) Natürlich hat der Besitzer einer amerikanischen Option, die tief im Geld ist (d.h. bei der der zugehörige Aktienkurs weit über dem Ausübungspreis liegt), das Bedürfnis, diese für ihn günstige Situation auszunutzen. Da das vorzeitige Ausüben des Calls nach Proposition 22 unvorteilhaft ist, bleibt ihm hierzu nur noch die Möglichkeit, die Option zu verkaufen. Dies bringt ihm aufgrund von Ungleichung (8) einen höheren Erlös als das Ausüben der Option.

b) Auch unter dem Gesichtspunkt, die Option nur zu halten, um sich ein Kaufrecht auf die Aktie zu sichern, ist es nicht vorteilhaft, den amerikanischen Call vorzeitig auszuüben. Der vereinbarte Kaufpreis der Aktie wird auch bei einem weiteren Kursanstieg nicht größer als K. Im Gegenteil, übt der Call-Besitzer frühzeitig aus und fällt der Aktienkurs dann während der verbliebenen Zeit, so dass er in $t=T$ unterhalb von K liegt, so wäre die Aktie beim späten Ausüben der Option in $t=T$ billiger zu erwerben gewesen. Solange der gewillte Aktienkäufer die Option noch nicht ausgeübt hat ist er gegen Kursschwankungen der Aktie abgesichert. Schlimmstenfalls läßt er in $t=T$ die Option wertlos verfallen, kann sich aber dann mit einem billigeren Kaufpreis der Aktie am Markt trösten. Außerdem würde er bei einem vorzeitigen Ausüben die Zinsen des zum Aktienerwerb bereitgehaltenen Geldes verlieren, die sich bei risikoloser Anlage bis $t=T$ ergeben.

Die letzte von uns hier angegebene Arbitragebeziehung ist das Analogon zu (PCP) für amerikanische Puts und Calls.

Satz 23 „Put-Call-Beziehung für amerikanische Optionen“

Unter den Voraussetzungen von Proposition 22 gilt:

$$P_1(t) - K \le C_A(t, P_1(t)) - P_A(t, P_1(t)) \le P_1(t) - K e^{-r(T-t)} . \qquad \text{(PCB)}$$

Beweis:

i) Die rechte Ungleichung in (PCB) folgt aus der Put-Call-Parität für europäische Optionen und den Beziehungen

$$C_A(t, P_1(t)) = C_E(t, P_1(t)) , \quad P_A(t, P_1(t)) \ge P_E(t, P_1(t)) .$$

ii) Zum Beweis der linken Ungleichung in (PCB) nehmen wir an, dass in einem Zustand $(t, P_1(t))$ die umgekehrte Beziehung gilt. Dann ist die Strategie

- „Kaufe den Call, verkaufe den Put, verkaufe eine Aktie für $P_1(t)$ leer, lege K Geldeinheiten zum risikolosen Zinssatz r an“

eine Arbitragstrategie, denn es gilt:

- die Kosten dieser Strategie betragen $C_A(t, P_1(t))-P_A(t, P_1(t))+P_1(t)-K<0$ nach obiger Annahme. Man hat also im Zeitpunkt t einen Gewinn gemacht.

- Wird der Put vor T ausgeübt, so muß der Halter obiger Strategie die Aktie zum Preis K erwerben. Er verwendet sie sofort zum Ausgleich des anfangs getätigten Aktienleerverkaufs. Danach besitzt er noch den Call sowie den nicht zum Aktienkauf benötigten Teil des risikolos angelegten Gelds. Außerdem darf man nicht vergessen, dass er schon im Zeitpunkt t einen positiven Gewinn erzielt hat.
- Wird der Put nicht vor T ausgeübt, gibt es die folgenden beiden Fälle:
  $P_1(T) \geq K$: Der Halter obiger Strategie kauft mit Hilfe des Calls die Aktie zum Preis K und gleicht mit ihr den Leerverkauf aus. Zusätzlich zum Anfangsgewinn hat er noch den nicht zum Aktienkauf benötigten Teil des risikolos angelegten Gelds.
  $P_1(T) < K$: In diesem Fall wird der Put ausgeübt werden. Zähneknirschend kauft er dann die Aktie zum Preis K und gleicht mit ihr den Leerverkauf aus. Zusätzlich zum Anfangsgewinn hat er weiterhin noch den nicht zum Aktienkauf benötigten Teil des risikolos angelegten Gelds.

III.5 Bewertung amerikanischer Optionen

Das überraschende Ergebnis des vorangegangenen Abschnitts bestand darin, dass allein anhand von Arbitrageüberlegungen gezeigt werden konnte, dass amerikanische und europäische Calls denselben Preis besitzen. Überraschend war das Ergebnis nicht zuletzt deshalb, weil somit die den amerikanischen Call charakterisierende Wahlmöglichkeit des Ausübungszeitpunktes quasi keinerlei Wert besitzt. Da dies für allgemeine amerikanische Optionen allerdings nicht der Fall ist, ist die explizite Bestimmung des fairen Preises einer amerikanischen Option um einiges schwieriger als im europäischen Fall.

Allgemeine Voraussetzungen für diesen Abschnitt

Wir betrachten ein Black-Scholes-Modell, d.h. $d=m=1$, b, r, σ konstant, $\sigma>0$.

Wir wollen zunächst einen amerikanischen Contingent Claim definieren und dabei der Einfachheit halber auf die Modellierung eines Auszahlungsratenprozesses verzichten.

Definition 24

Ein **amerikanischer Contingent Claim** besteht aus einem progressiv messbarem stochastischen Prozess $B=\{(B(t), F_t)\}_{t\in[0,T]}$ mit $B(t)\geq 0$ und einer Endzahlung $B(\tau)$ zur vom Halter des Contingent Claims gewählten Ausübungszeit $\tau\in[0,T]$ mit

- τ ist Stoppzeit,
- $E\left(\sup_{0\leq s\leq T}(B(s))^{\mu}\right)<\infty$ für ein $\mu>1$, (*)
- $\{(B(t), F_t)\}_{t\in[0,T]}$ besitzt stetige Pfade.

Beispiele

Paradebeispiele amerikanischer Contingent Claims sind der amerikanische Call auf eine Aktie mit Ausübungspreis K, d.h.

$$B(t)=(P_1(t)-K)^+$$

bzw. der entsprechende amerikanische Put

$$B(t)=(K-P_1(t))^+.$$

Hierbei können die Ausübungspreise K auch als stetige Funktionen gewählt werden.

Definition 25

a) Ein zulässiges Paar $(\pi,c)\in A(x)$ aus einem Portfolioprozess und einem Konsumprozess mit Vermögensprozess $X^{\pi}(t)\geq B(t)$ für alle $t\in[0,T]$ heißt eine **Hedging-Strategie** zum amerikanischen Contingent Claim B mit Preis $x>0$.

b) $H(x)$ sei die Menge der zum amerikanischen Contingent Claim B gehörigen Hedging-Strategien.

c) $\hat{p}=\inf\{\, x>0 \mid H(x)\neq\emptyset \,\}$ heißt **fairer Preis** des amerikanischen Contingent Claims B.

Bemerkungen

a) Es mag auf den ersten Blick überraschend sein, dass in a) nicht $X^{\pi}(t)=B(t)$ für alle $t\in[0,T]$ gefordert wird. Diese Forderung ist aber nur in entarteten Fällen erfüllbar. Mehr noch, die Existenz einer solchen Strategie (π, c) würde oft eine Arbitragestrategie darstellen. So müsste z.B. für einen Call, bei dem anfangs $P_1(0)<K$ gelten würde (also $B(t)=0$), $X^{\pi}(0)=0$ sein, aber zur Zeit der Ausübung τ nicht-negativ und mit positiver Wahrscheinlichkeit sogar strikt positiv sein (dann nämlich, wenn $P_1(\tau)>K$ gilt). Dagegen ist die Forderung $X^{\pi}(t)\geq(P_1(t)-K)^+$ (zumindest im Fall $r\geq 0$) erfüllbar, z.B. durch die Black-Scholes-Strategie für den Call (folgt aus der Identität der Preise eines amerikanischen und europäischen Calls).

b) Die für das Hauptergebnis der Optionsbewertung nach dem Duplikationsprinzip, Satz 5, entscheidenden Aussagen aus dem Satz über die Vollständigkeit des Marktes, Satz II.48, gelten aufgrund von (*) und des Satzes über „optional sampling", Satz II.13, auch dann, wenn man die Zeitpunkte T bzw. t durch eine Stoppzeit τ mit Werten in $[0,T]$ ersetzt. Wäre also die Stoppzeit τ bei einem amerikanischen Contingent Claim fest gewählt (oder vorgeschrieben), so erhielte man den Preis eines amerikanischen Contingent Claims als Korollar aus Satz 5 und Korollar 11 als

$$E\big(H(\tau)B(\tau)\big)=E_Q\left(\frac{1}{P_0(\tau)}B(\tau)\right),$$

wobei Q das eindeutige äquivalente Martingalmaß im Markt ist. Da nun der Käufer der Option bestrebt sein wird, eine optimale Strategie auszuwählen, ist es plausibel

$$\hat{p}=\sup_{\tau\in\Sigma_{0,T}} E\big(H(\tau)B(\tau)\big)$$

als Preis eines amerikanischen Contingent Claims B zu vermuten, wobei $\Sigma_{0,T}$ die Menge aller Stoppzeiten bzgl. $\{F_t\}_t$ mit Werten in $[0,T]$ bezeichnet. Tatsächlich gilt sogar der folgende Satz

Satz 26

Für den fairen Preis $\hat{p}$ eines amerikanischen Contingent Claims B gilt

$$\hat{p}=\sup_{\tau\in\Sigma_{0,T}} E\big(H(\tau)B(\tau)\big)=\sup_{\tau\in\Sigma_{0,T}} E_Q\big(e^{-r\tau}B(\tau)\big),$$

und es existieren eine Stoppzeit τ^* und eine zugehörige Hedging-Strategie $(\pi^*,0)$ für die das Supremum angenommen wird.

Bemerkungen zum Beweis:

Der Beweis folgt z.B. aus Satz 2.5.3 in Karatzas/Shreve (1998). Er erfordert allerdings technische Hilfsmittel wie z.B. die Snell-Einhüllende oder die Doob-Meyer-Zerlegung, die im Rahmen dieses Buches nicht bereit gestellt werden sollen. Die Hauptarbeit des Beweises steckt im Nachweis, dass

$$X(t) = \underset{\tau \in \Sigma_{t,T}}{ess\ sup}\ E_Q\left(e^{-r(T-\tau)} B(\tau) \middle| F_t\right)$$

ein Vermögensprozess zu einem geeigneten Portfolio-Prozess ist, wobei *ess sup* das wesentliche Supremum bezeichnet. $X(t)$ wird dann wieder als Bewertungsprozess von B bezeichnet. Da im Fall amerikanischer Optionen die Wahlmöglichkeit des Ausübungszeitpunktes besteht, liegt hier eine Asymmetrie zwischen Käufer und Verkäufer der Option vor. Wir zeigen aber mit einfachen Arbitrageargumenten, dass der obige Preis tatsächlich der einzige Preis von B ist, der keine Arbitragemöglichkeit gestattet.

Satz 27

Der faire Preis $\hat{p}$ des amerikanischen Contingent Claims B mit

$$\hat{p} = \sup_{\tau \in \Sigma_{0,T}} E\big(H(\tau)B(\tau)\big)$$

ist der einzige Preis x, der keine Arbitragemöglichkeiten zulässt.

Beweis:

i) Wir zeigen zunächst $\hat{p} \geq x$:

Würde der Preis x von B in $t=0$ die Ungleichung

$$\hat{p} < x$$

erfüllen, so wäre folgende Strategie eine Arbitragemöglichkeit:

- verkaufe den Contingent Claim für x,
- verfolge im Zeitintervall $[0,\rho] \subset [0,T]$ die Hedging-Strategie $(\pi^*,0)$ aus Satz 26 mit dem Startkapital $\hat{p} < x$. Dabei sei ρ eine beliebige vom Käufer des Contingent Claims zu wählende Stoppzeit,
- lege das übrige Geld $x - \hat{p}$ im Bond an,
- leiste zur Zeit ρ die Zahlung $B(\rho)$ an den Käufer des Contingent Claims,

- investiere ab $t=\rho$ das restliche Vermögen in den Bond.

Man beachte, dass zum Verfolgen dieser Strategie in $t=0$ kein Kapital nötig ist. Zum Zeitpunkt ρ erfüllt das Gesamtvermögen $X(\rho)$, das zur optimalen Hedging-Strategie gehört, aufgrund der Hedging-Eigenschaft

$$X(\rho) \geq B(\rho).$$

Da zusätzlich noch die Differenz $x-\hat{p}$ mittlerweile auf $(x-\hat{p})e^{r\rho}$ angewachsen (bzw. geschrumpft, falls $r<0$) ist, erhält man aus dem Verfolgen obiger Strategie ein positives Endvermögen und hat somit einen Arbitragegewinn erzielt.

ii) Wir zeigen $\hat{p} \leq x$:

Würde die Ungleichung

$$\hat{p} > x$$

gelten, so folgt sofort, dass der Kauf des Contingent Claims B zum Preis $x<\hat{p}$ und das Halten der negativen Position aus der optimalen Hedging-Strategie aus Satz 26, was $\hat{p}$ einbringt, eine Arbitragestrategie ergibt. Durch Ausüben der Option im optimalen Zeitpunkt τ^* erhält man gerade die Zahlung, die man braucht, um seine negative Position auszugleichen. Außerdem besitzt man noch die Differenz $(\hat{p}-x)e^{-r\tau^*}$ die man zu Beginn risikolos angelegt hatte. □

Aufgrund der beiden vorangegangen Sätze ist es nun auch klar, wie die optimale Ausübungszeit auszusehen hat:

Korollar 28

Es sei

$$X(t) = \underset{\tau \in \sum_{t,T}}{ess\,sup}\; E_Q\left(e^{-r(\tau-t)} B(\tau) \,\middle|\, F_t\right).$$

Dann ist

$$\tau^* = inf\left\{s \geq t \,\middle|\, X(s) = B(s)\right\}$$

eine optimale Ausübungszeit.

Bemerkung

Dieses Korollar besagt nichts anderes, als dass der innere Wert der Option, also den Wert, den man bei Ausübung der Option erzielen würde, im optimalen Ausübungszeitpunkt mit dem Optionspreis übereinstimmt.

Das Hauptproblem bei der Bewertung amerikanischer Contingent Claims besteht nun darin, dass in der Regel weder für $X(t)$ noch für τ^* explizite Darstellungen existieren. Selbst im einfachsten Fall des amerikanischen Puts ist man auf numerische Methoden angewiesen. Für weitere Resultate verweisen wir auf Myneni (1992).

Die Berechnung des fairen Preises $\hat{p}$ besteht nach Satz 26 aus der Lösung eines optimalen Stoppproblems. Für den Verlauf der optimalen erwarteten Zahlung eines solchen Problems als Funktion der Anfangsparameter $(t, P_1(t))$ existiert im Black-Scholes-Modell ein zur Charakterisierung des Preises europäischer Optionen als Lösung eines Cauchy-Problems analoges Ergebnis. Wir möchten es hier nur für den Spezialfall des amerikanischen Puts angeben und für weitere Hintergründe auf die Arbeit von Jaillet, Lamberton und Lapeyre (1990) verweisen.

Satz 29

Die folgende Variationsungleichung

$$u_t(t,x)+\frac{1}{2}\sigma^2\cdot u_{xx}(t,x)+\left(r-\frac{1}{2}\sigma^2\right)u_x(t,x)-ru(t,x)\leq 0$$

$$u(t,x)\geq\left(K-e^x\right)^+$$

$$\left(u(t,x)-\left(K-e^x\right)^+\right)\left(u_t(t,x)+\frac{1}{2}\sigma^2u_{xx}(t,x)+\left(r-\frac{1}{2}\sigma^2\right)u_x(t,x)-ru(t,x)\right)=0$$

$$u(T,x)=\left(K-e^x\right)^+$$

für $x\in\mathbf{R}$, $(t,x)\in[0,T]\times\mathbf{R}$,

besitzt eine eindeutige stetige Lösung $u(t, x)$, so dass ihre Ableitungen u_x, u_t, u_{xx} (die im Sinne von Distributionen existieren) lokal beschränkt sind. Für diese Lösung gilt

$$u(t,ln(x))=$$

$$\underset{\tau\in\sum_{t,T}}{ess\,sup}\,E_Q^{t,x}\left(e^{-r(\tau-t)}\left(K-x\cdot exp\left(\left(r-\frac{1}{2}\sigma^2\right)(\tau-T)+\sigma(W(\tau)-W(t))\right)\right)^+\right)$$

d.h. sie stimmt mit dem Preis eines amerikanischen Puts mit Laufzeit T und Ausübungspreis K überein.

III.6 Arbitrage, äquivalente Martingalmaße und Optionsbewertung

In den vorangegangenen Abschnitten war die Vollständigkeit des Marktmodells die wesentliche Eigenschaft, die zusammen mit Arbitrageargumenten die Optionsbewertung nach dem Duplikationsprinzip rechtfertigte. Viele explizite Rechnungen waren nur durch die spezielle Form der Wertpapierpreise möglich. Wir wollen in diesem Abschnitt einige allgemeine Aussagen über den Zusammenhang zwischen Arbitrage, äquivalenten Martingalmaßen, vollständigen Märkten und Optionsbewertung in unvollständigen Märkten machen. Hierbei sind die Ausführungen oft auch für viel allgemeinere Wertpapierpreismodelle richtig als für die von uns im Folgenden angenommenen.

Allgemeine Voraussetzungen für diesen Abschnitt

Wir betrachten einen Markt, auf dem d+1 Wertpapiere mit strikt positiven Preisen P_0(t),..., $P_d(t)$ gehandelt werden. Hierbei seien die Preise Itô-Prozesse bezüglich einer m-dimensionalen Brownschen Bewegung $\{(W_t, F_t)\}_{t\in[0,\infty)}$ mit $m \geq d$ auf (Ω, F, P), wobei $\{F_t\}_{t\in[0,\infty)}$ die Brownsche Filterung ist.

Um nun das Optionsbewertungsproblem in unserem verallgemeinerten Markt bearbeiten zu können, müssen noch einige Definitionen (wie z.B. die der Handelsstrategien) den neuen Bedingungen angepasst werden.

Bezeichnungen

Unter einer Handelsstrategie $\varphi(t)=(\varphi_0(t),...,\varphi_d(t))'$, $t\geq 0$, wollen wir einen $(d+1)$-dimensionalen progressiv messbaren Prozess verstehen, für den die stochastischen Integrale

$$\int_0^T \varphi_i(s)dP_i(s)\,,\ \int_0^T \varphi_i(s)d\hat{P}_i(s)\,,\ i=0,...,d$$

für alle $T\geq 0$ existieren, wobei

$$\hat{P}_i(t) := \frac{P_i(t)}{P_0(t)}$$

die (mit $P_0(t)$) diskontierten Preisprozesse bezeichnen. $\hat{P}_i(t)$ ist wegen der mehrdimensionalen Itô-Formel II.40 insbesondere wieder ein Itô-Prozess. Der Vermögensprozess $X(t)$ zur Handelsstrategie $\varphi(t)$ und die Bedingung, dass der Vermögensprozess selbst-finanzierend sein soll, seien wie gewohnt durch die Gleichung

$$X(t) = \sum_{i=0}^{d} \varphi_i(t) P_i(t) = x + \sum_{i=0}^{d} \int_0^t \varphi_i(s) dP_i(s) \quad P\text{-fast sicher, für alle } t \geq 0,$$

definiert, wobei wir in diesem Abschnitt der Einfachheit halber auf die Möglichkeit eines Konsumprozesses verzichten. Eine selbst-finanzierende Strategie soll wiederum zulässig heißen, wenn der zugehörige Vermögensprozess nicht-negativ ist. Der Diskontierungsprozess $P_0(t)$ wird in der Literatur oft als **Numeraire** bezeichnet. Es kann sich nun bei ihm um einen Bondpreis, einen Aktienpreis oder sogar den Wert eines Portfolios aus Wertpapieren handeln, solange er nur auf dem betrachteten Zeitraum strikt positiv ist.

Arbitrage und äquivalente Martingalmaße

Wir wollen nun zuerst den Zusammenhang zwischen der Existenz eines äquivalenten Martingalmaßes und der Nichtexistenz einer Arbitragemöglichkeit in unserem betrachteten Markt genauer beschreiben. Während die Definition einer Arbitragemöglichkeit der aus Abschnitt III.1 entspricht und deshalb hier nicht wiederholt wird, geben wir explizit die Definition eines äquivalenten Martingalmaßes an:

Definition 30

Ein auf (Ω, F_T) definiertes und zu P äquivalentes Wahrscheinlichkeitsmaß Q (d.h. P und Q besitzen die gleichen Nullmengen) heißt ein **äquivalentes Martingalmaß** für $P_0(t),..., P_d(t)$, falls die diskontierten Preise

$$\hat{P}_i(t) = \frac{P_i(t)}{P_0(t)}, \; i = 1,...,d, \;\; t \in [0, T]$$

Martingale bezüglich Q sind.

Proposition 31

Alle zu P äquivalenten Martingalmaße Q für $P_0(t),..., P_d(t)$ erhält man aus P durch eine Girsanov-Transformation mit einem m-dimensionalen progressiv messbaren stochastischen Prozess $\{(\theta(t), F_t)\}_{t \geq 0}$ wobei für alle $t \geq 0$

$$\int_0^t \theta_i^2(s)\, ds < \infty \text{ } P\text{-fast sicher, für } i=1,..,m,$$

gilt und $Z(t, \theta)$ – definiert wie in Exkurs 5 – Martingal bzgl. P ist. Insbesondere ergibt sich Q als

$$Q(A) := Q_T(A) := E\big(1_A \cdot Z(T,\theta)\big) \text{ für alle } A \in F_T.$$

Beweis: mit Hilfe einer geeigneten Variante von Lemma 9 und einer Modifikation des Beweises von Satz 10 (siehe Übung Ü.7). □

Die Existenz eines äquivalenten Martingalmaßes ist nun hinreichend dafür, dass im Markt keine Arbitragemöglichkeit existiert:

Satz 32 – „Martingalmaß ⇒ Arbitragefreiheit"

Falls ein äquivalentes Martingalmaß existiert, gibt es in dem durch die Preisprozesse $P_0(t),..., P_d(t)$ beschriebenen Markt keine Arbitragemöglichkeit.

Beweis:

i) Es sei

$$\hat{X}(t) := \frac{X(t)}{P_0(t)}$$

der zu einer Handelsstrategie $\varphi(t)$ gehörende diskontierte Vermögensprozess. Durch Anwendung der Itô-Formel auf obigen Quotienten läßt sich zeigen (vgl. Übung Ü.8):

$\varphi(t)$ ist selbst-finanzierend

⇔

$$\hat{X}(t) = \frac{x}{p_0} + \sum_{i=1}^{d} \int_0^t \varphi_i(s) d\hat{P}_i(s) \text{ } P\text{-fast sicher, für alle } t \in [0,T].$$

$$x := X(0),\ p_0 := P_0(0)$$

Man beachte hierzu insbesondere, dass ein zu P äquivalentes Martingalmaß Q existiert, das nach Proposition 31 durch eine Girsanov-Transformation darstellbar ist. Damit können alle $\hat{P}_i(t)$ nach dem Korollar II.53 zum Martingaldarstellungssatz als Itô-Integrale bzgl. $W^Q(t)$, der Q-Brownschen Bewegung, dargestellt werden. Ist $\varphi(t)$ sogar zulässig, also $X(t)\geq 0$, so ist $\hat{X}(t)$ ein nicht-negatives lokales Martingal bzgl. Q, und somit nach Satz II.17 ein Q-Super-Martingal.

ii) Sei nun $\varphi(t)$ zulässig und stelle eine Arbitragestrategie mit zugehörigem Vermögensprozess $X(t)$ dar. Wegen i) gilt dann

$$0 = \hat{X}(0) \geq E_Q\left(\hat{X}(T)\right), \tag{1}$$

wobei E_Q den Erwartungswert bezüglich Q bezeichnet. Da $\varphi(t)$ als Arbitragestrategie eine zulässige Handelsstrategie ist, ist also auch $\hat{X}(t)$ nicht-negativ, was zusammen mit der Beziehung (1) zu

$$Q\left(\hat{X}(T) > 0\right) = 0$$

führt, woraus wegen der Äquivalenz von P und Q dann auch

$$P\left(\hat{X}(T) > 0\right) = 0$$

folgt, was einen Widerspruch zur Annahme der Existenz einer Arbitragestrategie darstellt. □

Die Gegenrichtung zum obigen Satz, „Nichtexistenz von Arbitragemöglichkeiten impliziert die Existenz eines äquivalenten Martingalmaßes" gilt nur unter zusätzlichen Bedingungen an die Handelsstrategien. Der Beweis dieser Richtung geht über den hier behandelten Stoff hinaus. Wir verweisen deshalb auf Delbaen und Schachermayer (1994) und die dort zitierten Referenzen. Die in diesem Artikel bewiesene Äquivalenzbeziehung zwischen der Existenz eines äquivalenten Martingalmaßes und der Nichtexistenz von Arbitragemöglichkeiten (eines gewissen Typs) wird als „Fundamental Theorem of Asset Pricing“ bezeichnet.

Äquivalente Martingalmaße und Vollständigkeit des Marktes

In dem in den vorangegangenen Abschnitten betrachteten vollständigen Marktmodell existierte genau ein äquivalentes Martingalmaß. Dies war kein Zufall sondern ein Spezialfall eines tieferen Zusammenhangs. Um im Folgenden die Bewertung von Contingent Claims untersuchen zu können, benötigen wir etwas stärkere Integrierbarkeitsvoraussetzungen als im vollständigen Marktmodell der vorangegangenen Abschnitte.

Definition 33

a) Ein **Contingent Claim** B ist eine nicht-negative F_T-messbare Zufallsvariable mit

$$E_Q\left(\frac{1}{P_0(T)}\cdot B\right)<\infty$$

für alle zu P äquivalenten Martingalmaße Q.

b) Der Contingent Claim B heißt **erreichbar**, falls eine zulässige Handelsstrategie $\varphi(t)$ existiert mit zugehörigem Vermögensprozess $X(t)$ und

$$B=X(T)\ P\text{-fast sicher},$$

so dass $\hat{X}(t)=X(t)/P_0(t)$ ein Martingal bezüglich einem äquivalenten Martingalmaß Q ist.

Man beachte, dass in Teil b) bereits implizit die Existenz eines äquivalenten Martingalmaßes Q gefordert wird. Der Beweis des folgenden Satzes benötigt eine Vielzahl von Hilfsmitteln, die wir in diesem Buch nicht bereitstellen können. Er ist z.B. in Harrison und Pliska (1981,1983) zu finden.

Satz 34

Der betrachtete Finanzmarkt ist genau dann vollständig (d.h. jeder Contingent Claim ist erreichbar), wenn in ihm genau ein äquivalentes Martingalmaß Q existiert.

Optionsbewertung in unvollständigen Märkten

Ein Markt, in dem nicht jeder Contingent Claim erreichbar ist, heißt **unvollständig**. Ursachen für Unvollständigkeit eines Marktes können z.B. sein

- Handelsbeschränkungen wie das Verbot, in eine bestimmte Aktie zu investieren,
- zusätzliche Zufallsschwankungen in den Marktkoeffizienten wie z.B. stochastische Volatilität (d.h. die Volatilität $\sigma(t)$ ist z.B. ebenfalls ein Itô-Prozess, der allerdings nicht bezüglich der von den Wertpapierpreisen erzeugten Filterung progressiv messbar ist).

Typischerweise ist in einem unvollständigen Fall die σ-Algebra F_T größer als die von den durch zulässige Handelsstrategien erzielbaren Endvermögen

$$X(T) = x + \sum_{i=0}^{d} \int_0^T \varphi_i(s) dP_i(s)$$

erzeugte σ-Algebra. In einem solchen unvollständigen Markt hat das Duplikationsargument aus Abschnitt III.2 nur noch begrenzte Reichweite.

Satz 35 – „Preise erreichbarer Contingent Claims"

Der eindeutige Preisprozess $X^*(t)$ eines erreichbaren Contingent Claims B ist durch

$$X^*(t) = E_Q\left(\frac{P_0(t)}{P_0(T)} B \,\middle|\, F_t\right) \quad \text{für } t \in [0,T]$$

gegeben, wobei Q ein äquivalentes Martingalmaß wie in Definition 33 b) ist.

***Beweis*:**

Es sei $\varphi(t)$ eine Duplikationsstrategie zu B. Dann gilt für den zugehörigen Vermögensprozess $X(t)$:

$$X(T) = B \;\; P\text{-fast sicher.} \tag{2}$$

Da wegen Satz 32 unser Markt arbitragefrei ist, muß deshalb auch

$$X^*(t) = X(t) \;\; P\text{-fast sicher, für alle } t \in [0,T] \tag{3}$$

gelten. Nach Definition der Erreichbarkeit von B ist $\hat{X}(t)$ ein Q-Martingal. Also folgt mit (2) und (3):

$$\begin{aligned} X^*(t) &= X(t) = P_0(t)\, \hat{X}(t) \\ &= P_0(t)\, E_Q\left(\hat{X}(T) \,\middle|\, F_t\right) = E_Q\left(\frac{P_0(t)}{P_0(T)} B \,\middle|\, F_t\right). \end{aligned}$$

□

Für nicht-erreichbare Contingent Claims ist der vorausgegangene Satz bedeutungslos. Wir wollen hierzu ein einfaches Beispiel für einen nicht-erreichbaren Contingent Claim in einem unvollständigen Markt betrachten.

Beispiel: Ein nicht-erreichbarer Contingent Claim

Wir betrachten den Black-Scholes-Markt mit konstanten Koeffizienten und $d=m=2$. Unserem Investor sei es nicht erlaubt, die zweite Aktie zu halten. Dies kann auch dahingehend interpretiert werden, dass die zweite Aktie ein nicht-handelbares Gut ist wie z.B. ein Marktindex. Für unseren Investor liegt somit ein

Black-Scholes-Markt mit $d=1$ und $m=2$ vor. Er sei aber in der Lage, bestimmte Optionen auf das nicht-handelbare Wertpapier zu handeln. Speziell betrachten wir die folgende Option mit Endzahlung

$$B = 1_{\{P_1(T) \geq P_2(T)\}}$$

Man berechnet nun leicht mit Hilfe von Korollar 11 und Proposition 13 (vgl. Übung Ü.9), dass im (für unseren Investor fiktiven) vollständigen Markt mit $d=m=2$ der eindeutige Preis $X_B(t)$ und die zugehörige Duplikationsstrategie $(\varphi_0(t), \varphi_1(t), \varphi_2(t))$ durch

$$X_B(t) = e^{-r(T-t)} \Phi(d(t)),$$

$$\varphi_1(t) = e^{-r(T-t)} \frac{1}{\sqrt{\left((\sigma_{11}-\sigma_{21})^2+(\sigma_{12}-\sigma_{22})^2\right)(T-t)}} \frac{1}{P_1(t)} \varphi(d(t)),$$

$$\varphi_2(t) = -e^{-r(T-t)} \frac{1}{\sqrt{\left((\sigma_{11}-\sigma_{21})^2+(\sigma_{12}-\sigma_{22})^2\right)(T-t)}} \frac{1}{P_2(t)} \varphi(d(t)),$$

$$\varphi_0(t) = (X_B(t) - \varphi_1(t)P_1(t) - \varphi_2(t)P_2(t)) \,/\, P_0(t),$$

mit

$$d(t) := \frac{\ln\left(P_1(t)/P_2(t)\right) - 1/2\left(\sigma_{11}^2 + \sigma_{12}^2 - \sigma_{21}^2 - \sigma_{22}^2\right)(T-t)}{\sqrt{\left((\sigma_{11}-\sigma_{21})^2 + (\sigma_{12}-\sigma_{22})^2\right)(T-t)}}$$

gegeben sind (wobei $\varphi(x)$ die Dichte der Standard-Normalverteilung bezeichnet). Insbesondere benötigt man also das zweite, nicht-handelbare Wertpapier zur Duplikation von B. Da die Duplikationsstrategie aber eindeutig ist (siehe Satz II.48), ist somit B für unseren Investor nicht erreichbar. Für ihn liegt deshalb ein unvollständiger Markt vor.

Im Folgenden werden wir zeigen, dass man mit Hilfe äquivalenter Martingalmaße auch in solch unvollständigen Märkten arbitragefreie Preise für Optionen festsetzen kann. Allerdings ist aufgrund der fehlenden Duplikationsmöglichkeit bei nicht-erreichbaren Optionen keine Eindeutigkeit des Preises gegeben.

Satz 36 „Optionspreis und äquivalente Martingalmaße“

Es seien Q ein äquivalentes Martingalmaß zu P und B ein (beliebiger, nicht notwendig erreichbarer) Contingent Claim. Setzt man

$$X_B^Q(t) := E_Q\left(\frac{P_0(t)}{P_0(T)} B \mid F_t\right)$$

als Preis des Contingent Claim fest, so existiert im Wertpapiermarkt, der aus den d+1 ursprünglichen Wertpapieren und dem Contingent Claim gebildet wird, keine Arbitragemöglichkeit.

Beweis:

Da man nach Proposition 31 alle äquivalenten Martingalmaße Q aus P durch eine Girsanov-Transformation erhält, ist

$$Y_Q(t) := \frac{X_B^Q(t)}{P_0(t)}$$

insbesondere ein Brownsches Martingal bzgl. Q. Aus Korollar 53 zum Martingaldarstellungssatz folgt insbesondere, dass $Y_Q(t)$ ein Itô-Prozess bzgl. Q ist. Inversion der Girsanov-Transformation zeigt, dass damit $Y_Q(t)$ auch ein Itô-Prozess bezüglich P ist. Der obige Markt in der Behauptung des Satzes hat somit die Form unseres allgemeinen Marktmodells, in dem wir den Contingent Claim als (d+1).Aktie auffassen. Da Q dann auch äquivalentes Martingalmaß in diesem Markt ist (beachte, dass der Preis des Contingent Claims gerade so definiert wurde!), folgt aus Satz 32 die Arbitragefreiheit des Marktes. □

Beispiel: Ein nicht-erreichbarer Contingent Claim (Fortsetzung)

Für unseren Investor im obigen Black-Scholes-Markt mit $d=1$, $m=2$ gibt es nun eine ganze Familie äquivalenter Martingalmaße. Offenbar lässt sich

$$Y(t) := \frac{P_1(t)}{P_0(t)}$$

$$= \frac{P_1(0)}{P_0(0)} \cdot exp\left(\left(b_1 - r - \tfrac{1}{2}\left(\sigma_{11}^2 + \sigma_{12}^2\right)\right)t + \sigma_{11}W_1(t) + \sigma_{12}W_2(t)\right) \tag{4}$$

mittels Einführung der Prozesse

$$W_1^a(t) := W_1(t) + a\frac{b_1 - r}{\sigma_{11}}t \ , \ W_2^a(t) := W_2(t) + (1-a)\frac{b_1 - r}{\sigma_{12}}t \ ,$$

auf die Gestalt

$$Y(t) = \frac{P_1(0)}{P_0(0)} \cdot exp\left(-\tfrac{1}{2}\left(\sigma_{11}^2 + \sigma_{12}^2\right)t + \sigma_{11} W_1^a(t) + \sigma_{12} W_2^a(t)\right) \tag{5}$$

bringen. $\{(W_i^a(t), F_t)\}_t$, i=1,2, sind offensichtlich wieder Brownsche Bewegungen. Hierbei nehmen wir oBdA $\sigma_{11} \neq 0 \neq \sigma_{12}$ an (Wäre z.B $\sigma_{12} = 0$, so wäre durch $a = 1$ und eine beliebige Girsanov-Transformation bezüglich $W_2(t)$ ein äquivalentes Martingalmaß bestimmt). Wir nehmen außerdem $P_0(0) = 1$ an.
Das über den Satz von Girsanov zu den oben eingeführten neuen Brownschen Bewegungen gehörende Wahrscheinlichkeitsmaß Q^a ist offenbar ein zu P äquivalentes Martingalmaß für $P_0(t)$, $P_1(t)$ für beliebiges reelles a. Anwendung der Itô-Formel auf das Produkt $Z(t) \cdot Y(t)$, wobei $Z(t)$ Dichteprozess eines beliebigen zu P äquivalenten Wahrscheinlichkeitsmaßes ist, zeigt (analog zum Beweis von Lemma 9, vgl. auch Proposition 31), dass alle zu P für $P_0(t)$, $P_1(t)$ äquivalente Martingalmaße die Gestalt Q^a für ein reelles a besitzen müssen. Nach Satz 36 erhalten wir somit einen arbitragefreien Optionspreis durch die Festsetzung

$$X_B^a(0) = E_{Q^a}\left(\frac{1}{P_0(T)} B \middle| F_0\right) = e^{-rT} \Phi\left(d^a(0)\right)$$

mit

$$d^a(0) := \frac{ln\left(p_1/p_2\right) + \left(r - b_2 - \left(a\frac{\sigma_{21}}{\sigma_{11}} + (1-a)\frac{\sigma_{22}}{\sigma_{12}}\right)(b_1 - r) - \tfrac{1}{2}\left(\sigma_{11}^2 + \sigma_{12}^2 - \sigma_{21}^2 - \sigma_{22}^2\right)\right)T}{\sqrt{\left((\sigma_{11} - \sigma_{21})^2 + (\sigma_{12} - \sigma_{22})^2\right)T}}$$

für ein beliebiges, aber dann fest gewähltes reelles a, $p_1 = P_1(0)$, $p_2 = P_2(0)$. Wir nehmen weiter $b_1 > r$ an. Wegen $\sigma_{11} \neq 0 \neq \sigma_{12}$ und $\text{Det}(\sigma) \neq 0$ sieht man aus obiger Darstellung des Preises sofort, dass gilt:

$$\frac{\sigma_{21}\sigma_{12} - \sigma_{22}\sigma_{11}}{\sigma_{11}\sigma_{12}} > 0 \Rightarrow \lim_{a\to\infty} X_B^a(0) = 0 \text{ und } \lim_{a\to-\infty} X_B^a(0) = e^{-rT},$$

$$\frac{\sigma_{21}\sigma_{12} - \sigma_{22}\sigma_{11}}{\sigma_{11}\sigma_{12}} < 0 \Rightarrow \lim_{a\to\infty} X_B^a(0) = e^{-rT} \text{ und } \lim_{a\to-\infty} X_B^a(0) = 0.$$

Es wird also insbesondere der gesamte Preisbereich $(0, e^{-rT})$, den man aus einfachen Arbitrageüberlegungen (beachte hierzu: $0 \leq B \leq 1$) erhält, tatsächlich durch alle Martingalmaße bzw. ihre zugehörigen Optionspreise ausgeschöpft.

Die Situation des obigen Beispiels ist typisch für unvollständige Märkte. Zwar läßt sich der Bereich arbitragefreier Preise durch Arbitrageüberlegungen einkreisen, doch bleibt in der Regel ein Intervall mit nicht-leerem Inneren als Menge möglicher Preise als Verhandlungsspielraum zwischen Käufer und Verkäufer der Option. Übersichten über Kriterien zur Auswahl eines bestimmten äquivalenten Martingalmaßes (womit dann auch der Optionspreis eindeutig festgelegt wäre !) wie z.B. des minimalen Martingalmaßes, des Esscher Maßes oder des varianzoptimalen Martingalmaßes findet man z.B. in Bingham und Kiesel (1998) oder Grünewald (1998).

Eine Sonderstellung unter den äquivalenten Martingalmaßen nimmt das sogenannte minimale Martingalmaß ein. Es wurde von Föllmer und Schweizer in Föllmer und Schweizer (1991) eingeführt und seither intensiv in verschiedenen Anwendungen im Bereich der Optionsbewertung untersucht. Wir werden deshalb auch in diesem Abschnitt noch näher auf dieses Maß eingehen. Im hier betrachteten Markt ist es identisch mit dem sogenannten werterhaltenden Maß (siehe Korn (1998)). Für eine Einführung in die Theorie der werterhaltenden Portfolio-Optimierung sei auf Hellwig (1993), Wiesemann (1995) oder Korn (1997) verwiesen.

Hedging von Optionen in unvollständigen Märkten

Da man in unvollständigen Märkten nicht-erreichbare Contigent Claims per Definition nicht duplizieren kann, will man sich zumindest möglichst gut gegen das Risiko, das aus ihrem Kauf/Verkauf entsteht, absichern. Man bezeichnet diese Absicherungstätigkeit als „Hedging“ und die zugehörige Handelsstrategie als „Hedging-Strategie" oder auch kurz als „Hedge“. Da bei Existenz einer Duplikationsstrategie das durch den Kauf/Verkauf einer Option entstandene Risiko vollständig durch Verfolgen der Duplikationsstrategie eliminiert werden kann, bezeichnet man diese auch als einen „perfekten Hedge“.

Wie bereits erwähnt liegt der Grund für die Unvollständigkeit in unserem Markt meist darin, dass die Dimension der Brownschen Bewegung größer als d ist. Es liegt eine ähnliche Situation wie bei der linearen Regression vor. Der Raum der F_T-messbaren, nicht-negativen, quadrat-integrierbaren Zufallsvariablen ist von größerer Dimension als der Raum der durch zulässige Handelsstrategien erzeugbaren Endvermögen. Ähnlich dem Vorgehen bei der linearen Regression („Methode der kleinsten Quadrate“) kann man einen nicht-erreichbaren Contingent Claim auf den Raum der erreichbaren Contingent Claims projizieren. Dies wird in Schweizer (1992) (und vielen weiteren Arbeiten des gleichen Autors) mit Hilfe von Hilbertraum-Projektionstechniken und unter Verwendung der Föllmer-Schweizer-Zerlegung und des minimalen Martingalmaßes durchgeführt. Eine weitere Alternative ist der von Föllmer und Sondermann (1986) begründete Ansatz der Risiko-Minimierung. Bei ihm werden – unter der Annahme, dass die Wertpapierpreise bereits Martingale sind – nicht-selbst-finanzierende Duplikationsstrategien betrachtet. Genauer: die Differenz

$$C_\varphi(t) := \sum_{i=0}^{d} \varphi_i(t) P_i(t) - \left(x + \sum_{i=0}^{d} \int_0^t \varphi_i(s)\, dP_i(s) \right)$$

sei ein Martingal mit $E(C_\varphi(t))=0$, und es gelte die Duplikations-Eigenschaft

$$B = \sum_{i=0}^{d} \varphi_i(T) \cdot P_i(T). \tag{6}$$

Während es im vollständigen Markt möglich ist, mit einer Duplikationsstrategie einen „Kostenprozess" von $C_\varphi(t)\equiv 0$ zu erzielen, ist dies bei einem nicht-erreichbaren Contingent Claim bei gleichzeitiger Forderung von (6) nicht möglich. Föllmer und Sondermann minimieren statt dessen den Prozess des „verbliebenen Risikos"

$$R_\varphi(t) := E\left(\left(C_\varphi(T) - C_\varphi(t) \right)^2 \middle| F_t \right)$$

zukünftiger Kosten für alle $t \in [0,T]$. Eine zugehörige minimierende Strategie wird als risikominimierend bezeichnet. Für den Fall, dass die Wertpapierpreise keine Martingale sind, mussten Föllmer und Schweizer (1991) den Begriff risikominimierend geeignet modifizieren. Es existiert im Allgemeinen nämlich nur noch eine sogenannte „lokal risikominimierende" Strategie. Auch bei der Lösung dieses Problems sind die Föllmer-Schweizer-Zerlegung und das minimale Martingalmaß die entscheidenden theoretischen Hilfsmittel.

III.7 Marktnumeraire und Numeraire-Invarianz

In Abschnitt III.2 wurde gezeigt, dass sich der Wert einer Option im vollständigen Markt immer als der mit $P_0(t)$ diskontierte Erwartungswert der Endzahlung B unter dem eindeutigen äquivalenten Martingalmaß Q berechnen lässt (wir wollen hier auf die Berücksichtigung des Auszahlungsprozesses $g(t)$ verzichten). In Satz 36 konnte gezeigt werden, dass die Berechnung dieses abgezinsten Erwartungswerts unter einem beliebigen äquivalenten Martingalmaß auf einen – wenn auch nicht eindeutigen – arbitragefreien Preis für die Option führt. Zwar erscheint dem in sicheren Werten denkenden Menschen ein Vergleich einer sicheren Zahlung (also einer, die sich aus dem Besitz des Bonds ergibt) mit einer unsicheren in Bezug auf die Bewertung eben dieser durchaus sinnvoll, aber andererseits ist dieser Vergleich doch recht willkürlich. Als weitere vergleichbare Investitionen bieten sich nämlich auch noch die Aktie(n) sowie alle zulässigen Kombinationen aus Bond und Aktie(n) an, deren zugehöriger Vermögensprozess strikt positiv ist. Allgemeiner kann man als Diskontierungsprozess einen strikt positiven Itô-Prozess $\{Y(t), F_t\}_{t\in[0,T]}$ wählen. Wir bezeichnen einen solchen Prozess auch als **Numeraire**. Es stellen sich in diesem Zusammenhang dann die Fragen:

- Wirkt sich ein Numerairewechsel (d.h. die Wahl eines anderen Numeraire als $P_0(t)$) auf den Optionspreis sowie seine Berechnung aus ?
- Existiert ein Numeraire, so dass sich der/ein fairer Preis einer Option bereits als mit diesem Numeraire diskontierter Erwartungswert der Endzahlung B bezüglich dem „Originalmaß" P ergibt ?

Wir werden diese Fragen im Wesentlichen im vollständigen Modell der Abschnitte III.2-5 beantworten.

Allgemeine Voraussetzungen für diesen Abschnitt

Wir betrachten das vollständige Marktmodell aus Abschnitt II.3 mit $d=m$.

Aufgrund unserer Vorgehensweise, die Optionsbewertung nach dem Duplikationsprinzip zunächst ohne Verwendung des Begriffs Martingalmaß einzuführen, ergibt sich als Kandidat für die zweite Problemstellung wegen Satz 5 sofort der Prozess

$$\frac{1}{H(t)} = exp\left(\int_0^t \left(r(s) + \tfrac{1}{2}\|\theta(s)\|^2\right)ds + \int_0^t \theta(s)'\, dW(s)\right).$$

Mit Hilfe der Produktregel, Korollar II.41, und der stochastischen Differentialgleichungen der Wertpapierpreise rechnet man sofort nach, dass $H(t)\cdot P_i(t)$ für $i=0,..,d$ Martingale bezüglich P sind. Mehr noch, $1/H(t)$ ist der Vermögensprozess zum zulässigen Paar $(\pi,c) = (\sigma(t)^{-1}(b(t)-r(t)\cdot \underline{1}),0) \in A(1)$ (siehe Übungsaufgabe II.Ü.10). D.h. dieser Numeraire ist durch geeigneten Handel am Markt darstellbar. Man spricht daher auch von einem **Marktnumeraire** oder einem **Numeraireportfolio** (vgl. Long (1990)). Zusammenfassend erhalten wir:

Satz 37

Im vollständigen Marktmodell aus Abschnitt II.3 ist $1/H(t)$ der eindeutige Numeraire, so dass die mit ihm diskontierten Preisprozesse $H(t)\cdot P_i(t)$ für i=0,..,d Martingale bezüglich P sind.

Beweis:

Nach den Vorbemerkungen ist lediglich die Eindeutigkeitsaussage zu zeigen. Da ein Numeraire ein strikt positiver Itô-Prozess bezüglich $\{F_t\}_t$ ist, kann er gemäß

$$dY(t) = Y(t)\Big(\mu_Y(t)\,dt + \sigma_Y(t)'\,dW(t)\Big)$$

dargestellt werden, wobei $\mu_Y(t)$ ein reellwertiger und $\sigma_Y(t)$ ein $\mathbf{R}^d$-wertiger Prozess (mit geeigneten Integrierbarkeitsbedingungen) ist. Anwendung der Produktregel II.41 liefert:

$$d\left(\frac{P_0(t)}{Y(t)}\right) = \frac{P_0(t)}{Y(t)}\Big(\big(r(t) - \mu_Y(t) + \sigma_Y(t)'\,\sigma_Y(t)\big)\,dt - \sigma_Y(t)'\,dW(t)\Big), \tag{1}$$

$$d\left(\frac{P_i(t)}{Y(t)}\right) = \frac{P_i(t)}{Y(t)}\Big(\big(b_i(t) - \mu_Y(t) + \sigma_Y(t)'\,\sigma_Y(t) - \sigma_{i.}(t)\sigma_Y(t)\big)\,dt \tag{2}$$

$$+\left(\sigma_{i.}(t) - \sigma_Y(t)'\right)dW(t)\Big)\ ,\ i=1,\ldots,d,$$

wobei $\sigma_{i.}(t)$ die i. Zeile der Volatilitätsmatrix $\sigma(t)$ bezeichnet. Damit die Quotienten $P_i(t)/Y(t)$ P-Martingale sind, müssen notwendigerweise alle oben auftretenden Driftterme verschwinden. Aus (1) folgt dann

$$\mu_Y(t) = r(t) + \sigma_Y(t)'\,\sigma_Y(t) \tag{3}$$

Setzt man dies in die Driftterme aus (2) für i=1,...,d ein, so erhält man das Gleichungssystem

$$b(t) - r(t) = \sigma(t)\sigma_Y(t)$$

woraus sich

$$\sigma_Y(t) = \sigma(t)^{-1}\big(b(t) - r(t)\big) = \theta(t)$$

und

$$\mu_Y(t) = r(t) + \theta(t)'\,\theta(t)$$

ergeben. Damit genügt aber $Y(t)$ derselben linearen stochastischen Differentialgleichung wie $1/H(t)$, und die Eindeutigkeitsaussage folgt aus dem Satz II.42 über die Variation der Konstanten. □

Bemerkung

Allgemein versteht man unter einem Numeraire-Portfolio einen selbst-finanzierenden Portfolioprozess mit zugehörigem strikt positiven Vermögensprozess $X(t)$ (mit $X(0)=1$), so dass die mit $X(t)$ diskontierten Wertpapierpreise $P_i(t)/X(t)$ (lokale) Martingale bzgl. dem ursprünglichen Maß P sind. Man kann auch in allgemeinen Marktmodellen zeigen, dass ein Numeraireportfolio, falls es existiert, eindeutig ist (siehe z.B. Becherer (1998)).

Um die erste Frage zu präzisieren, wollen wir zunächst noch einmal darauf hinweisen, dass unser im vollständigen Markt berechneter Optionspreis $E(H(T)B)$ eigentlich zunächst überhaupt nichts mit der Frage nach einem Numeraire zu tun hatte. Der Numeraire $P_0(t)$ kam erst „künstlich" durch Einführung des Martingalmaßes Q ins Spiel, um den berechneten Optionspreis zu interpretieren. Man kann deshalb auch die erste Frage im vollständigen Marktmodell wie folgt umformulieren:

- Existiert im vollständigen Marktmodell zu einem gegebenen Numeraire $Y(t)$ ein zu P äquivalentes Martingalmaß Q_Y mit

$$E_{Q_Y}\left(\frac{Y(t)}{Y(T)}B \,\middle|\, F_t\right) = E\left(\frac{H(T)}{H(t)}B \,\middle|\, F_t\right) \tag{4}$$

  für alle Contingent Claims B, $t \in [0,T]$?

Die Antwort ergibt sich eigentlich direkt aus der Gleichheit der obigen Erwartungswerte. Gäbe es nun ein solches äquivalentes Martingalmaß Q_Y, dann müsste für die strikt positive Radon-Nikodym-Ableitung von Q_Y nach P,

$$Z_Y(T) = \frac{dQ_Y}{dP},$$

wegen (4) und der Äquivalenz von Q_Y und P auf F_t auch

$$Z_Y(t) = H(t)\cdot Y(t) \quad P\text{-fast sicher, für alle } t \in [0,T] \tag{5}$$

gelten. Da $Y(t)$ ein strikt positiver Itô-Prozess ist, kann man ihn folgendermaßen darstellen

$$dY(t) = Y(t)\Big(\mu_Y(t)\,dt + \sigma_Y(t)'\,dW(t)\Big).$$

Mit der Produktregel II.41 angewendet auf (5) ergibt sich, dass der Prozess $Z_Y(t)$ der stochastischen Differentialgleichung

$$dZ_Y(t) = Z_Y(t)\Big(\big(\mu_Y(t) - r(t) - \theta(t)'\,\sigma_Y(t)\big)\,dt + \big(\sigma_Y(t)' - \theta(t)'\big)\,dW(t)\Big) \tag{6}$$

genügen muss.

Nach Proposition 31 sind alle zu P äquivalenten Martigalmaße durch eine Girsanov-Transformation darstellbar mit einem Dichteprozess $Z(t)$, der bzgl. P Martingal ist. Notwendige (aber nicht hinreichende) Bedingung für die P-Martingaleigenschaft unserer obigen Dichte $Z_Y(t)$ ist das Verschwinden des Driftterms in Gleichung (6), also die Gültigkeit von

$$\mu_Y(t) - r(t) = \theta(t)'\,\sigma_Y(t). \tag{7}$$

Ist $Y(t)$ ein Vermögensprozess zu einem zulässigen Paar $(\pi, c) \in A(y)$ für ein $y>0$, so folgt aus der expliziten Form der Vermögensgleichung (VG) (siehe Abschnitt II.2), dass die Gleichheit in (7) gilt. Für ein solches $Y(t)=Y^{\pi}(t)$ mit zugehörigem Portfolioprozess $\pi(t)$ gilt dann

$$\mu_Y(t) = r(t) + \pi'(t)\big(b(t) - r(t)\cdot\underline{1}\big),$$

$$\sigma_Y(t)' = \pi(t)'\,\sigma(t),$$

$$dZ_Y(t) = Z_y(t)\underbrace{\Big(\pi(t)'\,\sigma(t) - \big(b(t) - r(t)\big)\sigma^{-1}(t)'\Big)}_{=:\ \theta_\pi(t)'}\,dW(t)$$

$$= Z_Y(t)\theta_\pi(t)'\,dW(t).$$

Ist nun $Z_Y(t)$ tatsächlich ein P-Martingal, was z.B. für beschränkte Prozesse $\theta_\pi(t)$ erfüllt ist, so ist nach dem Satz von Girsanov der Prozess

$$W_Y(t) := W(t) - \int_0^t \theta_\pi(s)ds$$

eine Brownsche Bewegung bezüglich Q_Y. Anwendung der Itô-Formel auf die Quotienten $P_i(t)/Y(t)$ ergibt wegen dieser Definition und der speziellen Form von $\mu_Y(t)$, $\sigma_Y(t)$ und $\theta_\pi(t)$:

$$d\left(\frac{P_0(t)}{Y(t)}\right) = -\frac{P_0(t)}{Y(t)}\sigma_Y(t)'\,dW_Y(t),$$

$$d\left(\frac{P_i(t)}{Y(t)}\right)=\frac{P_i(t)}{Y(t)}\left(\sigma_{i.}(t)-\sigma_Y(t)'\right)dW_Y(t),$$

d.h. sie sind Q_Y-lokale Martingale, wobei z.B. für konstante Marktkoeffizienten und einen konstanten Portfolio-Prozess aus der Novikov-Bedingung bzw. Proposition 8 sogar ihre Q_Y-Martingalität folgt. Natürlich gibt es eine weit größere Klasse von Portfolio-Prozessen und schwächere Bedingungen an die Marktkoeffizienten, so dass der Prozess $Z_Y(t)$ ein P-Martingal ist und die Quotienten $P_i(t)/Y(t)$ Q_Y-Martingale sind. Wir wollen aber das Aufstellen allgemeinerer, hinreichender Bedingungen dem Leser überlassen und formulieren statt dessen den folgenden Satz, der sich aus unserer vorangegangenen Diskussion ergibt:

Satz 38 „Numeraire-Invarianz im vollständigen Markt"

Wir betrachten das vollständige Marktmodell aus Abschnitt II.3 mit konstanten Marktkoeffizienten, $r(t)=r$, $b(t)=b$, $\sigma(t)=\sigma>0$. Dann gelten:

a) Für alle konstanten Portfolio-Prozesse $\pi(t)=\pi$ ist der Prozess $Z_Y(t)$

$$Z_Y(t)=H(t)\cdot Y^{\pi}(t)$$

ein P-Martingal, wobei $Y^{\pi}(t)$ der zu π gehörige Vermögensprozess ist. Das zugehörende Wahrscheinlichkeitsmaß Q_Y mit

$$Z_Y(T)=\frac{dQ_Y}{dP}$$

ist eindeutiges äquivalentes Martingalmaß für die mit $Y^{\pi}(t)$ abgezinsten Preisprozesse.

b) Für den fairen Preis $\hat{p}$ eines Contingent Claims B mit $E(B^{\mu})<\infty$ für ein $\mu>1$ gilt:

$$\hat{p}=E\big(H(T)B\big)=E_{Q_Y}\left(\frac{1}{Y_{\pi}(T)}B\right),$$

falls $Y^{\pi}(t)$ der Numeraire aus a) ist.

Bemerkungen

a) Wie nach den eingangs gemachten Äußerungen zu erwarten war, ändert sich der Preis eines Contingent Claims unter einem (hinreichend gutartigen) Numerairewechsel nicht, sondern erhält lediglich eine andere Darstellung. Allerdings bringt ein Numerairewechsel bei der tatsächlichen Berechnung bestimmter Optionspreise oft rechentechnische Vorteile. Ein konkretes Beispiel stellt die Berechnung des Preises einer indizierten Option im nächsten Kapitel dar.

b) In allgemeinen unvollständigen Märkten gestaltet sich die Situation etwas vielschichtiger als im oben behandelten vollständigen Modell. Da dort der Preis bei nicht-erreichbaren Contingent Claims nicht eindeutig bestimmt ist, existiert zu einem Numeraire eine ganze Familie von äquivalenten Wahrscheinlichkeitsmaßen. Einen Überblick über die in dieser Situation vorhandenen Resultate findet man z.B. in Musiela/Rutkowski (1997).

Übungsaufgaben

Ü.1 Man bestimme unter der Annahme des Black-Scholes-Modells jeweils die fairen Preise für die im Folgenden durch ihre Payoff-Diagramme gegebenen Optionen. (Hinweis: Man interpretiere die Payoff-Profile als Linearkombination geeigneter Puts und Calls.)

a) Butterfly-Spread mit mittlerem Basispreis $2K$

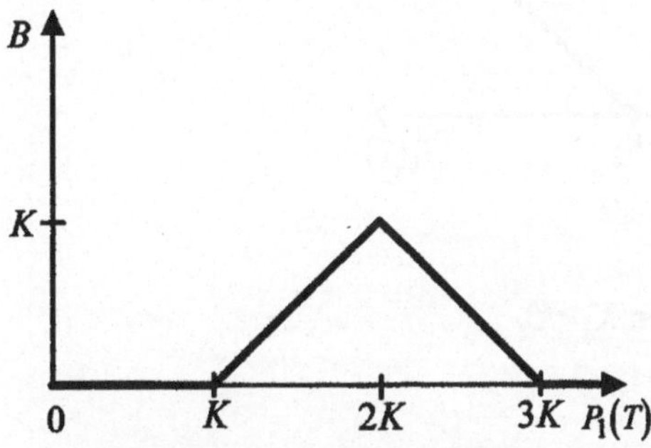

Bild III.5 Butterfly-Spread

b) Straddle mit Basispreis K

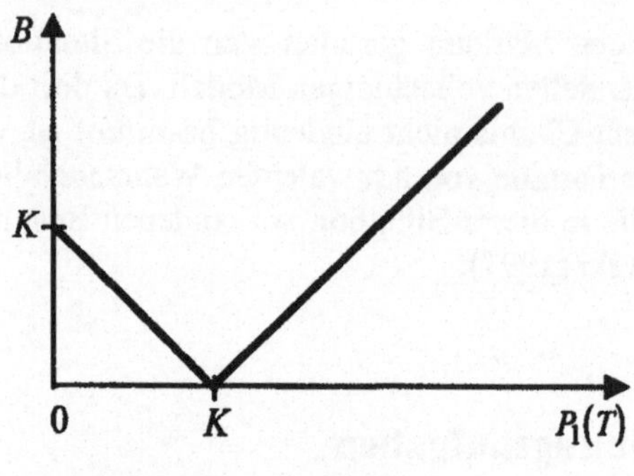

Bild III.6 Straddle

c) Strangle mit Basispreisen $K_1<K_2$

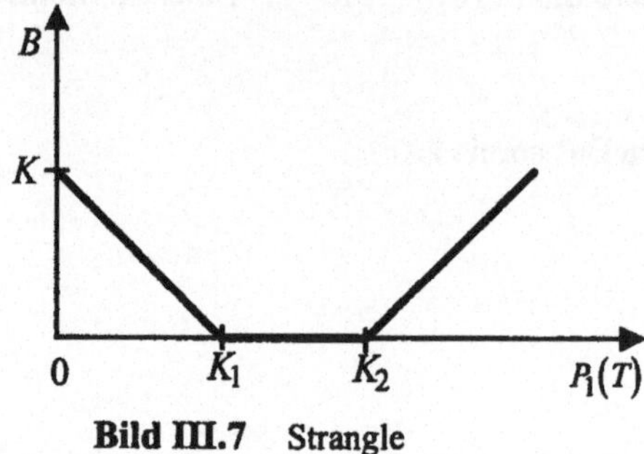

Bild III.7 Strangle

d) Bull-Spread mit Basispreisen $K_1<K_2$

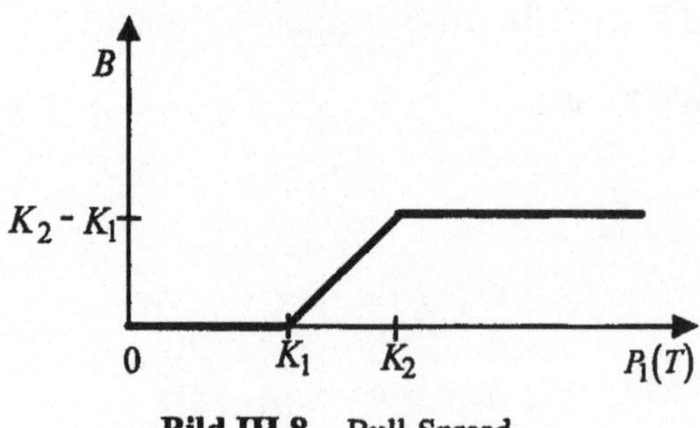

Bild III.8 Bull-Spread

Ü.2 Man zeige, dass die folgenden Beziehungen für den Preis $X_C(t)$ einer europäischen Call-Option gelten:

a) $X_C(t)$ fällt in t

b) $X_C(t)$ wächst in r

c) $X_C(t)$ wächst in $P_1(t)$

d) $X_C(t)$ wächst in σ für $\sigma>0$

Ü.3 Man berechne den Wert einer europäischen Call-Option mit Hilfe des äquivalenten Martingalmaßes und zwar im

a) Black-Scholes-Modell

b) Marktmodell mit d=2, $\sigma = \begin{pmatrix} \sigma_{11} & \sigma_{12} \\ \sigma_{21} & \sigma_{22} \end{pmatrix}$, wobei der Call nur für die erste Aktie gelte, d.h. die Endzahlung beträgt $B = \left(P_1(T) - K\right)^+$.

Ü.4 Es sei

$$\varphi(t,x) = \frac{1}{\sqrt{2\pi t}} exp\left(-\frac{x^2}{2t}\right)$$

a) Man zeige, dass $\varphi(t, x)$ eine Lösung der partiellen Differentialgleichung

$$u_t = \frac{1}{2} u_{xx}$$

ist.

b) Man zeige, dass das Problem

$$u_t(t,x) = u_{xx}(t,x) \quad (t, x) \in [0,\infty) \times \mathbf{R}$$
$$u(0,x) = g(x) \quad x \in \mathbf{R}$$

für beschränktes g durch

$$u(t,x) = E\left(g\left(\sqrt{2t} \cdot Y + x\right)\right)$$

mit $Y \sim N(0,1)$ gelöst wird.

Ü.5 Man beweise Proposition 19 b).

Ü.6 Man beweise Proposition 20 b).

Ü.7 Man beweise Proposition 31.

Ü.8 Man zeige: Mit den Bezeichnungen und Annahmen aus Abschnitt III.6 gilt für eine Handelsstrategie $\varphi(t)$:

$$\varphi(t) \text{ ist selbst-finanzierend} \Leftrightarrow \hat{X}(t) = \frac{x}{p_0} + \sum_{i=1}^{d} \int_0^t \varphi_i(s)\, d\hat{P}_i(s) \ P\text{-fast sicher,}$$

für alle $t \in [0, T]$.

(vgl. Beweis von Satz 32)

Ü.9 Man berechne im zweidimensionalen Black-Scholes-Modell den fairen Preis des Contingent Claims mit der Auszahlung

$$B = 1_{\{P_1(T) \geq P_2(T)\}}.$$

Ü.10 „Black-Scholes-Formel mit Dividendenrate"

Falls eine Aktie eine Dividendenrate $\delta P_1(t)$ für ein $\delta > 0$ pro Zeiteinheit auszahlt, so modelliert man ihren Preis im Black-Scholes-Modell als Lösung von

$$dP_1(t) = P_1(t)\big((b-\delta)\, dt + \sigma\, dW(t)\big),$$
$$P_1(0) = p.$$

Man zeige, dass dann für den Preis $C(t, P_1(t))$ eines europäischen Call mit Ausübungspreis K auf die Aktie gilt:

$$C(t, P_1(t)) = e^{-\delta(T-t)} P_1(t) \Phi(\delta_1(t)) - e^{-r(T-t)} K \Phi(\delta_2(t)),$$

wobei

$$\delta_1(t) = \frac{ln\left(P_1(t)/K\right) + \left(r - \delta + \frac{1}{2}\sigma^2\right)(T-t)}{\sigma\sqrt{T-t}}, \quad \delta_2(t) = \delta_1(t) - \sigma\sqrt{T-t}.$$

Hinweis: Man imitiere entweder die Vorgehensweise im Abschnitt III.2 und beachte, dass das Verfolgen der Strategie $\varphi_1(t)$ zu einer erhaltenen Dividendenzahlung auf $[0, T]$ von

$$\int_0^T \delta P_1(t)\, dt$$

führt, oder man imitiere die Vorgehensweise in Abschnitt III.3, leite das Cauchy-Problem

$$C_t + \tfrac{1}{2}\sigma^2 p^2 C_{pp} + (r-\delta)pC_p - rC = 0$$
$$C(t,p) = (p-K)^+$$

her und verifiziere, dass $C(t, p)$ wie oben dieses Problem löst.

Ü.11 „Garman-Kohlhagen-Modell für Devisenoptionen"

Im Garman-Kohlhagen-Modell wird der Wechselkurs $S(t)$ zwischen der inländischen und einer ausländischen Währung (z.B. Dollar/DM) in Einheiten der inländischen Währung als Lösung von

$$dS(t) = \mu\, dt + \sigma\, dW(t),\ S(0)=s$$

für $\mu,\sigma \in \mathbf{R}$ modelliert. Die risikolose Zinsrate im Inland betrage r_I, die im Land der Fremdwährung betrage r_F. Man zeige, dass unter diesen Annahmen ein europäischer Call mit Restlaufzeit $T-t$ und Ausübungspreis K den Preis

$$C(t,S(t)) = exp(-r_F(T-t))S(t)\Phi(\gamma_1(t)) - K\, exp(-r_I(T-t))\Phi(\gamma_2(t))$$

mit

$$\gamma_1(t) = \frac{ln\left(S(t)/K\right) + \left(r_I - r_F + \frac{1}{2}\sigma^2\right)(T-t)}{\sigma\sqrt{T-t}},\quad \gamma_2(t) = \gamma_1(t) - \sigma\sqrt{T-t}\,.$$

in Einheiten der Inlandswährung besitzt.
Hinweis: Interpretiere die Preisentwicklung einer Einheit der Fremdwährung gemessen in inländischer Währung als die einer Aktie mit Dividendenrate und wende Aufgabe 9 an.

Ü.12 Man berechne den Preis der Option „Aktie oder nichts", die durch die Endzahlung

$$B = P_1(T)\cdot 1_{\{P_1(T)\geq K\}}$$

gegeben ist, im eindimensionalen Black-Scholes-Modell.

Ü.13 a) Man berechne im eindimensionalen Black-Scholes-Modell sowohl das Delta als auch das Gamma eines europäischen Calls und eines europäischen Puts mit Laufzeit T und Ausübungspreis K auf eine Aktie.

b) Ein Investor halte im eindimensionalen Black-Scholes-Modell einen europäischen Call mit Laufzeit T_1 und Ausübungspreis K_1. Ihm stehen desweiteren europäische Puts mit Laufzeiten T_2 bzw. T_3 und Ausübungspreisen von jeweils K_1 bzw. K_2 zur Verfügung.

Man bestimme die zu haltenden Anzahlen $\varphi_1(t)$, $\varphi_2(t)$ der beiden verschiedenen Puts zur Zeit t, so dass das Portfolio – bestehend aus dem einen Call sowie den Anteilen der beiden Puts – sowohl deltaneutral als auch gammaneutral ist.

Ü.14 Man zeige im Black-Scholes-Modell, dass die absolute Preisänderung einer europäischen Call-Option in Abhängigkeit vom Preis der zugrunde liegenden Aktie betragsmäßig geringer ist als die der Aktie selbst. Die zugehörige relative Preisänderung der Option ist hingegen größer als die der Aktie.

Hinweis: Betrachte C_p und den Quotienten $p \cdot C_p / C$, wobei C den Callpreis und C_p seine partielle Ableitung nach p bezeichnet.

Kapitel IV: Bewertung exotischer Optionen und numerische Verfahren

Innerhalb dieses Kapitels wollen wir einige Typen von Optionen vorstellen, die sich von einfachen Puts und Calls unterscheiden. Wir fassen sie unter dem Oberbegriff „exotische Optionen" zusammen, den wir im Folgenden noch weiter unterteilen werden. Oft können wir bei diesen Optionen den Bewertungsprozess weder durch explizite Bestimmung des allgemeinen Erwartungswertes in Satz III.5 berechnen noch durch Lösen des zugehörigen Cauchy-Problems in analytisch geschlossener Form darstellen. Zur Berechnung der Preise solcher Optionen muss man dann effiziente numerische Verfahren entwickeln. Wir unterteilen dieses Kapitel deshalb in die Behandlung exotischer Optionen mit geschlossener Darstellung des Optionspreises und in die Präsentation einiger populärer numerischer Verfahren für exotische Optionen, bei denen keine geschlossene Darstellung des Optionspreises bekannt ist. Zum Nachweis der Konvergenz dieser Verfahren benötigen wir einige Grundlagen der Theorie der schwachen Konvergenz stochastischer Prozesse, die wir innerhalb dieses Kapitels als Exkurs bereitstellen werden.

Allgemeine Voraussetzungen für dieses Kapitel

Soweit nichts anderes explizit angenommen wird, betrachten wir hier ein Black-Scholes-Modell mit $d=m$ (in der Regel $d=1$) und konstanten Koeffizienten b, r, σ, $\sigma>0$ bzw. regulär. Wir übernehmen dann die Voraussetzungen von Kapitel II, Abschnitt II.2, Seite 64.

Alle auftretenden Optionen seien vom europäischen Typ.

Beispiele exotischer Optionen

Dieser kurze Überblick soll weder vollständig noch systematisch sein, er soll lediglich einen ersten Eindruck der Vielfalt der Optionstypen vermitteln. So gibt es beispielsweise Optionen auf Minimum oder Maximum des Aktienkurses wie z.B. den „europäischen Call auf das Maximum einer Aktie", der durch die Endzahlung

$$B=\left(\max_{0\le t\le T} P_1(t)-K\right)^+$$

gegeben ist. In vielen Varianten treten sogenannte Barriere-Optionen am Markt auf. Solche Optionen verfallen bei Erreichen einer Barriere wertlos oder aber haben nur dann einen Wert, wenn die Barriere vor dem Endzeitpunkt T erreicht wird. Es gibt z.B. folgende Möglichkeiten:

$$B = \left(P_1(T) - K_1\right)^+ \cdot 1_{\left\{\min\limits_{0 \le t \le T} P_1(t) > K_2\right\}}$$ „Down-and-Out-Call"

$$B = \left(P_1(T) - K_1\right)^+ \cdot 1_{\left\{\min\limits_{0 \le t \le T} P_1(t) \le K_2\right\}}$$ „Down-and-In-Call"

$$B = \left(P_1(T) - K_1\right)^+ \cdot 1_{\left\{\min\limits_{0 \le t \le T} P_1(t) > K_2,\, \max\limits_{0 \le t \le T} P_1(t) < K_3\right\}}$$ „Double-Barriere-Call"

mit $K_2 < K_1 < K_3$. Bei Average-Optionen ist der Ausübungspreis entweder ein geometrisches oder ein arithmetisches Mittel oder der zugrunde liegende Preisprozess ist ein Durchschnittspreis. Typische Beispiele hierfür sind:

$$B = \left(P_1(T) - \frac{1}{T}\int_0^T P_1(s)\,ds\right)^+$$ „Asiatische Option"

$$B = \left(\frac{1}{T}\int_0^T P_1(s)\,ds - K\right)^+$$ „Fixed-Strike-Average"

$$B = \frac{1}{T}\left(\int_0^T \left(P_1(T) - K\right)^+ dt\right)$$

Verwendung des äquivalenten Martingalmaßes

Da im Black-Scholes-Modell für den Preis einer europäischen Option mit Endzahlung B aufgrund von Korollar III.11 immer

$$\hat{p} = E_Q\left(e^{-rT} B\right)$$

gilt, wobei Q das zu P äquivalente Martingalmaß ist und E_Q den Erwartungswert bzgl. Q darstellt, können wir bei unseren folgenden Berechnungen immer oBdA annehmen, dass das subjektive Maß P gleich dem Martingalmaß ist. Damit nehmen wir an, dass die Gleichungen der Aktienpreise wie folgt lauten:

$$dP_i(t) = P_i(t)\left(r\,dt + \sum_{i=1}^{d} \sigma_{ij}\, dW_j(t) \right), \; i=1,\ldots,d. \tag{1}$$

Dies gestattet uns, im Folgenden alle Optionspreise bzgl. P und der durch (1) gegebenen Form der Aktienpreise zu berechnen.

IV.1 Exotische Optionen mit expliziten Preisformeln

Wir stellen in diesem Abschnitt einige exotische Optionen vor, deren Preise sich explizit berechnen lassen. Für weitere exotische Optionen und deren Preise verweisen wir auf Zhang (1997).

a) Pfadunabhängige Optionen auf eine Aktie

Digital- oder Binäroptionen

Die Endzahlungen von Binärcall bzw. Binärput in $t=T$ mit Schranke K sind gegeben durch

$$B_d^{Call} = 1_{\{P_1(T)>K\}},$$

$$B_d^{Put} = 1_{\{P_1(T)<K\}},$$

d.h. ist der Endpreis $P_1(T)$ der Aktie größer – „Call" – (bzw. kleiner – „Put" –) als die Schranke K ist, erhält der Halter der Option im Fall des Digitalcalls (bzw. des Digitalputs) eine Geldeinheit in $t=T$. Als Preise dieser Optionen erhält man (siehe Kapitel III.2, S.118):

$$X_d^{Call}(t) = e^{-r(T-t)}\Phi\big(d_2(t)\big), \qquad \text{„Digital-Call"}$$

$$X_d^{Put}(t) = e^{-r(T-t)}\Phi\big(-d_2(t)\big), \qquad \text{„Digital-Put"}$$

mit

$$d_2(t) = \frac{ln\left(\frac{P_1(t)}{K}\right) + \left(r - \frac{1}{2}\sigma^2\right)(T-t)}{\sigma\sqrt{T-t}},$$

wobei Φ Verteilungsfunktion der Standard-Normalverteilung. Allgemein versteht man unter Digitaloptionen Optionen mit nicht-stetigen Endzahlungen. So gesehen gehören auch einige im Folgenden vorgestellte Optionstypen zur Klasse der Digitaloptionen.

Gap-Optionen

Die Endzahlungen einer Gap-Option sind durch

$$B_{Gap}^{Call} = \left(P_1(T) - G\right) \cdot 1_{\{P_1(T) \geq K\}},$$

$$B_{Gap}^{Put} = \left(G - P_1(T)\right) \cdot 1_{\{P_1(T) \leq K\}}$$

gegeben, wobei im Allgemeinen $G \neq K$ mit $G, K \geq 0$ gilt. So wird also z.B. beim Gap-Call die Differenz zwischen $P_1(T)$ und G gezahlt, wenn $P_1(T)$ den Wert K überschreitet. Man beachte, dass die Auszahlung beim Call nur für $G \leq K$ fast sicher nicht-negativ ist. Es kann hier tatsächlich die Situation eintreten, dass der Inhaber der Option sowohl beim Kauf als auch beim Verfall der Option etwas zahlen muss. Dieser Contingent Claim kann also, anders als in der Definition III.3, auch zu einer negativen Endzahlung führen. Da sie nach unten beschränkt ist, sind alle Sätze zur Optionsbewertung weiterhin anwendbar. Zur Illustration der Endzahlung geben wir noch folgende Payoff-Diagramme für den Gap-Call. Wir unterscheiden die Fälle $G \geq K$ und $G < K$:

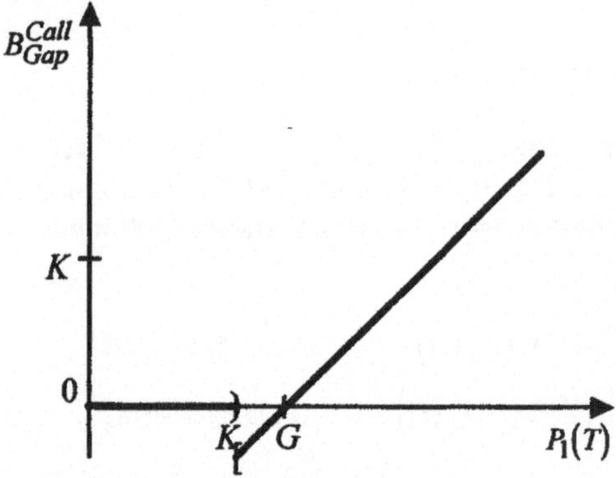

Bild IV.1 Payoff-Diagramm eines Gap-Call mit $G \geq K$

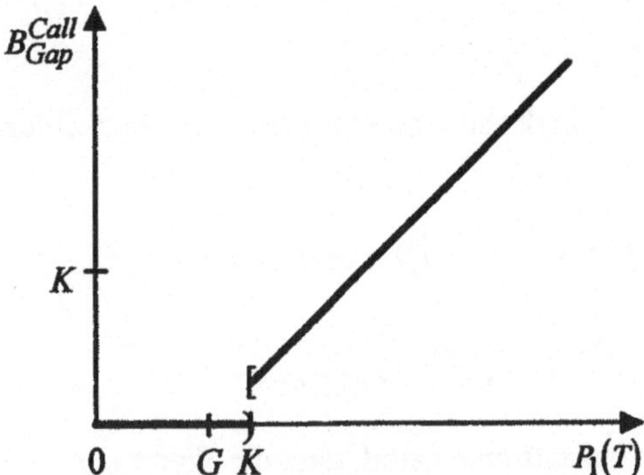

Bild IV.2 Payoff-Diagramm eines Gap-Call mit $G<K$

Beachtet man, dass man die Endzahlungen der Gap-Option zerlegen kann in

$$B_{Gap}^{Call} = B^{Call} - (G-K) \cdot B_d^{Call} \text{ mit } B^{Call} = \left(P_1(T) - K\right)^+ ,$$

$$B_{Gap}^{Put} = B^{Put} - (K-G) \cdot B_d^{Put} \text{ mit } B^{Put} = \left(K - P_1(T)\right)^+ ,$$

wobei die auftretenden Calls, Puts und Digitals jeweils zum Ausübungspreis (bzw. zur Schranke) K gehören. Unter Verwendung der Preisformeln für die Calls, Puts und Digitals (siehe Korollar III.6) erhalten wir:

$$\begin{aligned} X_{Gap}^{Call}(t) &= X^{Call}(t) - (G-K) \cdot X_d^{Call}(t) \\ &= P_1(t)\Phi(d_1(t)) - G \cdot e^{-r(T-t)}\Phi(d_2(t)), \end{aligned}$$

$$\begin{aligned} X_{Gap}^{Put}(t) &= X^{Put}(t) - (K-G) \cdot X_d^{Put}(t) \\ &= -P_1(t)\Phi(-d_1(t)) + G \cdot e^{-r(T-t)}\Phi(-d_2(t)), \end{aligned}$$

mit

$$d_1(t) = \frac{ln\left(\frac{P_1(t)}{K}\right) + \left(r + \frac{1}{2}\sigma^2\right)(T-t)}{\sigma\sqrt{T-t}} , \quad d_2(t) = d_1(t) - \sigma\sqrt{T-t} .$$

Paylater-Optionen

Paylater-Optionen sind eng verwandt mit Gap-Optionen. Ihre Endzahlungen sind gegeben durch

$$B_{PL}^{Call} = \left(P_1(T) - \left(K + D^{Call}\right)\right) \cdot 1_{\{P_1(T) \geq K\}},$$

$$B_{PL}^{Put} = \left(\left(K - D^{Put}\right) - P_1(T)\right) \cdot 1_{\{P_1(T) \leq K\}},$$

wobei D^{Call}, D^{Put} jeweils so zu bestimmen sind, dass die Werte der Paylater-Optionen in $t=0$ gleich Null sind. Fasst man D^{Call}, D^{Put} als Prämie für die Option auf, so ist diese erst am Laufzeitende zu zahlen (deshalb „Paylater"-Option) und auch nur dann, wenn der zugehörige Call bzw. Put den Wert K erreicht. Die Endzahlungen kann man nun analog zu den Gap-Optionen zerlegen in

$$B_{PL}^{Call} = B^{Call} - D^{Call} \cdot B_d^{Call}, \tag{2}$$

$$B_{PL}^{Put} = B^{Put} - D^{Put} \cdot B_d^{Put}. \tag{3}$$

Damit erhält man mit den bereits bekannten Preisen und den Forderungen

$$X_{PL}^{Call}(0) = 0 \ , \ X_{PL}^{Put}(0) = 0$$

die Werte für D^{Call}, D^{Put} als

$$D^{Call} = \frac{X^{Call}(0)}{X_d^{Call}(0)} \ , \ D^{Put} = \frac{X^{Put}(0)}{X_d^{Put}(0)}.$$

Einsetzen dieser Werte in (2) und (3) ergibt die Preise für die Paylater-Calls und Puts

$$X_{PL}^{Call}(t) = P_1(t) \cdot \Phi(d_1(t)) - \frac{p_1 \cdot \Phi(d_1(0))}{\Phi(d_2(0))} \Phi(d_2(t)) \cdot e^{rt},$$

$$X_{PL}^{Put}(t) = -P_1(t) \cdot \Phi(-d_1(t)) + \frac{p_1 \cdot \Phi(-d_1(0))}{\Phi(-d_2(0))} \Phi(-d_2(t)) \cdot e^{rt}.$$

Man beachte, dass Paylater-Optionen zwar in $t=0$ kostenlos sind, aber keine Arbitragemöglichkeit darstellen, da auch negative Endzahlungen möglich sind. Deshalb können die Preise der Paylater-Option während ihrer Laufzeit auch negativ werden.

Zusammengesetzte Optionen („Compound Options")

Mit dem Kauf einer zusammengesetzten Option erwirbt man das Recht, in $t=T$ eine andere Option mit Ausübungszeitpunkt $T_1 \geq T$ zum Ausübungspreis K zu kaufen bzw. zu verkaufen. Man unterscheidet die folgenden vier Fälle:

$$B_{com}^{CC} = \left(X^{Call}(T) - K\right)^+, \quad \text{„Call auf Call"}$$

$$B_{com}^{CP} = \left(X^{Put}(T) - K\right)^+, \quad \text{„Call auf Put"}$$

$$B_{com}^{PC} = \left(K - X^{Call}(T)\right)^+, \quad \text{„Put auf Call"}$$

$$B_{com}^{PP} = \left(K - X^{Put}(T)\right)^+, \quad \text{„Put auf Put"}$$

wobei die auftretenden Calls und Puts jeweils einen Ausübungspreis K_1 besitzen, der im Allgemeinen von K verschieden ist. Wir konzentrieren uns hier nur auf die Bestimmung des Preises eines Calls auf einen Call. Die restlichen Fälle können analog behandelt werden. Wir zeigen zunächst die folgende Proposition

Proposition 1

a) Zu $K>0$ und zur Laufzeit T_1 des Calls mit Ausübungspreis K_1, $T_1 \geq T$, existiert ein eindeutig bestimmtes $p^*>0$, $p^* := P_1(T)$, mit

$$X^{Call}(T) = X^{Call}\left(T, p^*\right) = K.$$

b) Mit den Bezeichnungen

$$g_1(t) = \frac{ln\left(\frac{P_1(t)}{p^*}\right) + \left(r + \frac{1}{2}\sigma^2\right)(T-t)}{\sigma\sqrt{T-t}}, \quad g_2(t) = g_1(t) - \sigma\sqrt{T-t},$$

$$h_1(t) = \frac{ln\left(\frac{P_1(t)}{K_1}\right) + \left(r + \frac{1}{2}\sigma^2\right)(T_1-t)}{\sigma\sqrt{T_1-t}}, \quad h_2(t) = h_1(t) - \sigma\sqrt{T_1-t},$$

gilt für den Preis eines Calls auf einen Call

$$X_{com}^{CC}(t) = P_1(t)\Phi^{(\rho_1)}\big(g_1(t), h_1(t)\big) - K_1 e^{-r(T_1-t)}\Phi^{(\rho_1)}\big(g_2(t), h_2(t)\big) - Ke^{-r(T-t)}\Phi\big(g_2(t)\big),$$

für $t \in [0, T]$, wobei $\Phi^{(\rho)}(x, y)$ die Verteilungsfunktion einer bivariaten Standard-Normalverteilung mit Korrelationskoeffizient ρ ist und

$$\rho_1 := \sqrt{\frac{T-t}{T_1-t}}, \text{ d.h. } \begin{pmatrix} X \\ Y \end{pmatrix} \sim N\left(\begin{pmatrix} 0 \\ 0 \end{pmatrix}, \begin{pmatrix} 1 & \rho_1 \\ \rho_1 & 1 \end{pmatrix}\right).$$

Beweis:

a) Aus der expliziten Form der Black-Scholes-Formel ergeben sich:

$$\lim_{P_1(T)\downarrow 0} X^{Call}\big(T, P_1(T)\big) = 0, \tag{4}$$

$$\lim_{P_1(T)\uparrow +\infty} X^{Call}\big(T, P_1(T)\big) = +\infty \tag{5}$$

für $T \le T_1$. Der erste Grenzwert folgt hierbei aus den trivialen Schranken 0 und $P_1(T)$ für $X^{Call}(T, P_1(T))$. Die zweite Grenzwertaussage gilt, da

$$\frac{d}{dp} X^{Call}(T, p) = \Phi\big(d_1(T)\big)$$

nicht nur positiv ist, sondern sogar in p wächst. Aus (4) und (5) folgt mit dem Zwischenwertsatz die Existenz eines p^* aus Behauptung a).

b) Für $t \le T$ gilt

$$X_{com}^{CC}(t) = E^{t, P_1(t)}\left(e^{-r(T-t)} B_{com}^{CC}\right)$$

$$= \frac{1}{\sqrt{2\pi(T-t)}} \int_{\tilde{w}}^{\infty} e^{-\frac{x^2}{2(T-t)}} \cdot e^{-r(T-t)} \left(X^{Call}\left(T, P_1(t) e^{\left(r - \frac{1}{2}\sigma^2\right)(T-t) + \sigma x} \right) - K \right) dx$$

mit

$$\tilde{w} = \frac{1}{\sigma} \cdot \left(ln\left(\frac{p^*}{P_1(T)}\right) - \left(r - \frac{1}{2}\sigma^2\right)(T-t) \right).$$

Mit Hilfe der expliziten Form von $X^{Call}(T, p)$ erhält man

$$X_{com}^{CC}(t) = I_1 - I_2 - I_3$$

mit

$$I_1 = P_1(t) \int_{\tilde{w}}^{\infty} \frac{1}{\sqrt{2\pi(T-t)}} e^{-\frac{x^2}{2(T-t)}} e^{\sigma x - \frac{1}{2}\sigma^2 (T-t)} \Phi(a)\, dx ,$$

$$I_2 = \int_{\tilde{w}}^{\infty} \frac{1}{\sqrt{2\pi(T-t)}} e^{-\frac{x^2}{2(T-t)}} e^{-r(T_1-t)} K_1 \Phi(b)\, dx ,$$

$$I_3 = \int_{\tilde{w}}^{\infty} \frac{1}{\sqrt{2\pi(T-t)}} e^{-\frac{x^2}{2(T-t)}} e^{-r(T-t)} K\, dx .$$

wobei

$$a = \frac{\sigma x + ln\left(\frac{P_1(t)}{K_1}\right) + \left(r + \frac{1}{2}\sigma^2\right)(T_1 - t) + \left(r - \frac{1}{2}\sigma^2\right)(T - t)}{\sigma\sqrt{T_1 - T}} ,$$

$$b = \frac{\sigma x + ln\left(\frac{P_1(t)}{K_1}\right) + \left(r - \frac{1}{2}\sigma^2\right)(T_1 - t)}{\sigma\sqrt{T_1 - T}} .$$

Analog zur Berechnung der Black-Scholes-Formel folgt sofort

$$I_3 = Ke^{-r(T-t)} \Phi\left(\frac{ln\left(\frac{P_1(t)}{p^*}\right) + \left(r - \frac{1}{2}\sigma^2\right)(T-t)}{\sigma\sqrt{T-t}} \right) .$$

Für die Berechnung von I_1 und I_2 ist Lemma 2 sehr nützlich. Mit seiner Hilfe erhält man

$$I_1 = P_1(t)\Phi^{(\rho_1)}\left(g_1(t), h_1(t)\right) .$$

Ausklammern von $K_1 e^{-r(T_1-t)}$ aus I_2 und Anwendung von Lemma 2 liefert

$$I_2 = K_1 e^{-r(T_1-t)} \cdot \Phi^{(\rho_1)}\left(g_2(t), h_2(t)\right) .$$

Die vielen, aber recht einfachen Zwischenrechnungen überlassen wir dem Leser (siehe Übung Ü.1). □

Lemma 2

Sind X und Y unabhängige Zufallsvariablen mit

$$X \sim N\left(\mu, \sigma^2\right),\ Y \sim N(0,1)$$

so gilt für $\tilde{x}$, $\alpha, \beta \in \mathbf{R}$, $\alpha > 0$:

$$\int_{\tilde{x}}^{\infty} \varphi_{\mu,\sigma^2}(x) \cdot \Phi(\alpha x + \beta)\, dx = P(X \geq \tilde{x}, Y \leq \alpha X + \beta) = P(X \geq \tilde{x}, Z \leq \beta),$$

wobei

$$(X, Z) \sim N\left(\begin{pmatrix} \mu \\ -\alpha\mu \end{pmatrix}, \begin{pmatrix} \sigma^2 & -\alpha\sigma^2 \\ -\alpha\sigma^2 & 1+\alpha^2\sigma^2 \end{pmatrix}\right).$$

Dabei ist φ_{μ,σ^2} die Dichte der Normalverteilung mit Erwartungswert μ und Varianz σ^2.

Bemerkung

a) Analog erhält man für den Wert eines Puts auf einen Call:

$$X_{com}^{PC}(t) = -P_1(t)\Phi^{(\rho_2)}\left(-g_1(t), h_1(t)\right) + K_1 e^{-r(T_1-t)}\Phi^{(\rho_2)}\left(-g_2(t), h_2(t)\right)$$
$$+ K e^{-r(T-t)}\Phi\left(-g_2(t)\right)$$

für $t \in [0, T]$, mit

$$\rho_2 := -\sqrt{\frac{T-t}{T_1-t}}.$$

b) Ist für einen Put mit Ausübungspreis K_1 und Ausübungszeitpunkt T_1 der Wert p^* durch

$$X^{Put}\left(T, p^*\right) = K$$

für ein festes $K>0$ gegeben, so erhält man analog die Preisformeln für einen Call auf diesen Put bzw. den Put auf diesen Put, jeweils mit Ausübungspreis K und Ausübungszeitpunkt $T \leq T_1$, $t \in [0, T]$:

$$X_{com}^{CP}(t) = -P_1(t)\Phi^{(\rho_1)}\left(-g_1(t), -h_1(t)\right) + K_1 e^{-r(T_1-t)}\Phi^{(\rho_1)}\left(-g_2(t), -h_2(t)\right)$$
$$- K e^{-r(T-t)}\Phi\left(-g_2(t)\right),$$

$$X_{com}^{PP}(t) = P_1(t)\Phi^{(\rho_2)}\left(g_1(t),-h_1(t)\right) + K_1 e^{-r(T_1-t)}\Phi^{(\rho_2)}\left(g_2(t),-h_2(t)\right)$$
$$+ Ke^{-r(T-t)}\Phi\left(g_2(t)\right).$$

Wahl-Optionen („Chooser Options")

Bei dieser Art von Optionen kann man zur Ausübungszeit T wählen, ob man einen europäischen Call auf die Aktie mit Ausübungszeitpunkt $T_1 \geq T$ und Ausübungspreis $K_1 \geq 0$ oder einen europäischen Put auf die Aktie mit Ausübungszeitpunkt $T_2 \geq T$ und Ausübungspreis $K_2 \geq 0$ erhalten will. Da man den Wert der beiden europäischen Optionen als Funktion von $(T, P_1(T))$ aus der Black-Scholes-Formel kennt, ergibt sich die Endzahlung der Wahl-Option als

$$B_W = max\left(X_{T_1,K_1}^{Call}\left(P_1(T),T\right), X_{T_2,K_2}^{Put}\left(P_1(T),T\right)\right),$$

wobei die unteren Indices jeweils die Laufzeiten und Ausübungspreise der europäischen Optionen sind. Da der Preis des Calls im Zeitpunkt T streng monoton wachsend in $P_1(T)$ ist, (4) und (5) erfüllt, und der Preis des Puts im Zeitpunkt T streng in $P_1(T)$ fällt, existiert genau ein $p^* \geq 0$ mit

$$X_{T_1,K_1}^{Call}\left(T,p^*\right) = X_{T_2,K_2}^{Put}\left(T,p^*\right).$$

Für größere Werte von $P_1(T)$ wird das Maximum in B_W vom Call-Preis, für kleinere Werte vom Put-Preis angenommen. Man erhält folgende Darstellung für B_W:

$$B_W = X_{T_1,K_1}^{Call}(T)\cdot 1_{\left\{P_1(T)\geq p^*\right\}} + X_{T_2,K_2}^{Put}(T)\cdot 1_{\left\{P_1(T)<p^*\right\}}.$$

Mit Hilfe dieser Zerlegung lässt sich der Preis der Wahloption analog zum Preis der zusammengesetzten Option berechnen und man erhält für $t < T$:

$$X_W(t) = P_1(t)\cdot\Phi^{(\rho_1)}\left(g_1(t),h_1(t)\right) - K_1 e^{-r(T-t)}\Phi^{(\rho_1)}\left(g_2(t),h_2(t)\right)$$
$$- P_1(t)\cdot\Phi^{(\lambda_1)}\left(-g_1(t),-h_3(t)\right) + K_2 e^{-r(T_2-t)}\Phi^{(\lambda_1)}\left(-g_2(t),-h_4(t)\right),$$

wobei die Bezeichnungen $\Phi^{(\rho)}$, g_1, g_2, h_1, h_2, ρ_1 wie in Proposition 1 definiert sind. Neu sind nun

$$h_3(t) = \frac{ln\left(\frac{P_1(t)}{K_2}\right) + \left(r + \frac{1}{2}\sigma^2\right)\left(T_2 - t\right)}{\sigma\sqrt{T_2 - t}}, \quad h_4(t) = h_3(t) - \sigma\sqrt{T_2 - t},$$

$$\lambda_1 := \sqrt{\frac{T-t}{T_2 - t}}.$$

b) Optionen mit mehreren zugrunde liegenden Aktien

Indizierte Optionen

Wir betrachten hier ein zweidimensionales Black-Scholes-Modell mit den Aktienkursen

$$dP_1(t) = P_1(t) \cdot \left(b_1 \, dt + \sigma_{11} \, dW_1(t) + \sigma_{12} \, dW_2(t)\right) \quad , \; P_1(0) = p_1,$$
$$dP_2(t) = P_2(t) \cdot \left(b_2 \, dt + \sigma_{21} \, dW_1(t) + \sigma_{22} \, dW_2(t)\right), \; P_2(0) = p_2.$$

Es seien a_1, $a_2 \in (0,\infty)$. Eine indizierte Option mit Parametern a_1, a_2 ist dann durch die Endzahlung

$$B_{ind} = \left(a_1 P_1(T) - a_2 P_2(T)\right)^+ \tag{6}$$

gegeben. Der Name „indizierte Option" rührt daher, dass man oft (vereinfachend) annimmt, dass $P_2(t)$ den Verlauf eines Marktindices (wie z.B. den DAX) beschreibt. Wählt man zusätzlich

$$a_1 = \frac{1}{P_1(0)} \; , \; a_2 = \frac{1}{P_2(0)} \, ,$$

so erhält man als Endzahlung einer indizierten Option gerade die Differenz zwischen der relativen Preissteigerung der ersten Aktie und des relativen Wertzuwachses der zweiten „Aktie" (im Allgemeinen ein Marktindex), falls diese Differenz positiv ist. Die Preisentwicklung der Aktie wird also mit der Entwicklung des Indices verglichen („indiziert"). Wir setzen

$$s_1 := a_1 \cdot p_1 \; , \; s_2 := a_2 \cdot p_2$$

und führen die folgende Bezeichnung ein:

$$A := \left\{ \omega \left| \frac{a_1 P_1(T)}{a_2 P_2(T)} \geq 1 \right. \right\}. \tag{7}$$

Zur Berechnung des fairen Preises der indizierten Option werden wir die in Abschnitt III.7 vorgestellte Technik des Numeraire-Wechsels verwenden. Seien hierzu Q, Q_1, Q_2 die jeweiligen äquivalenten Martingalmaße in unserem Marktmodell, wenn wir jeweils den Numeraire $P_0(T)$, $P_1(T)$ und $P_2(T)$ wählen. Nach

Korollar III.11 und Satz III.38 gilt dann mit (7) für den fairen Preis $X_{ind}(0)$ des indizierten Calls

$$X_{ind}(0) = E_Q\left(e^{-rT}\left(a_1 P_1(T) - a_2 P_2(T)\right)^+\right)$$
$$= a_1 \cdot E_Q\left(e^{-rT} P_1(T)\cdot 1_A\right) - a_2 \cdot E_Q\left(e^{-rT} P_2(T)\cdot 1_A\right)$$
$$= a_1 \cdot E_{Q_1}\left(\frac{p_1}{P_1(T)} P_1(T)\cdot 1_A\right) - a_2 \cdot E_{Q_2}\left(\frac{p_2}{P_2(T)} P_2(T)\cdot 1_A\right)$$
$$= s_1 \cdot Q_1(A) - s_2 \cdot Q_2(A). \tag{8}$$

Man muss jetzt nur noch die Wahrscheinlichkeiten von A unter den beiden Maßen Q_1, Q_2 berechnen. Hierbei beachte man, dass sich die Brownschen Bewegungen $W^{(1)}(t)$, $W^{(2)}(t)$ bzgl. Q_1, Q_2 (siehe Übung Ü.4) als

$$W^{(i)}(t) = W(t) + \begin{pmatrix} \left(\frac{(b_1 - r)\sigma_{22} - (b_2 - r)\sigma_{12}}{\sigma_{11}\sigma_{22} - \sigma_{12}\sigma_{21}} - \sigma_{i1}\right)\cdot T \\ \left(\frac{(b_2 - r)\sigma_{11} - (b_1 - r)\sigma_{21}}{\sigma_{11}\sigma_{22} - \sigma_{12}\sigma_{21}} - \sigma_{i2}\right)\cdot T \end{pmatrix},\ i=1,2$$

ergeben. Daraus ergibt sich dann

$$\frac{P_1(T)}{P_2(T)} = \frac{p_1}{p_2} exp\Big(\left(\sigma_{11} - \sigma_{21}\right)W_1^{(i)}(T) + \left(\sigma_{12} - \sigma_{22}\right)W_2^{(i)}(T)$$
$$-(-1)^i \tfrac{1}{2}\left(\left(\sigma_{11} - \sigma_{21}\right)^2 + \left(\sigma_{12} - \sigma_{22}\right)^2\right)T\Big),\ i=1,2,$$

und somit

$$Q_i(A) = Q_i\Big(exp\left(\left(\sigma_{11} - \sigma_{21}\right)W_1^{(i)}(T) + \left(\sigma_{12} - \sigma_{22}\right)W_2^{(i)}\right) \geq$$
$$\frac{s_2}{s_1} exp\left((-1)^i \cdot \tfrac{1}{2}\left[\left(\sigma_{11} - \sigma_{21}\right)^2 + \left(\sigma_{12} - \sigma_{22}\right)^2\right]\cdot T\right)\Big)$$

$$= Q_i\left(Z \geq \frac{ln\left(s_2/s_1\right) + (-1)^i \cdot \frac{1}{2}\left[\left(\sigma_{11} - \sigma_{21}\right)^2 + \left(\sigma_{12} - \sigma_{22}\right)^2\right]T}{\sqrt{\left[\left(\sigma_{11} - \sigma_{21}\right)^2 + \left(\sigma_{12} - \sigma_{22}\right)^2\right]T}} \right)$$

$$= \Phi\left(\frac{ln\left({}^{s_1}\!\!\diagup_{s_2} \right) + (-1)^{i+1} \cdot \frac{1}{2}\left[\left(\sigma_{11} - \sigma_{21} \right)^2 + \left(\sigma_{12} - \sigma_{22} \right)^2 \right] T}{\sqrt{\left[\left(\sigma_{11} - \sigma_{21} \right)^2 + \left(\sigma_{12} - \sigma_{22} \right)^2 \right] T}} \right), \tag{9}$$

wobei Z standard-normalverteilt ist. Mit den Bezeichnungen

$$\tilde{\sigma}_1^2 := \sigma_{11}^2 + \sigma_{12}^2 \,, \; \tilde{\sigma}_2^2 := \sigma_{21}^2 + \sigma_{22}^2 \tag{10}$$

$$\rho := \frac{\sigma_{11}\sigma_{21} + \sigma_{12}\sigma_{22}}{\tilde{\sigma}_1 \cdot \tilde{\sigma}_2} \tag{11}$$

erhält man dann aus (8) und (9) die Formel

$$X_{ind}(0) = s_1 \cdot \Phi\left(\frac{ln\left({}^{s_1}\!\!\diagup_{s_2} \right) + \frac{1}{2}\left(\tilde{\sigma}_1^2 + \tilde{\sigma}_2^2 - 2\rho\tilde{\sigma}_1\tilde{\sigma}_2 \right) T}{\sqrt{\left(\tilde{\sigma}_1^2 + \tilde{\sigma}_2^2 - 2\rho\tilde{\sigma}_1\tilde{\sigma}_2 \right) T}} \right)$$

$$- s_2 \cdot \Phi\left(\frac{ln\left({}^{s_1}\!\!\diagup_{s_2} \right) - \frac{1}{2}\left(\tilde{\sigma}_1^2 + \tilde{\sigma}_2^2 - 2\rho\tilde{\sigma}_1\tilde{\sigma}_2 \right) T}{\sqrt{\left(\tilde{\sigma}_1^2 + \tilde{\sigma}_2^2 - 2\rho\tilde{\sigma}_1\tilde{\sigma}_2 \right) T}} \right).$$

Optionen auf Minimum/Maximum zweier Aktien

Wir betrachten nun Optionen auf das Minimum bzw. Maximum zweier Aktien, die durch die folgenden Endzahlungen gegeben sind

$$B_{min}^{Call} = \left(min\left(P_1(T), P_2(T) \right) - K \right)^+ \qquad \text{„Call auf Minimun"}$$

$$B_{max}^{Call} = \left(max\left(P_1(T), P_2(T) \right) - K \right)^+ \qquad \text{„Call auf Maximum"}$$

$$B_{min}^{Put} = \left(K - min\left(P_1(T), P_2(T) \right) \right)^+ \qquad \text{„Put auf Minimum"}$$

$$B_{max}^{Put} = \left(K - max\left(P_1(T), P_2(T) \right) \right)^+ \qquad \text{„Put auf Maximum"}$$

Wir legen hier ein zweidimensionales Black-Scholes-Modell zugrunde mit den zu Beginn in (1) beschriebenen Preisverläufen. Wir berechnen zunächst

$$X_{min}^{Call}(0) = E\left(e^{-rT} \left(min\left(P_1(T), P_2(T) \right) - K \right)^+ \right)$$

$$= E\left(e^{-rT} P_1(T)\cdot 1_{\{K\le P_1(T)\le P_2(T)\}}\right) + E\left(e^{-rT} P_2(T)\cdot 1_{\{K\le P_2(T)\le P_1(T)\}}\right)$$

$$- Ke^{-rT}\cdot P\left(\min\left(P_1(T), P_2(T)\right)\ge K\right).$$

Setze

$$\tilde{Y} := \sigma_{11}W_1(T)+\sigma_{12}W_2(T)\ ,\ \tilde{Z} := \sigma_{21}W_1(T)+\sigma_{22}W_2(T),$$

$$Y := \frac{\tilde{Y}}{\tilde{\sigma}_1\sqrt{T}}\ ,\ Z := \frac{\tilde{Z}}{\tilde{\sigma}_2\sqrt{T}}.$$

OBdA seien $\tilde{\sigma}_i > 0$, $i=1,2$, $\tilde{\sigma}_i$, ρ wie in (10), (11). Dann gilt

$$\begin{pmatrix} Y \\ Z \end{pmatrix} \sim N\left(\begin{pmatrix} 0 \\ 0 \end{pmatrix}, \begin{pmatrix} 1 & \rho \\ \rho & 1 \end{pmatrix}\right).$$

Damit hat (Y, Z) die gemeinsame Dichte

$$\varphi^{(\rho)}(y,z) = \frac{1}{2\pi\sqrt{1-\rho^2}}\, e^{-\frac{1}{2(1-\rho^2)}\left(y^2-2\rho yz+z^2\right)}.$$

Nun gilt

$$A := E\left(e^{-rT} P_1(T)\cdot 1_{\{K\le P_1(T)\le P_2(T)\}}\right) = \int_a^\infty\int_b^\infty p_1 \exp\left(-\tfrac{1}{2}\tilde{\sigma}_1^2 T + \tilde{\sigma}_1\sqrt{T}y\right)$$

$$\cdot\frac{1}{2\pi\sqrt{1-\rho^2}}\exp\left(-\frac{1}{2(1-\rho^2)}\left(y^2-2\rho yz+z^2\right)\right) dz\, dy$$

mit

$$a := \frac{\ln\left(\frac{K}{p_1}\right)-\left(r-\frac{1}{2}\tilde{\sigma}_1^2\right)T}{\tilde{\sigma}_1\sqrt{T}}\ ,\ b := \frac{\ln\left(\frac{p_1}{p_2}\right)-\frac{1}{2}\left(\tilde{\sigma}_1^2-\tilde{\sigma}_2^2\right)T+\tilde{\sigma}_1\sqrt{T}y}{\tilde{\sigma}_2\sqrt{T}}.$$

Ausintegrieren von z in A (man führe eine geeignete quadratische Ergänzung durch) liefert:

$$A = p_1\cdot\int_a^\infty \frac{1}{\sqrt{2\pi}}\exp\left(-\frac{\left(y-\tilde{\sigma}_1\sqrt{T}\right)^2}{2}\right)\cdot\Phi(d+k\cdot y)\, dy$$

mit

$$d := \frac{ln\left(\frac{p_2}{p_1}\right) + \frac{1}{2}\left(\tilde{\sigma}_1^2 - \tilde{\sigma}_2^2\right)T}{\tilde{\sigma}_2\sqrt{\left(1-\rho^2\right)T}}, \quad k := \frac{\rho\tilde{\sigma}_2 - \tilde{\sigma}_1}{\tilde{\sigma}_2\sqrt{\left(1-\rho^2\right)}}.$$

Mit Lemma 2 folgt dann:

$$A = p_1 \cdot P(Z_1 \geq a, Z_2 \leq d) = p_1 \cdot P\left(\tilde{Z}_1 \leq \tilde{a}, \tilde{Z}_2 \leq \tilde{b}\right)$$

mit

$$\begin{pmatrix} Z_1 \\ Z_2 \end{pmatrix} \sim N\left(\begin{pmatrix} \tilde{\sigma}_1\sqrt{T} \\ -K\tilde{\sigma}_1\sqrt{T} \end{pmatrix}, \begin{pmatrix} 1 & -K \\ -K & 1+K^2 \end{pmatrix}\right),$$

$$\tilde{Z}_1 := \tilde{\sigma}_1 \cdot \sqrt{T} - Z_1, \ \tilde{Z}_2 := \frac{\tilde{\sigma}_2\sqrt{1-\rho^2}\left(Z_2 + k\tilde{\sigma}_1\sqrt{T}\right)}{\sigma},$$

$$\sigma^2 := \tilde{\sigma}_1^2 + \tilde{\sigma}_2^2 - 2\rho\tilde{\sigma}_1\tilde{\sigma}_2, \tag{12}$$

$$\tilde{a} := \frac{ln\left(\frac{p_1}{K}\right) + \left(r - \frac{1}{2}\tilde{\sigma}_1^2\right)T}{\tilde{\sigma}_1\sqrt{T}}, \quad \tilde{b} := \frac{ln\left(\frac{p_2}{p_1}\right) - \frac{1}{2}\sigma^2 T}{\sigma \cdot \sqrt{T}}.$$

Da $\left(\tilde{Z}_1, \tilde{Z}_2\right)$ nach Lemma 2 gemäß $N\left(\begin{pmatrix} 0 \\ 0 \end{pmatrix}, \begin{pmatrix} 1 & \tilde{\rho} \\ \tilde{\rho} & 1 \end{pmatrix}\right)$-verteilt ist mit

$$\tilde{\rho} := \frac{\rho\tilde{\sigma}_2 - \tilde{\sigma}_1}{\sigma}, \ \tilde{\tilde{\rho}} := \frac{\rho\tilde{\sigma}_1 - \tilde{\sigma}_2}{\sigma}, \tag{13}$$

gilt mit den weiteren Bezeichnungen:

$$d_1 := \frac{ln\left(\frac{p_1}{K}\right) + \left(r + \frac{1}{2}\tilde{\sigma}_1^2\right)T}{\tilde{\sigma}_1\sqrt{T}}, \ d_2 := \frac{ln\left(\frac{p_2}{K}\right) + \left(r + \frac{1}{2}\tilde{\sigma}_2^2\right)T}{\tilde{\sigma}_2\sqrt{T}}, \tag{14}$$

$$d_3 := \frac{ln\left(\frac{p_2}{p_1}\right) - \frac{1}{2}\sigma^2 T}{\sigma\sqrt{T}}, \quad d_4 := \frac{ln\left(\frac{p_1}{p_2}\right) - \frac{1}{2}\sigma^2 T}{\sigma\sqrt{T}}, \tag{15}$$

$$A = E\left(e^{-rT} P_1(T) \cdot 1_{\{K \le P_1(T) \le P_2(T)\}}\right) = p_1 \cdot \Phi^{(\tilde{\rho})}(d_1, d_3).$$

Durch Vertauschen von $P_1(T)$ und $P_2(T)$ folgt

$$E\left(e^{-rT} P_2(T) \cdot 1_{\{K \le P_2(T) \le P_1(T)\}}\right) = p_1 \cdot \Phi^{(\tilde{\tilde{\rho}})}(d_2, d_4).$$

Analoge Rechnung liefert außerdem

$$P\left(min\left(P_1(T), P_2(T)\right) \ge K\right) = \Phi^{(\rho)}\left(d_1 - \tilde{\sigma}_1\sqrt{T}, d_2 - \tilde{\sigma}_2\sqrt{T}\right),$$

womit dann der Preis des Minimum-Calls berechnet ist. Verwenden wir nun die üblichen Zusammenhänge zwischen Put und Call, sowie die zwischen Minimum und Maximum, so erhalten wir (siehe Übung Ü.5):

Proposition 3

Für die Preise der Minimum/Maximum-Optionen gilt mit den Bezeichnungen aus (10)-(15):

$$\begin{aligned} X_{min}^{Call}(0) &= p_1 \cdot \Phi^{(\tilde{\rho})}(d_1, d_3) + p_2 \Phi^{(\tilde{\tilde{\rho}})}(d_2, d_4) \\ &\quad - Ke^{-rT} \Phi^{(\rho)}\left(d_1 - \tilde{\sigma}_1\sqrt{T}, d_2 - \tilde{\sigma}_2\sqrt{T}\right), \end{aligned}$$

$$X_{min}^{Put}(0) = X_{min}^{Call}(0) + Ke^{-rT} - p_1\Phi(d_3) - p_2\Phi(d_4),$$

$$X_{max}^{Call}(0) = X_{(1)}^{Call}(0) + X_{(2)}^{Call}(0) - X_{min}^{Call}(0),$$

$$X_{max}^{Put}(0) = X_{(1)}^{Put}(0) + X_{(2)}^{Put}(0) - X_{min}^{Put}(0),$$

wobei $X_{(i)}{}^{Call}$, $X_{(i)}{}^{Put}$ die Preise der gewöhnlichen europäischen Calls bzw. Puts mit Ausübungspreis K auf die i.-te Aktie sind, i=1,2.

c) Pfadabhängige Optionen

Einseitige Barriere-Optionen

Bei einseitigen Barriere-Optionen erhält der Besitzer die Auszahlung aus einem Call bzw. aus einem Put, falls der Aktienkurs vor dem Ausübungszeitpunkt T – je nach Art der Option – eine vorgegebene Barriere nicht erreicht, unter- oder überschreitet. Wir betrachten im Einzelnen:

$$B_{do}^{Call} = \left(P_1(T) - K\right)^+ \cdot 1_{\{P_1(t)>b \text{ für alle } t\in[0,T]\}}$$ „Down-and-Out-Call"

$$B_{do}^{Put} = \left(K - P_1(T)\right)^+ \cdot 1_{\{P_1(t)>b \text{ für alle } t\in[0,T]\}}$$ „Down-and-Out-Put"

$$B_{uo}^{Call} = \left(P_1(T) - K\right)^+ \cdot 1_{\{P_1(t)<b \text{ für alle } t\in[0,T]\}}$$ „Up-and-Out-Call"

$$B_{uo}^{Put} = \left(K - P_1(T)\right)^+ \cdot 1_{\{P_1(t)<b \text{ für alle } t\in[0,T]\}}$$ „Up-and-Out-Put"

Außerdem betrachten wir

$$B_{di}^{Call} = \left(P_1(T) - K\right)^+ \cdot 1_{\{\text{Es gibt ein } t\in[0,T] \text{ mit } P_1(t)\le b\}}$$ „Down-and-In-Call"

$$B_{di}^{Put} = \left(K - P_1(T)\right)^+ \cdot 1_{\{\text{Es gibt ein } t\in[0,T] \text{ mit } P_1(t)\le b\}}$$ „Down-and-In-Put"

$$B_{ui}^{Call} = \left(P_1(T) - K\right)^+ \cdot 1_{\{\text{Es gibt ein } t\in[0,T] \text{ mit } P_1(t)\ge b\}}$$ „Up-and-In-Call"

$$B_{ui}^{Put} = \left(K - P_1(T)\right)^+ \cdot 1_{\{\text{Es gibt ein } t\in[0,T] \text{ mit } P_1(t)\ge b\}}$$ „Up-and-In-Put"

Kennt man nun die Preise für die „out"-Optionen, so erhält man auch sofort die für die „in"-Optionen, da die folgenden Beziehungen gelten („In-Out-Parität"):

$$X_{ui}^{Call}(0) = X^{Call}(0) - X_{uo}^{Call}(0),$$

$$X_{ui}^{Put}(0) = X^{Put}(0) - X_{uo}^{Put}(0),$$

$$X_{di}^{Call}(0) = X^{Call}(0) - X_{do}^{Call}(0),$$

$$X_{di}^{Put}(0) = X^{Put}(0) - X_{do}^{Put}(0).$$

Die dritte Beziehung ergibt sich z.B. aus der Zerlegung

$$\left(P_1(T) - K\right)^+ = \left(P_1(T) - K\right)^+ \cdot 1_{\{P_1(t)>b \text{ für alle } t\in[0,T]\}} + \left(P_1(T) - K\right)^+ \cdot 1_{\{\text{Es gibt ein } t\in[0,T] \text{ mit } P_1(t)\le b\}}.$$

Wir beschränken uns hier auf die Berechnung des Preises des Down-and-Out-Calls. Hierzu benötigen wir das folgende Lemma über die gemeinsame Verteilung des Endwerts und des laufenden Maximums einer eindimensionalen Brownschen Bewegung (mit Drift):

Lemma 4

Es sei $M(t) := \max_{0 \le s \le t} W(s)$ das laufende Maximum der eindimensionalen Brownschen Bewegung $W(T)$. Dann gelten für $x \ge 0$, $x \ge w$:

a) $P\big(W(t) \le w, M(t) < x\big) = \Phi\left(\frac{w}{\sqrt{t}}\right) - 1 + \Phi\left(\frac{2x - w}{\sqrt{t}}\right).$

b) Für $\mu \in \mathbf{R}$ seien $\tilde{W}(t) := W(t) + \mu \cdot t$, $\tilde{M}(t) := \max_{0 \le s \le t} \tilde{W}(s)$. Dann gilt

$$P\big(\tilde{W}(t) \le w, \tilde{M}(t) < x\big) = \Phi\left(\frac{w - \mu t}{\sqrt{t}}\right) - e^{2\mu x}\Phi\left(\frac{w - 2x - \mu t}{\sqrt{t}}\right).$$

Aussage a) ist eine Konsequenz aus Proposition 2.8.1 in Karatzas/Shreve (1991), die wiederum eine Konsequenz des Spiegelungsprinzips von D. André ist (siehe z.B. Abschnitt 2.6.A in Karatzas/Shreve). Teil b) ergibt sich aus a) mit Hilfe des Satzes von Girsanov (siehe Übung Ü.12).

Zur Berechnung des Preises des Down-and-Out-Calls nehmen wir zunächst an, dass für Anfangswert $p_1 = P_1(0)$, Barriere b und Ausübungspreis K die Beziehungen

$$b < p_1 \text{ und } K < b$$

gelten, d.h. falls der Down-and-Out-Call nicht vor T verfällt, ist er automatisch im Geld. Mit Hilfe der Wahl

$$\mu = \frac{r - \frac{1}{2}\sigma^2}{\sigma},$$

der Beziehung $\min\{-(W(t) + \mu \cdot t)\} = -\max\{W(t) + \mu \cdot t\}$ und expliziter Rechnung, wobei sich aus Lemma 4 die Dichte für

$$\left(W(T) + \mu \cdot T, \min_{0 \le t \le T}\big(W(t) + \mu \cdot t\big)\right)$$

ergibt, erhält man

$$X_{do}^{Call}(0) = p_1\Phi(d_1) - be^{-rT}\Phi(d_1 - \sigma\sqrt{T})$$

$$+e^{-rT}(b-K)\Phi(d_1 - \sigma\sqrt{T}) - p_1\left(\frac{b}{p_1}\right)^{2\frac{r}{\sigma^2}+1}\Phi(d_2)$$

$$+e^{-rT}K\left(\frac{b}{p_1}\right)^{2\frac{r}{\sigma^2}-1}\Phi(d_2 - \sigma\sqrt{T})$$

mit

$$d_1 = \frac{ln\left(\frac{p_1}{b}\right) + \left(r + \frac{1}{2}\sigma^2\right)T}{\sigma\sqrt{T}},\ d_2 = \frac{ln\left(\frac{b}{p_1}\right) + \left(r + \frac{1}{2}\sigma^2\right)T}{\sigma\sqrt{T}}.$$

Man erhält eine ähnliche Formel für den Fall $b \leq K$, nämlich

$$X_{do}^{Call}(0) = p_1\Phi(d_3) - Ke^{-rT}\Phi(d_3 - \sigma\sqrt{T})$$

$$-p_1\left(\frac{b}{p_1}\right)^{2\frac{r}{\sigma^2}+1}\Phi(d_4) + e^{-rT}K\left(\frac{b}{p_1}\right)^{2\frac{r}{\sigma^2}-1}\Phi(d_4 - \sigma\sqrt{T}),$$

wobei sich d_3 und d_4 aus d_1 bzw. d_2 ergeben, indem man b durch K ersetzt. Analoge Resultate erhält man für die anderen Typen von Barriere-Optionen, auf die wir hier aber nicht eingehen wollen.

Optionen auf Minimum/Maximum des Aktienkurses („Lookback-Optionen")

Eine Lookback-Option ist typischerweise durch eine Endzahlung gegeben in der das Minimum oder Maximum des Aktienpreises auf $[0, T]$ auftritt, und ist damit wiederum eine pfadabhängige Option. Typische Formen sind z.B.

$$B_{max\,LB}^{Call} = \left(\max_{t\in[0,T]} P_1(t) - K\right)^+,\ K \geq p_1 = P_1(0),$$

$$B_{LB}^{Call} = \left(P_1(T) - \min_{t\in[0,T]} P_1(t)\right).$$

Man kann auch hier wieder Lemma 4 anwenden und erhält

$$X_{LB}^{Call}(0) = p_1 \cdot \left(\Phi(d_1) - e^{-rT}\Phi\left(d_1 - \sigma\sqrt{T}\right)\right)$$

$$+ \frac{p_1 \cdot \sigma^2}{2r}\left(\Phi\left(-d_1 + 2\frac{r}{\sigma}\sqrt{T}\right) \cdot e^{-rT} - \Phi(-d_1)\right),$$

$$X_{max\,LB}^{Call}(0) = p_1\Phi(d_2) - Ke^{-rT}\Phi\left(d_2 - \sigma\sqrt{T}\right)$$

$$+ \frac{p_1 \cdot \sigma^2}{2r}\left(\Phi(d_2) - e^{-rT}\left(\frac{K}{p_1}\right)^{2r/\sigma^2}\Phi\left(d_2 - 2\frac{r}{\sigma}\right)\sqrt{T}\right),$$

mit

$$d_1 = \frac{\left(r + \frac{1}{2}\sigma^2\right)T}{\sigma\sqrt{T}}, \quad d_2 = \frac{ln\left(\frac{p_1}{K}\right) + \left(r + \frac{1}{2}\sigma^2\right)T}{\sigma\sqrt{T}}.$$

Exkurs 7: Schwache Konvergenz stochastischer Prozesse

In all den Beispielen exotischer Optionen, bei denen sich keine explizite Preisformel bestimmen lässt, muss man zur Preisbestimmung ein numerisches Verfahren einsetzen, um den Preis der Option zumindest näherungsweise bestimmen zu können. Für die Entwicklung effizienter numerischer Verfahren ist oft die Diskretisierung des Aktienpreisprozesses die Grundlage des Vorgehens. Im diskretisierten Modell lässt sich dann meist einfach die erwartete abgezinste Endzahlung der Option berechnen. Damit dieser Wert als sinnvolle Approximation an den tatsächlichen (aber in der Regel unbekannten) Optionspreis im Black-Scholes-Modell angesehen werden kann, ist nachzuweisen, dass die Folge der im diskretisierten Modell berechneten Erwartungswerte mit wachsender Feinheit gegen den Black-Scholes-Wert konvergiert. Das geeignete stochastische Konzept zum Nachweis dieser Konvergenz ist die schwache Konvergenz stochastischer Prozesse. Wir widmen uns nun einigen Grundlagen. Für unsere Zwecke genügt es, wenn wir uns auf stochastische Prozesse $\{X(t)\}_{t\in[0,1]}$ mit stetigen Pfaden auf [0,1] beschränken:

Allgemeine Voraussetzungen für diesen Abschnitt

Wir betrachten hier den speziellen Wahrscheinlichkeitsraum

$$(\Omega, F, P) = \left(C[0,1], B\left(C[0,1]\right), P\right),$$

d.h. den Raum der auf [0,1] stetigen reellwertigen Funktionen, versehen mit der Borel-σ-Algebra und einem Wahrscheinlichkeitsmaß P.

Damit definiert die **funktionenwertige Zufallsvariable** X auf (Ω, F, P) mit

$$X(\omega) := \omega \ , \quad \omega \in C[0,1] \tag{1}$$

einen reellwertigen stochastischen Prozess mit Verteilung P. Man erhält den Wert dieses Prozesses an der Stelle $t \in [0,1]$ durch Projektion auf die „t. Koordinate" von ω,

$$X(t,\omega) := \pi_t \circ X(\omega) := \omega(t).$$

Man könnte nun die Konvergenz stochastischer Prozesse X_n über die übliche schwache Konvergenz von Zufallsvariablen

$$X_n(t) \xrightarrow{n \to \infty} X(t) \text{ in Verteilung für alle } t \in [0,1]$$

erklären. Allerdings ist dies ein zu schwacher Konvergenzbegriff. Wir betrachten statt dessen die schwache Konvergenz von Wahrscheinlichkeitsmaßen auf metrischen Räumen (siehe Billingsley (1968)):

Definition 5

Sei $(S, B(S))$ ein metrischer Raum mit Metrik ρ, $B(S)$ sei die Borel-σ-Algebra für S. Weiter seien P_n, $n \in \mathbf{N}$, P Wahrscheinlichkeitsmaße auf $(S, B(S))$. Dann **konvergiert** die Folge P_n **schwach** gegen P (oder: **in Verteilung**), wenn für jede beschränkte, stetige, reellwertige Funktion f auf S gilt:

$$\int_S f \, dP_n \xrightarrow{n \to \infty} \int_S f \, dP .$$

Daraus ergibt sich als Spezialfall die schwache Konvergenz für stochastische Prozesse mit stetigen Pfaden, wenn man beachtet, dass$(C[0,1], B(C[0,1]))$ ein metrischer Raum mit folgender Metrik ist:

$$\rho(x,y) = \sup_{0 \le t \le T} \left| x(t) - y(t) \right| .$$

Definition 6

Die Folge stetiger stochastischer Prozesse $\{X(t)\}_{t\in[0,1]}$ **konvergiert schwach** (oder: **in Verteilung**) gegen X, wenn für alle $f\in C(C[0,1],\mathbf{R})$ gilt:

$$Ef(X_n)\xrightarrow{n\to\infty}Ef(X)\ . \tag{2}$$

Hierbei ist $C(C[0,1],\mathbf{R})$ der Raum der gleichmäßig stetigen und beschränkten Funktionale auf $C[0,1]$.

Die Konvergenz in (2) ist dabei folgendermaßen zu verstehen: der stochastische Prozess X_n ist auf dem Wahrscheinlichkeitsraum $(C[0,1],B(C[0,1]),P_n)$ gemäß (1) definiert, der Prozess X auf $(C[0,1],B(C[0,1]),P)$, wobei P_n,P jeweils Wahrscheinlichkeitsmaße auf dem Raum $(C[0,1],B(C[0,1]))$ sind. Mittels (1) lässt sich (2) schreiben als

$$\begin{aligned}Ef(X_n)&=\int f(X_n)\,dP=\int f\,dP_n\\&\xrightarrow{n\to\infty}\int f\,dP=\int f(X)\,dP=Ef(X)\,.\end{aligned}$$

Damit stellt die schwache Konvergenz stochastischer Prozesse die schwache Konvergenz von Wahrscheinlichkeitsmaßen $P_n\to P$ dar. Die schwache Konvergenz bleibt unter stetigen Abbildungen erhalten, denn es gilt der folgende Satz (dies ist ein Spezialfall von Satz 5.1 aus Billingsley (1968)):

Satz 7

Seien $P_n, n\in\mathbf{N}$, P Wahrscheinlichkeitsmaße auf dem metrischen Raum $(S,B(S))$ mit Metrik ρ. Weiter sei h: $S\to S'$ eine messbare Abbildung in einen weiteren metrischen Raum S mit Metrik ρ' und Borel-σ-Algebra $B(S')$. Gilt für die Menge D_h der Unstetigkeitsstellen von h

$$P(D_h)=0,$$

so folgt:

$$P_n\xrightarrow{n\to\infty}P\text{ in Verteilung}\Rightarrow P_n\cdot h^{-1}\xrightarrow{n\to\infty}P\cdot h^{-1}\text{ in Verteilung.}$$

Da auch $(\mathbf{R}^k,B(\mathbf{R}^k))$ ein metrischer Raum ist, folgt so aus Satz 7:

Korollar 8

Konvergiert die Folge X_n stetiger stochastischer Prozesse schwach gegen den stetigen stochastischen Prozess X, so konvergieren für jedes feste $t\in[0,1]$ die Zufallsvariablen $X_n(t)$ in Verteilung gegen $X(t)$.

Es gilt sogar mehr als im Korollar angegeben. Seien hierzu die Projektionen

$$\pi_{t_1,\dots,t_k} : C[0,1] \to \mathbf{R}^k$$

definiert als

$$\pi_{t_1,\dots,t_k}(\omega) = \left(\omega(t_1),\dots,\omega(t_k)\right)$$

für feste $0 \le t_1 < \dots < t_k \le 1$. Dann folgt aus Satz 7 auch die Implikation

$$X_n \xrightarrow{n\to\infty} X \text{ in Verteilung}$$

$$\Rightarrow \left(X_n(t_1),\dots,X_n(t_k)\right) \xrightarrow{n\to\infty} \left(X(t_1),\dots,X(t_k)\right) \text{ in Verteilung.}$$

Das bedeutet, dass aus der schwachen Konvergenz der Prozesse auch die Konvergenz der endlich-dimensionalen Verteilungen folgt. Die Umkehrung ist im Allgemeinen falsch ! Aus der Konvergenz der endlich-dimensionalen Verteilungen

$$P_n \cdot \pi_{t_1,\dots,t_k}^{-1}$$

folgt im Allgemeinen nicht die der Verteilungen P_n bzw. der zugehörigen Prozesse.

Ist hingegen die Folge der P_n relativ kompakt (d.h. jede Teilfolge enthält eine schwach konvergente Teilfolge), so kann man sich leicht überlegen, dass aus der Konvergenz der endlich-dimensionalen Teilfolgen die Konvergenz von P_n folgt.

Wollen wir nun die eindimensionale Brownsche Bewegung $W(t)$, $t\ge 0$ auf $[0,1]$ durch einen einfachen Prozess approximieren (im Sinne schwacher Konvergenz), so legen obige Überlegungen und der zentrale Grenzwertsatz (für Summen gewöhnlicher Zufallsvariablen) folgendes Vorgehen nahe:

1. Wähle eine Folge $\{\xi_n\}_{n\in\mathbf{N}}$ einfacher i.i.d. Zufallsvariablen mit $E(\xi_i)=0$, $\mathrm{Var}(\xi_i)=\sigma^2<\infty$, und setze

$$S_0 := 0, \quad S_n = \sum_{i=1}^{n} \xi_i \quad .$$

Zum Beispiel kann man $\xi_i = Y_i - q$ mit $Y_i \sim B(1,q)$ wählen.

2. Definiere hieraus mittels linearer Interpolation einen stochastischen Prozess $X_n(t)$ mit stetigen Pfaden gemäß

$$X_n(t,\omega) = \frac{1}{\sigma\sqrt{n}} S_{[nt]}(\omega) + (nt - [nt]) \frac{1}{\sigma\sqrt{n}} \xi_{[nt]+1}(\omega), \tag{3}$$

für $t \in [0,1]$, $n \in \mathbb{N}$, d.h. es gilt $X_n\left(\frac{k}{n},\omega\right) = \frac{1}{\sigma\sqrt{n}} S_k(\omega)$, und für $t \in \left(\frac{k}{n},\frac{k+1}{n}\right)$ erhält man $X_n(t)$ durch lineare Interpolation.

3. Die endlich-dimensionalen Verteilungen von X_n konvergieren in Verteilung gegen die der Brownschen Bewegung. Beachte hierzu:

- Aus $\frac{[ns]}{n} \xrightarrow{n\to\infty} s$ und dem zentralen Grenzwertsatz folgt

$$\frac{1}{\sigma\sqrt{n}} S_{[ns]} \xrightarrow{n\to\infty} W(s) \text{ in Verteilung.} \tag{4}$$

- Aus der Chebyshev Ungleichung folgt

$$\left| X_n(s) - \frac{1}{\sigma\sqrt{n}} S_{[ns]} \right| \le \frac{1}{\sigma\sqrt{n}} \left| \xi_{[ns]+1} \right| \xrightarrow{n\to\infty} 0 \text{ stochastisch,}$$

und somit folgt aus (4) auch

$$X_n(s) \xrightarrow{n\to\infty} W(s) \text{ in Verteilung.} \tag{5}$$

- Wegen der Unabhängigkeit der ξ_i folgt aus (4) und dem Satz von Slutsky

$$\left(\frac{1}{\sigma\sqrt{n}} S_{[ns]}, \frac{1}{\sigma\sqrt{n}} \left(S_{[nt]} - S_{[ns]} \right) \right) \xrightarrow{n\to\infty} (W_s, W_t - W_s)$$

für $s < t$. Hieraus folgt dann ähnlich wie in (5) auch

$$\left(X_n(s), X_n(t) - X_n(s) \right) \xrightarrow{n\to\infty} (W_s, W_t - W_s) \text{ in Verteilung,}$$

und mit dem Satz von Slutsky folgt

$$\left(X_n(s), X_n(t) \right) \xrightarrow{n\to\infty} (W_s, W_t) \text{ in Verteilung.}$$

Analog zeigt man diese Konvergenz für endliche Tupel aus $X_n(t_i)$-Komponenten.

4. Zeige, dass die Folge der zu den X_n gehörenden Verteilungen P_n auf $(C[0,1], B(C[0,1]))$ relativ kompakt ist.

Bei gegebener Wahl der ξ_i hat man also nur noch die relative Kompaktheit der Folge der zu X_n gehörenden Verteilungen zu zeigen. Dies ist die Hauptarbeit im Beweis des folgenden Satzes (siehe Billingsley (1968)):

Satz 9 - Satz von Donsker

Sei ξ_n eine i.i.d. Folge mit $E(\xi_i)=0$, $0<Var(\xi_i)=\sigma^2<\infty$. Dann konvergiert die Folge X_n der gemäß (3) definierten stochastischen Prozesse schwach gegen die eindimensionale Brownsche Bewegung $W(t)$, $t\in[0,1]$.

Bemerkung

Die Konvergenzaussage und die Grenzverteilung im Satz 9 sind unabhängig von der tatsächlichen Wahl der ξ_i, weshalb man auch vom **Invarianzprinzip von Donsker** spricht. Der Satz kann als „Prozessversion" des zentralen Grenzwertsatzes angesehen werden. Er kann oBdA auch als für beliebige Intervalle $[0,T]$ gültig angenommen werden.

Für die praktische Anwendung in den folgenden Abschnitten ist die folgende Variante des Satzes von Donker sehr nützlich (siehe Billingsley (1968), S.77):

Satz 10 - Satz von Donsker für Dreiecksschemata

Die Zufallsvariablen $\xi_{n_1},\ldots,\xi_{n_{k_n}}$, $n\in\mathbf{N}$, $k_n\in\mathbf{N}$, seien i.i.d. mit

$$E\left(\xi_{n_1}\right)=0,\ 0<Var\left(\xi_{n_1}\right)=\sigma_{n_1}^2\le c,$$

wobei $c>0$ eine geeignete Konstante sei. Setze

$$S_{n_i}:=\xi_{n_1}+\ldots+\xi_{n_i},\ 1\le i\le k_n,$$

$$s_{n_i}^2:=\sigma_{n_1}^2+\ldots+\sigma_{n_i}^2=i\cdot\sigma_{n_1}^2,$$

$$s_n^2:=s_{n_{k_n}}^2=k_n\cdot\sigma_{n_1}^2.$$

Definiere den Prozess $X_n(t)$, $t \in [0,1]$ durch

$$X_n(0) := 0$$

$$X_n\left(s_{n_i}^2 \big/ s_n^2\right) := S_{n_i} \big/ s_n \quad i=1,\dots,k_n$$

und linear interpolierend auf den Intervallen $\left[s_{n_{i-1}}^2 / s_n^2 , s_{n_i}^2 / s_n^2\right]$.

Falls nun $k_n \to \infty$ und $s_n \to \infty$ für $n \to \infty$, dann konvergiert X_n schwach gegen die Brownsche Bewegung W.

Mit den bisher gezeigten Ergebnissen folgt zwar

$$E\big(h(X_n)\big) \xrightarrow{n\to\infty} E\big(h(X)\big)$$

für stetige und beschränkte Funktionale $h: C[0,T] \to \mathbf{R}$, aber dies reicht für die Anwendung in der Regel nicht aus. Insbesondere wenn wir die Brownsche Bewegung W im Black-Scholes-Modell durch einen Prozess der Art X_n annähern, würde aus dem Satz von Donsker nicht direkt

$$E\left(e^{b\cdot T+\sigma\cdot X_n(T)}\right) \xrightarrow{n\to\infty} E\left(e^{b\cdot T+\sigma\cdot W(T)}\right)$$

folgen, da das Exponentialfunktional nicht beschränkt ist. Hierzu benötigen wir noch die gleichmäßige Integrierbarkeit der Folge $exp(\sigma X_n(T))$, denn es gilt der folgende bekannte Satz:

Satz 11

Die Folge der Zufallsvariablen $\{X_n\}_{n\in\mathbf{N}}$ sei gleichmäßig integrierbar, und es gelte

$$X_n \xrightarrow{n\to\infty} X \text{ in Verteilung.}$$

Dann gilt auch

$$E(X_n) \xrightarrow{n\to\infty} E(X).$$

IV.2 Monte-Carlo-Simulation

Beschreibung der Grundidee

Die Basis der Monte-Carlo-Simulation ist das starke Gesetz der großen Zahl, das besagt, dass das arithmetische Mittel von unabhängigen, gleichverteilten Zufallsvariablen fast sicher gegen den Erwartungswert konvergiert. Da aber die Bestimmung des Optionspreises für die durch die Auszahlung B gegebene Option nach Korollar III.11 lediglich die Berechnung des abgezinsten Erwartungswertes von B bzgl. des äquivalenten Martingalmaßes beinhaltet, legt dies folgende Vorgehensweise nahe:

Algorithmus: Bestimmung des Preises einer Option durch Monte-Carlo-Simulation

1. Simuliere n unabhängige Realisierungen B_i der Auszahlung B.
2. Wähle $\left(\frac{1}{n}\sum_{i=1}^{n} B_i\right) \cdot e^{-rT}$ als Approximation für den Optionspreis $E_Q\left(e^{-rT} B\right)$.

Das im zweiten Schritt berechnete arithmetische Mittel stellt dabei einen erwartungstreuen und (wegen des starken Gesetzes der großen Zahlen) stark konsistenten Schätzer für den Optionspreis dar. Während der zweite Schritt keinerlei Probleme bereitet, lässt sich der erste Schritt, die Erzeugung der Realisierungen von B, nur näherungsweise durchführen.

Simulation der Auszahlung *B*

Wir gehen davon aus, dass die Auszahlung $B = B(P_1(t), t \in [0,T])$ ein Funktional des Preisprozesses $P_1(t)$, $t \in [0,T]$, ist. Um B zu simulieren, simuliert man zunächst einen Pfad $P_1(t)$ des Preisprozesses bzgl. des äquivalenten Martingalmaßes Q. Da ein solcher Pfad durch überabzählbar viele Werte gegeben ist, kann man ihn nur approximativ simulieren. Hierzu geht man folgendermaßen vor:

1. Teile das Intervall $[0,T]$ in $N >> 1$ äquidistante Teilintervalle.
2. Erzeuge N $N(0,1)$-verteilte, unabhängige Zufallszahlen Y_i.
3. Simuliere hieraus mittels Interpolation einen (approximativen) Pfad $W(t)$ der Brownschen Bewegung auf $[0,T]$:

$$W(0) = 0,$$

$$W\left(j \cdot \frac{T}{N}\right) = W\left((j-1) \cdot \frac{T}{N}\right) + \sqrt{\frac{T}{N}} \cdot Y_j \ , \ j=1,\ldots,N,$$

$$W(t) = W\left((j-1)\tfrac{T}{N}\right) + \left(t-(j-1)\tfrac{T}{N}\right) \cdot \tfrac{N}{T} \cdot \left[W\left(j \cdot \tfrac{T}{N}\right) - W\left((j-1)\tfrac{T}{N}\right)\right]$$

$$\text{für } t \in \left[(j-1)\tfrac{T}{N}, j\tfrac{T}{N}\right].$$

4. Erzeuge damit einen (approximativen) Pfad von $P_1(t)$:

$$P_1(t) = p_1 \cdot e^{\left(r-\frac{1}{2}\sigma^2\right)t} \cdot e^{\sigma \cdot W(t)} \ , \ t \in [0,T],$$

5. Berechne mit diesem simulierten Pfad des Preisprozesses die Näherung für die Auszahlung B, z.B. im Fall europäischer Call:

$$B_i = \left(P_1(T) - K\right)^+ .$$

Bemerkung

Für die praktische Durchführung der Berechnung von B_i im 5.Schritt erweist es sich oft als günstiger, statt im 3.Schritt erst im 4.Schritt eine Interpolation durchzuführen:

$$P_1(0) = p_1,$$

$$P_1\left(j \cdot \frac{T}{N}\right) = P_1\left((j-1) \cdot \frac{T}{N}\right) \cdot e^{\left(r-\frac{1}{2}\sigma^2\right)\frac{T}{N}} \cdot e^{\sigma\sqrt{\frac{T}{N}} \cdot Y_j} \ , \ j=1,\ldots,N$$

$$P_1(t) = P_1\left((j-1)\tfrac{T}{N}\right) + \left(t-(j-1)\tfrac{T}{N}\right) \cdot \tfrac{N}{T} \cdot \left[P_1\left(j \cdot \tfrac{T}{N}\right) - P_1\left((j-1)\tfrac{T}{N}\right)\right]$$

$$\text{für } t \in \left[(j-1)\tfrac{T}{N}, j\tfrac{T}{N}\right].$$

Für großes N sind die Unterschiede zwischen beiden Vorgehensweisen vernachlässigbar.

Konvergenz der Methode

Es sei $P_1^{(N)}(t)$, $t \in [0,T]$, der wie oben erzeugte approximative Preisprozess. Ist nun B ein auf $C([0,T])$ stetiges und beschränktes Funktional, so konvergiert nach dem Satz von Donsker und Satz 7 auch

$$E_Q\left(B\left(P_1^{(N)}(t), t \in [0,T]\right)\right) \xrightarrow{N\to\infty} E_Q\left(B\left(P_1(t), t \in [0,T]\right)\right)$$

nach Definition der schwachen Konvergenz. Ist B ein stetiges Funktional auf $C([0,T])$, so folgt die Konvergenz gegen den Optionspreis aus der gleichmäßigen Integrierbarkeit der Familie

$$\left\{ B\left(P_1^{(N)}(t), t \in [0,T]\right) \middle| N \in \mathbf{N} \right\}.$$

Der Nachweis dieser gleichmäßigen Integrierbarkeit kann im Einzelfall recht aufwendig sein. Den Erwartungswert

$$E_Q\left(B\left(P_1^{(N)}(t), t \in [0,T]\right)\right)$$

für gegebenes N approximiert man gemäß dem starken Gesetz der großen Zahl durch das arithmetische Mittel

$$\frac{1}{n}\sum_{i=1}^{n} B\left(P_{1,i}^{(N)}(t),\ t \in [0,T]\right)$$

wobei $P_{1,i}^{(N)}(t)$, $t \in [0,T]$, $i = 1,\ldots, n$, verschiedene gemäß obiger Vorschrift erzeugte Pfade sind.

Vorteile

Die Monte-Carlo-Methode zur Schätzung eines Optionspreises ist leicht implementierbar. Heutzutage sind auch vernünftige Zufallszahlen leicht zugänglich, denn nahezu jede Programmiersprache stellt eine recht gute Routine zur Erzeugung von Pseudo-Zufallszahlen bereit. Außerdem kann durch Monte-Carlo-Simulation jede beliebige exotische Option approximiert werden.

Es gibt auch Verfeinerungen des obigen, einfachen Simulations-Algorithmus, um schnellere Konvergenz zu erzielen (siehe z.B. Rubinstein (1981)).

Nachteile

Diese Methode ist auch in Zeiten schneller Computer recht langsam, denn n und N müssen sehr groß sein, um vernünftige Schätzwerte für den Optionspreis zu erhalten. Diese Werte n und N müssen zum Teil so groß werden, dass der Vorrat an Pseudo-Zufallszahlen ausgeschöpft wird und auf eine bereits benutzte Folge an Pseudozufallszahlen zurückgegriffen werden muss. Damit wird dann die

Voraussetzung der Unabhängigkeit der verschiedenen Simulationen in Frage gestellt, und die Methode hängt somit stark von der Qualität der Zufallszahlen ab.

IV.3 Approximation durch Binomialbäume

Beschreibung der Grundidee

Während die Monte-Carlo-Simulation zur Optionsbewertung auf dem starken Gesetz der großen Zahl basiert, lässt sich die Approximationsmethode mittels Binomialbäumen durch den zentralen Grenzwertsatz motivieren.

Wir betrachten hierzu als Beispiel den zeitdiskreten Aktienpreisprozess $P_1^{(n)}(i)$, i=0,1,..., n, dessen mögliche Pfade durch den folgenden **Binomialbaum** gegeben sind:

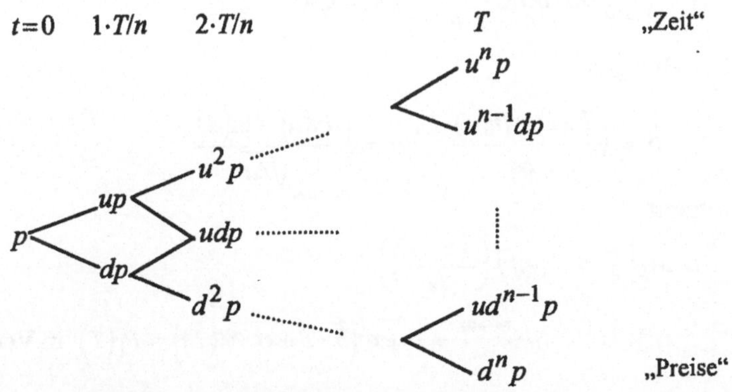

Bild IV.3 Binomialbaum

Dieser Binomialbaum steht für einen Preisprozess, der zur Zeit $t=0$ in p startet. In jedem Knoten des Baumes besteht für den Preis $P_1^{(n)}(i)$ die Möglichkeit, dass er in der nächsten Periode mit der Wahrscheinlichkeit q um den Faktor u steigt und mit der Wahrscheinlichkeit $(1-q)$ um den Faktor d „steigt" ($d<u$). Ein solches Wertpapierpreismodell wird auch als Cox-Ross-Rubinstein-Modell bezeichnet (siehe Cox/Ross/Rubinstein (1979)). Man beachte, dass die Wahrscheinlichkeit, dass der Preis um den Faktor u steigt, und die möglichen Werte der relativen Preisänderung

$$P_1^{(n)}(i) \Big/ P_1^{(n)}(i-1)$$

in jedem Knoten gleich sein sollen. Aus Arbitragegründen muss für die Faktoren u, d gelten:

$$d < e^{r\Delta t} < u \quad \text{mit} \quad \Delta t := \frac{T}{n}.$$

Ansonsten bestünde die Möglichkeit eines risikolosen Gewinns, indem man das Aktieninvestment durch Kredite (im Fall $d \geq e^{r\Delta t}$) oder das Bondinvestment durch Aktienleerverkäufe (im Fall $u \leq e^{r\Delta t}$) finanziert. Ist nun X_n die Anzahl der „Aufwärtsbewegungen" von $P_1{}^{(n)}(n)$, so gelten:

$$X_n \sim B(n,q),$$

$$P_1^{(n)}(n) = p \cdot u^{X_n} \cdot d^{n-X_n} = p \cdot e^{X_n \cdot ln\left(u/d\right) + n \cdot ln(d)}.$$

Speziell gilt für $q=1/2$, $\tilde{b} \in \mathbf{R}$, und die Wahl

$$u = e^{\tilde{b}\Delta t + \sigma\sqrt{\Delta t}}, \quad d = e^{\tilde{b}\Delta t - \sigma\sqrt{\Delta t}}$$

mit den Beziehungen

$$\tilde{b} = \tfrac{1}{2}\frac{ln(u) + ln(d)}{\Delta t}, \quad \sigma = \tfrac{1}{2}\frac{ln(u) - ln(d)}{\sqrt{\Delta t}}$$

die Konvergenz

$$P_1^{(n)}(n) = p \cdot exp\left(\tilde{b} \cdot T + \sigma\sqrt{T}\left(\tfrac{2X_n - n}{\sqrt{n}}\right)\right)$$

$$\xrightarrow{n\to\infty} p \cdot exp\left(\tilde{b} \cdot T + \sigma \cdot W(T)\right) = P_1(T) \quad \text{in Verteilung}$$

aufgrund des zentralen Grenzwertsatzes, wenn man berücksichtigt, dass

$$\frac{(2X_n - n)}{\sqrt{n}}$$

Erwartungswert Null und Varianz Eins hat, außerdem $2X_n$ Summe von n unabhängigen doppelten Bernoullivariablen ist. Eine Verallgemeinerung dieser Konvergenzbeziehung (genauer: die Konvergenz des diskreten gegen den kontinuierlichen Preisprozess) bildet einen Baustein des Binomialansatzes. Der andere Teil der Methode basiert darauf, dass sich der Erwartungswert der abgezinsten Endzahlung aus der Option im diskreten Modell problemlos berechnen lässt. Für eine wachsende Feinheit der Zeitdiskretisierung konvergiert dann die erwartete abgezinste Endzahlung im zeitdiskreten Modell gegen die im zeitstetigen Modell, falls die Familie der

$$B_n := B\left(P_1^{(n)}(i), i = 0,1,\ldots,n\right)$$

gleichmäßig integrierbar ist. Dieser Nachweis kann wieder im Einzelfall sehr aufwendig sein. Aus den gemachten Bemerkungen ergibt sich der folgende Algorithmus:

Algorithmus: Approximation durch Binomialbäume

1. Zu $n>>1$ erstelle einen geeigneten Binomialbaum für den zeitdiskreten Preisprozess $P_1^{(n)}(i)$.

2. Berechne die erwartete abgezinste Endzahlung $E^{(n)}(e^{-rT}B_n)$ im zeitdiskreten Modell als Näherung für $E_Q(e^{-rT}B)$.

Natürlich ist die Wahl von n, d.h. die Feinheit der (Raum- und) Zeitdiskretisierung, ein ganz wesentlicher Faktor für die Genauigkeit der im 2.Schritt berechneten Näherung für den Optionspreis und auch für den Rechenaufwand. Man wird daher den Algorithmus in der Regel iterativ für verschiedene n durchführen und dann abbrechen, wenn sich Konvergenz eingestellt.

Wahl der Parameter im Binomialbaum

Da die Zuwächse

$$P_1^{(n)}(i) \Big/ P_1^{(n)}(i-1)$$

im Binomialbaum alle unabhängig und gleich verteilt sind, ergibt sich nach dem Satz von Donsker für Dreiecksschemata und Satz 7 die schwache Konvergenz von $\{ P_1^{(n)}(i), i=0,1,\ldots, n\}$ gegen $\{P_1(t), t\in[0, T]\}$, wenn die beiden ersten Momente des Logarithmus der Zuwächse

$$ln\left(P_1^{(n)}(i) \Big/ P_1^{(n)}(i-1)\right) \quad \text{und} \quad ln\left(P_1\left(i \cdot \tfrac{T}{n}\right) \Big/ P_1\left((i-1) \cdot \tfrac{T}{n}\right)\right)$$

von diskretem und stetigem Preisprozess in den Zeiten $i{\cdot}T/n$ übereinstimmen. Genauer: Definiert man einen stetigen Prozess $P_1^{(s,n)}(t)$ indem man zwischen $ln(P_1^{(n)}(i-1))$ und $ln(P_1^{(n)}(i))$ linear interpoliert, also

$$ln\left(P_1^{(s,n)}(t)\right) = ln\left(P_1^{(n)}(i-1)\right) + \left(t-(i-1)\tfrac{T}{n}\right)\cdot\tfrac{n}{T}\cdot\left[ln\left(P_1^{(s,n)}(i)\right) - ln\left(P_1^{(n)}(i-1)\right)\right]$$

$$\text{für } t \in \left[(i-1)\tfrac{T}{n}, i\tfrac{T}{n}\right],$$

so konvergiert dieser schwach gegen den Aktienpreisprozess $P_1(t)$, wenn die obigen Momentenbedingungen erfüllt sind.

Da man wegen Korollar III.11 den Preisprozess bzgl. dem äquivalenten Martingalmaß Q betrachtet, kann man oBdA annehmen, dass

$$P_1(t)\Big/P_0(t)$$

Martingal ist. $Q^{(n)}$ sei nun das Binomialmaß bzgl. der Zeitdiskretisierung n, $E^{(n)}$ sei der Erwartungswert bzgl. dieses Maßes, $\{F_i^{(n)}\}_{i\in\{0,1,\dots,n\}}$ sei die durch den Preisprozess $\{P_1^{(n)}(i)\}_{i\in\{0,1,\dots,n\}}$ erzeugte Filterung. Die obigen Momentenbedingungen schreiben sich nun als

$$\left(r-\tfrac{1}{2}\sigma^2\right)\Delta t = E_Q\left(ln\left(\frac{P_1(\Delta t)}{P_1(0)}\right)\right) = E^{(n)}\left(ln\left(\frac{P_1^{(n)}(1)}{P_1^{(n)}(0)}\right)\right)$$

$$= ln(u)\cdot q + ln(d)\cdot(1-q), \tag{1}$$

$$\left(r-\tfrac{1}{2}\sigma^2\right)^2(\Delta t)^2 + \sigma^2\Delta t = E_Q\left(ln\left(\frac{P_1(\Delta t)}{P_1(0)}\right)^2\right) = E^{(n)}\left(ln\left(\frac{P_1^{(n)}(1)}{P_1^{(n)}(0)}\right)^2\right)$$

$$= ln(u)^2\cdot q + ln(d)^2\cdot(1-q), \tag{2}$$

wobei man sich wegen der Annahme an die Verteilung der Zuwächse auf den ersten Zuwachs beschränken kann. Man beachte nun, dass man in den Gleichungen (1) und (2) drei unbekannte Parameter, nämlich

u, d	„Vermehrungsfaktoren“,
q	„Wahrscheinlichkeit für eine Aufwärtsbewegung“

hat. Die beiden Forderungen (1), (2) lassen somit die freie Wahl eines dieser Parameter zu, wenn man beachtet, dass u, $d > 0$ und $q \in (0,1)$ sein müssen. In der Praxis populär sind z.B.:

$$u = \frac{1}{d}, \quad d < 1 \qquad \text{oder} \qquad q = \tfrac{1}{2}.$$

Wir konzentrieren uns nun auf den durch q=1/2 gegebenen Fall (für das Vorgehen bei der Wahl $u=1/d$ und insbesondere bei der Wahl von u, d nach Cox-Ross-Rubinstein vergleiche Übung Ü.13). Aus (1), (2) ergeben sich dann die Gleichungen

$$ln(u \cdot d) = 2\left(r - \tfrac{1}{2}\sigma^2\right)\Delta t\,, \tag{3}$$

$$ln(u)^2 + ln(d)^2 = 2\left(r - \tfrac{1}{2}\sigma^2\right)^2 (\Delta t)^2 + 2\sigma^2 \Delta t\,, \tag{4}$$

die offenbar symmetrisch in u und d sind. Wir machen daher den Ansatz

$$u = e^{B+C} \quad , \quad d = e^{B-C}\,, \tag{5}$$

woraus sich mit (3) und (4)

$$B = \left(r - \tfrac{1}{2}\sigma^2\right)\Delta t \quad , \quad C = |\sigma| \cdot \sqrt{\Delta t}$$

ergeben. Mit (5) erhält man dann

$$u = e^{\left(r - \frac{1}{2}\sigma^2\right)\Delta t + |\sigma|\sqrt{\Delta t}}\,,\; d = e^{\left(r - \frac{1}{2}\sigma^2\right)\Delta t - |\sigma|\sqrt{\Delta t}}\,. \tag{6}$$

Damit sind die beiden Momentenbedingungen erfüllt, und es gilt für $r>0$ offenbar auch

$$0 < d < u \quad \text{und} \quad d < e^{r\Delta t}\,.$$

Um auch die aus Arbitragegründen geforderte Beziehung $e^{r\Delta t}<u$ zu erfüllen, muss

$$|\sigma| \cdot \sqrt{\Delta t} - \tfrac{1}{2}\sigma^2 \Delta t > 0 \tag{7}$$

gelten. Hieraus ergibt sich die Forderung, dass die Zeitdiskretisierung hinreichend fein sein muss, d.h.

$$n > \frac{T \cdot \sigma^2}{4}\,. \tag{8}$$

Der Optionspreis im Binomialmodell

Es kann leicht gezeigt werden, dass das durch den Binomialbaum gegebene Aktienpreismodell zusammen mit der Möglichkeit des Bondinvestments zu den Zeiten $i \cdot T/n$ (mit Bondpreis $P_0(t)=e^{rt}$) einen vollständigen Markt bildet und sich dort der Preis einer Option als abgezinster Erwartungswert der Endzahlung B in $t=T$ bzgl. dem eindeutigen äquivalenten Martingalmaß Q_n ergibt (siehe Übungsaufgabe Ü.8). Q_n ist wiederum durch die „Erfolgswahrscheinlichkeit" $q=q_n$ gegeben. Zu gegebenem u und d mit

$$0 < d < e^{r\Delta t} < u$$

erhält man q aus der Martingalbedingung

$$0 = E_{Q_n}\left(\frac{P_1^{(n)}(i)}{P_0\left(i\cdot\frac{T}{n}\right)} - \frac{P_1^{(n)}(i-1)}{P_0\left((i-1)\cdot\frac{T}{n}\right)}\middle| F_{i-1}^{(n)}\right)$$

$$= \frac{P_1^{(n)}(i-1)}{P_0\left((i-1)\cdot\frac{T}{n}\right)}\cdot\left(\left(q\cdot u+(1-q)\cdot d\right)e^{-r\frac{T}{n}}-1\right) \qquad (*)$$

als

$$q = \frac{e^{r.T/n}-d}{u-d}.$$

Dieses q ist z.B. bei unserer vorangegangenen Wahl von u, d nach (6) i.A. von 1/2 verschieden, woraus somit auch folgt, dass der von uns berechnete Wert $E^{(n)}(e^{-rT}B_n)$ als Näherung für den Optionspreis $E_Q(e^{-rT}B)$ im stetigen Modell i.A. **nie** mit dem Optionspreis $E_{Q_n}(e^{-rT}B_n)$ im Binomialmodell übereinstimmt. Dies verlangt natürlich nach einem Kommentar.

Die Verwendung des Binomialbaumes ist für uns lediglich ein Verfahren zur numerischen Approximation des Erwartungswertes $E_Q(e^{-rT}B)$. Dass dieser Erwartungswert einen Optionspreis darstellt, ist für unser numerisches Verfahren ohne Bedeutung.

Eine andere Art der Approximation von $E_Q(e^{-rT}B)$ besteht darin, q, u, d über die Gleichheit der Zuwächse der ersten beiden Momente von diskretem und stetigem Preisprozess zu bestimmen. Aus der Gleichheit des ersten Momentes der Zuwächse sowie der Unabhängigkeit und gleicher Verteilung der einzelnen Zuwächse im Binomialmodell folgt dann auch, dass die Martingalbedingung (*) erfüllt ist. Man berechnet hier also immer bei dem durch n, q, u, d gegebenen Modell den Optionspreis im Binomialmodell als Näherung für den Optionspreis im stetigem Modell ! Zwar erscheint diese Art der Approximation („ersetze Optionspreis im zeitstetigen Modell durch den Optionspreis im zeitdiskreten Modell") konzeptionell einleuchtend, sie kann aber nicht durch die Theorie der schwachen Konvergenz gerechtfertigt werden.

Berechnung der erwarteten abgezinsten Endzahlung im Binomialbaum

Die Möglichkeit der effizienten Berechnung des Erwartungswertes $E^{(n)}(e^{-rT}B_n)$ hängt ganz wesentlich vom Typ des Funktionals B (bzw. der diskretisierten Version B_n) ab. Wir illustrieren dies anhand zweier Beispiele für den Fall $n=2$, nämlich am Beispiel einer europäischen Option und einem Double-Barrier-Knockout.

Wir wählen $q=1/2$. Für die Marktparameter $r=0$, $\sigma=0.5$, $T=2$, $p=1$ ergibt sich dann der folgende Binomialbaum für $P_1^{(2)}(i)$

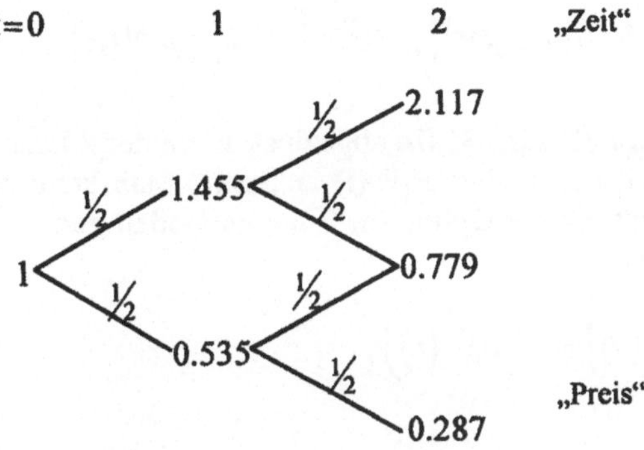

Bild IV.4 Binomialbaum

Um eine europäische Option mit einer Endzahlung der Gestalt

$$B = f\left(P_1(T)\right)$$

im Binomialmodell approximativ zu bewerten, betrachtet man die diskretisierte Variante

$$B_2 = f\left(P_1^{(2)}(2)\right).$$

Ihr Wert lässt sich auf einfache Weise per Rückwärtsinduktion berechnen gemäß

$$E^{(2)}\left(B_2\right) = \tfrac{1}{2}\left(\tfrac{1}{2}\left[f(2.117) + f(0.779)\right]\right) + \tfrac{1}{2}\left(\tfrac{1}{2}\left[f(0.779) + f(0.287)\right]\right).$$

Man berechnet also zunächst die erwarteten Endzahlungen in den beiden Zuständen $P_1^{(2)}(1)=1.455$ und $P_1^{(2)}(1)=0.535$ zur Zeit $t=1$ und dann den Erwartungswert im Startzeitpunkt.

Für eine europäische Call-Option mit Ausübungspreis $K=0.5$ ergäbe sich ein Wert von

$$E^{(2)}\left(B_2\right)=\tfrac{1}{4}\cdot 1.617+\tfrac{1}{2}\cdot 0.279=0.54375.$$

(man vergleiche dies mit dem Black-Scholes-Wert von 0.5416)

Das Prinzip der Rückwärtsinduktion ist allgemein gültig für Optionen mit einer Endzahlung der Form

$$B=f\left(P_1(T)\right).$$

Seien hierzu $B_n=f(P_1^{(n)}(n))$ und

$$V^{(n)}\left(i\cdot\tfrac{T}{n},P_1^{(n)}(i)\right):=E^{(n)}\left(e^{-r\left(T-i\cdot T/n\right)}\cdot B_n\,\middle|\,P_1^{(n)}(i)\right)$$

die erwartete Endzahlung in $t=T$ auf $t=i\cdot T/n$ abgezinst, wenn der Aktienkurs im Binomialmodell zur Zeit $i\cdot T/n$ den Wert $P_1^{(n)}(i)$ annimmt. Man kann dann die erwartete abgezinste Endzahlung der Option im Binomialmodell gemäß der folgenden Rekursion berechnen:

$$V^{(n)}\left(T,P_1^{(n)}(n)\right)=f\left(P_1^{(n)}(n)\right),$$

$$V^{(n)}\left(i\cdot\tfrac{T}{n},P_1^{(n)}(i)\right)=$$

$$\tfrac{1}{2}\left[V^{(n)}\left((i+1)\tfrac{T}{n},uP_1^{(n)}(i)\right)+V^{(n)}\left((i+1)\tfrac{T}{n},dP_1^{(n)}(i)\right)\right]\cdot e^{-rT/n}$$

für $i=n-1,\ldots,0,$

$$E^{(n)}\left(e^{-rT}B_n\right)=V^{(n)}(0,p).$$

In der tatsächlichen Implementation dieses Verfahrens wird man nicht in jedem Iterationsschritt mit $e^{-rT/n}$ abzinsen, sondern, um Rechenzeit zu sparen, lediglich im letzten Schritt mit e^{-rT} multiplizieren. Der große Vorteil der Berechnung des Erwartungswertes gemäß dieser Rekursion besteht darin, dass man lediglich in jedem Knoten des Binomialbaums ein arithmetisches Mittel aus zwei Zahlen zu berechnen hat. Genauer: es sind nur $n\cdot(n-1)/2$ dieser arithmetischen Mittel zu berechnen, obwohl der Aktienpreis im Binomialbaum 2^n verschiedene Pfade durchlaufen kann. Die Gründe hierfür sind zum einen, dass der Binomialbaum ein sogenannter **rekombinierender Baum** ist (d.h. benachbarte Pfade können sich zur nächsten Zeitperiode wieder treffen, insbesondere führen Pfade mit gleicher Anzahl von Auf- und Abwärtsbewegungen zum gleichen Knoten im Binomialbaum und somit zur gleichen Endzahlung) und zum anderen, dass die

Endzahlung der Option B nur vom Endwert der Aktie nicht aber explizit vom (gesamten) Pfad des Aktienpreises abhängt.

Im Fall pfadabhängiger Optionen muss die einfache Rückwärtsinduktion geeignet modifiziert werden, um der Pfadabhängigkeit der Endzahlung Rechnung zu tragen. So ergibt sich für einen Double-Barrier-Knockout-Call mit Endauszahlung

$$B_{DB}^{Call} = \left(P_1(T) - 0.5\right)^+ \cdot 1_{\left\{P_1(t) \in [0.4, 1.4] \text{ für alle } t \in [0,T]\right\}}$$

die diskretisierte Variante

$$\left(B_{DB}^{Call}\right)_2 = \left(P_1^{(2)}(2) - 0.5\right)^+ \cdot 1_{\left\{P_1^{(2)}(i) \in [0.4, 1.4], i=0,1,2\right\}}$$

$$= 0.279 \cdot 1_{\left\{P_1^{(2)}(2)=0.779,\, P_1^{(2)}(1)=0.535\right\}}.$$

Als zeitdiskrete Approximation des Optionspreises erhält man

$$E^{(2)}\left(B_2\right) = \tfrac{1}{4} \cdot 0.279 = 0.06975$$

Im Gegensatz zur durch $f(P_1(T))$ gegebenen Option ergeben sich beim obigen Double-Barrier-Knockout-Call in $T=2$ im Zustand $P_1^{(2)}(2)=0.779$ zwei mögliche Werte für $(B_{DB}^{Call})_2$. Dies ist typisch für das Verhalten pfadabhängiger Optionen. Man erhält pfadabhängige Endzahlungen, was im Extremfall dazu führen kann, dass jeder Pfad des Aktienpreises im Binomialmodell zu einer anderen Endzahlung führt. Die Maximalzahl von verschiedenen Werten für die Endzahlungen ist somit 2^n, was für große n sehr schnell zu sehr großem Rechen- und Speicheraufwand führen kann.

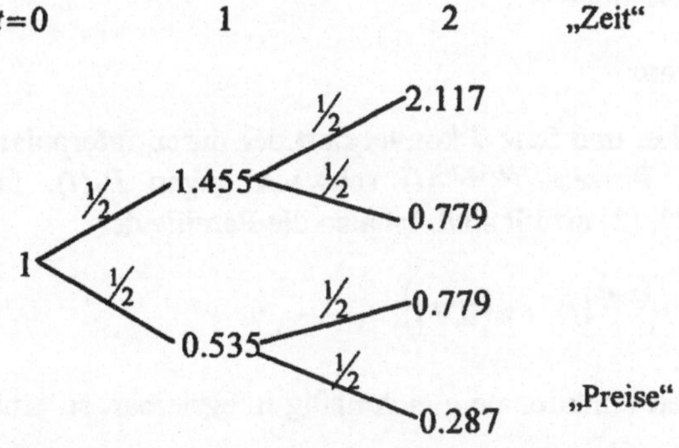

Bild IV.5 nicht-rekombinierender Binomialbaum

Der für die Berechnung des Preises des Double-Barrier-Knockouts relevante Baum besitzt zwar formal die übliche rekombinierende Form des Binomialbaums, jedoch sind die Optionspreise in den einzelnen Knoten nicht eindeutig. Genauer: der Optionspreis wird vom Pfad bis zum Erreichen dieses Knotens mitbestimmt. Es liegt somit eigentlich ein nicht-rekombinierender Baum vor, was durch Bild IV.5 veranschaulicht wird. Das Prinzip der Rückwärtsinduktion für die Berechnung des Erwartungswerts der Endzahlung bleibt weiterhin bestehen. Allerdings hat man nun im Allgemeinen im Zeitpunkt i jeweils 2^{i-1} Erwartungswerte zu berechnen, während man im pfadunabhängigen Fall zum Zeitpunkt i nur $i+1$ Erwartungswerte berechnen musste. Im Fall einer Option vom Knockout-Typ kann man eine gewisse Effizienzsteigerung erzielen, indem man die Rückwärtsinduktion wie bisher durchführt, aber die jeweiligen Approximationen an den Optionspreis in allen Knoten auf Null setzt, in denen die Knockout-Bedingung erfüllt ist. Die Komplexität der Berechnung des Optionspreises ist dann wieder mit der Berechnung im europäischen, pfadunabhängigen Fall vergleichbar. Betrachtet man hingegen eine Average-Option mit Endzahlung

$$B_{Av}^{Call} = \left(\frac{1}{T} \int_0^T P_1(t)\,dt - K \right)^+$$

bzw. ihre diskrete Variante

$$\left(B_{Av}^{Call}\right)_n = \left(\frac{1}{n+1} \sum_{i=0}^{n} P_1^{(n)}(i) - K \right)^+$$

so muss man in der Regel den kompletten, nicht-rekombinierenden Baum zur Optionspreisberechnung verwenden.

Konvergenz des Verfahrens

Nach dem Satz von Donsker und Satz 7 konvergiert der durch Interpolation aus $P_1^{(n)}(i)$ erhaltene stetige Prozess $P_1^{(s,n)}(i)$ schwach gegen $P_1(t)$, falls die Momentenbedingungen (1), (2) erfüllt sind. Ist also die Familie der

$$B_{s,n} := B\left(P_1^{(s,n)}(t),\ t \in [0,T] \right)$$

der auf $P_1^{(s,n)}(t)$ definierten Funktionale gleichmäßig integrierbar, so erhält man auch Konvergenz für

$$E^{(n)}\left(e^{-rt} B_{s,n}\right) \xrightarrow{n\to\infty} E_Q\left(e^{-rT} B\right) \tag{9}$$

wobei $Q^{(n)}$ auf den Pfaden von $P_1^{(s,n)}(t)$ durch Identifikation mit den zugehörigen Pfaden von $P_1^{(n)}(i)$ definiert ist. Aus (9) folgt z.B. dann die gewünschte Konvergenz

$$E^{(n)}\left(e^{-rt}B_n\right) \xrightarrow{n\to\infty} E_Q\left(e^{-rT}B\right),$$

wenn

$$\lim E^{(n)}\left(e^{-rt}\left(B_{s,n}-B_n\right)\right)=0$$

gilt. Diese Konvergenz ist wiederum explizit für die jeweiligen Optionstypen nachzuweisen. Sie gilt immer dann, wenn die Differenz $B_{s,n}-B_n$ gleichmäßig gegen Null geht. Dies ist z.B. im Fall von europäischen Lookbacks, Barriere und Double-Barrier-Optionen sowie asiatischen Optionen erfüllt.

Vorteile des Verfahrens

Approximationsverfahren, die auf Binomialbäumen basieren, sind leicht implementierbar. Allerdings hängt ihre Effizienz in Bezug auf Rechengeschwindigkeit und Speicherplatz stark vom verwendeten Optionstyp ab. In der Regel konvergieren Binomialverfahren schneller als Monte-Carlo-Simulationen. Für sehr große nicht-rekombinierende Bäume besteht desweiteren die Möglichkeit, ein Hybrid-Verfahren durch Kombination von Binomialmethode und Monte-Carlo-Simulation zu verwenden: es wird eine hinreichend große Zahl von Aktienpfaden im Binomialmodell simuliert und das arithmetische Mittel über die zugehörigen B_n als Näherung für den Optionspreis verwendet.

Nachteile des Verfahrens

Insbesondere bei Double-Barrier-Optionen stellt sich oft ein langsames und unregelmäßiges Konvergenzverhalten ein. So muss die Genauigkeit der Approximation nicht unbedingt mit n wachsen, im Gegenteil, man stellt oft einen sogenannten Sägezahneffekt fest (d.h. mit wachsendem n scheint sich der approximative Optionspreis dem wahren Wert zu nähern, entfernt sich plötzlich sprunghaft, nähert sich dann wieder langsam dem wahren Wert, usw).

IV.4 Trinomialbäume und explizite Finite-Differenzen-Verfahren

Wir haben im Abschnitt III.3 bereits gesehen, dass man Optionspreise (unter gewissen Voraussetzungen) auch als Lösung eines zugehörigen Cauchy-Problems erhalten kann. Dies ist z.B. für Endzahlungen der Form

$$B = f\big(P_1(T)\big)$$

mit geeignetem f (siehe Proposition III.13) der Fall. Existiert für das jeweilige Cauchy-Problem keine geschlossene analytische Lösung (oder ist man nicht in der Lage, sie zu bestimmen), so bietet es sich an, das Cauchy-Problem mit üblichen Methoden zur numerischen Behandlung partieller Differentialgleichungen iterativ zu lösen. Eine Darstellung der möglichen numerischen Lösungsmethoden für das betreffende Cauchy-Problem übersteigt den Rahmen dieses Buchs (wir verweisen hierfür z.B. auf Wilmott, Dewynne & Howison (1993)). Wir wollen statt dessen zeigen, dass auch bei numerischen Methoden ein Zusammenhang zwischen stochastischen Methoden und Methoden der partiellen Differentialgleichungen existiert, der dem Satz von Feynman und Kac ähnelt. Wir betrachten hierzu zunächst die Approximation des Black-Scholes-Modells durch einen **rekombinierenden Trinomialbaum.**

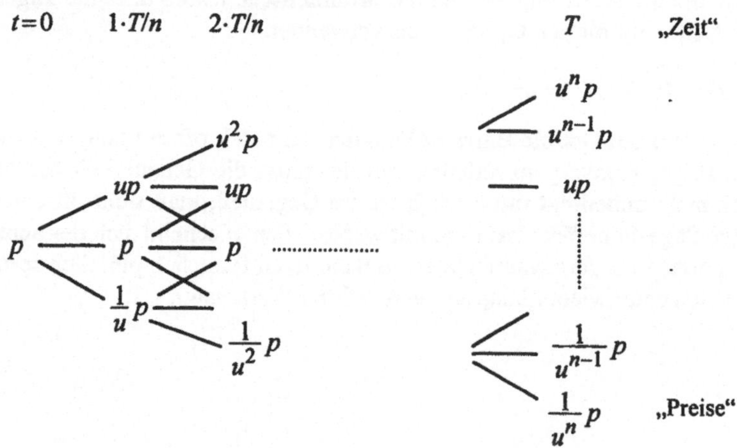

Bild IV.6 Trinomialbaum

Speziell wählen wir hierzu den zeitdiskreten Aktienpreisprozess $P_1^{(n)}(i)$, i=0,1,...,n mit möglichen Pfaden im Trinomialbaum (siehe Bild IV.6), wobei aus Arbitragegründen für $u>0$ gelten muss

$$\frac{1}{u} < e^{r.T/n} < u\,. \tag{1}$$

Weiter seien die Wahrscheinlichkeiten für eine Aufwärtsbewegung in jedem Knoten des Baumes gleich q_1, die für eine Abwärtsbewegung sei q_2, somit ist die Wahrscheinlichkeit für ein Gleichbleiben des Aktienkurses gleich q_3= 1−(q_1+q_2). Es gelte

$$0 < q_1, q_2 < 1\ ,\ \ q_1 + q_2 \le 1 \tag{2}$$

Da man im Fall q_1+q_2=1 wieder ein Binomialmodell erhalten würde, nehmen wir q_1+q_2<1 an. Aus dem Satz von Donsker für Dreiecksschemata erhalten wir schwache Konvergenz von $P_1^{(n)}(i)$, i=0,1,...,n gegen den Aktienpreisprozess (im risiko-neutralen Markt)

$$P_1(t) = p\cdot exp\left(\left(r-\tfrac{1}{2}\sigma^2\right)t + \sigma W(t)\right),$$

falls die beiden ersten Momente der Zuwächse von $ln(P_1(t))$ zwischen $k\cdot T/n$ und $(k+1)\cdot T/n$

$$ln\left(P_1\left(i\cdot\tfrac{T}{n}\right)\Big/P_1\left((i-1)\tfrac{T}{n}\right)\right),$$

mit denen der entsprechenden Zuwächse von $ln(P_1^{(n)}(i))$ übereinstimmen. Dies führt auf die Gleichungen:

$$\left(r-\tfrac{1}{2}\sigma^2\right)\Delta t = ln(u)\cdot q_1 + ln\left(\frac{1}{u}\right)\cdot q_2\,, \tag{3}$$

$$\left(r-\tfrac{1}{2}\sigma^2\right)^2(\Delta t)^2 + \sigma^2\Delta t = ln(u)^2\cdot q_1 + ln\left(\frac{1}{u}\right)^2\cdot q_2\,, \tag{4}$$

Zu gegebenem $u>0$ kann man hier wie beim Binomialmodell q_1, q_2 durch Lösen des obigen linearen Systems bestimmen. Wir wollen dies nicht tun, sondern statt dessen auf das in der Praxis weit verbreitete Vorgehen nach Cox-Ross-Rubinstein eingehen. Von ihnen wird vorgeschlagen,

$$u = e^{\lambda\sigma\sqrt{\Delta t}} := e^{\Delta x} \tag{5}$$

für ein $\lambda \in [1,\infty)$ zu wählen und in Gleichung (4) Terme von höherer Ordnung als Δt zu vernachlässigen, was für kleine Δt keinen allzu großen Fehler darstellt. Man erhält dann aus (3), (4), (5) die Gleichungen

$$\lambda\sigma\sqrt{\Delta t}\left(q_1 - q_2\right) = \left(r - \tfrac{1}{2}\sigma^2\right)\Delta t\,, \tag{6}$$

$$\lambda^2\sigma^2\Delta t\left(q_1 + q_2\right) = \sigma^2\Delta t\,, \tag{7}$$

und hieraus

$$q_1 = \tfrac{1}{2}\left(\left(r - \tfrac{1}{2}\sigma^2\right)\frac{1}{\lambda\sigma}\sqrt{\Delta t} + \frac{1}{\lambda^2}\right), \tag{8}$$

$$q_2 = \tfrac{1}{2}\left(\frac{1}{\lambda^2} - \left(r - \tfrac{1}{2}\sigma^2\right)\frac{1}{\lambda\sigma}\sqrt{\Delta t}\right). \tag{9}$$

Für hinreichend kleines Δt, also hinreichend großes n, liegen dann q_1, q_2, q_3 alle in (0,1). Insbesondere würde die Wahl $\lambda = 1$ ein Binomialmodell liefern.

Wie im Binomialmodell erhalten wir folgenden Algorithmus (wobei zu festem n das Wahrscheinlichkeitsmaß $Q^{(n)}$ durch q_1, q_2, $q_3=1-(q_1+q_2)$ gemäß (8), (9) gegeben ist, B_n wie in Abschnitt V.3):

<u>**Algorithmus:**</u> Approximation durch Trinomialbäume

1. Zu $n \gg 1$ erstelle einen geeigneten Trinomialbaum für den zeitdiskreten Preisprozess $P_1^{(n)}(i)$ (siehe hierzu (5),(8),(9)).

2. Berechne die erwartete abgezinste Endzahlung $E^{(n)}(e^{-rT}B_n)$ im zeitdiskreten Modell als Näherung für $E_Q(e^{-rT}B)$.

Berechnung von $E^{(n)}(e^{-rT}B_n)$

Wir berechnen $E^{(n)}(e^{-rT}B_n)$ im Trinomialmodell wieder per Rückwärtsinduktion. Es seien hierzu

$$X_1^{(n)}(i) := \ ln\left(P_1^{(n)}(i)\right)\,,\quad i=0,\ldots,n.$$

$$V^{(n)}\left(i\cdot\Delta t, X_1^{(n)}(i)\right) := \ E^{(n)}\left(e^{-r(T-i\cdot\Delta t)}B_n \,\middle|\, P_1^{(n)}(i)\right).$$

Berechne dann rekursiv in Analogie zum Binomialmodell:

$$V^{(n)}\left(T, X_1^{(n)}(n)\right) = f\left(exp\left(X_1^{(n)}(n)\right)\right),$$

$$V^{(n)}\left(i\cdot\Delta t, X_1^{(n)}(i)\right)$$
$$= \left[q_1 V^{(n)}\left((i+1)\Delta t, X_1^{(n)}(i)+\Delta x\right) + q_3 V^{(n)}\left((i+1)\Delta t, X_1^{(n)}(i)\right)\right.$$
$$\left. + q_2 V^{(n)}\left((i+1)\Delta t, X_1^{(n)}(i)-\Delta x\right)\right] e^{-r\Delta t}, \quad i=n-1,\dots,0 \qquad (10)$$

$$E^{(n)}\left(e^{-rT} B_n\right) = V^{(n)}(0,p).$$

Konvergenz des Verfahrens folgt wie im Binomialmodell aus dem Satz von Donsker und der gleichgradigen Integrierbarkeit der B_n, die im Einzelfall nachzuprüfen ist (vgl. auch Cox-Ross-Rubinstein(1979)).

Der Optionspreis im Trinomialmodell

Im Allgemeinen kann die Endzahlung eines europäischen Calls im Trinomialmodell nicht durch eine Handelstrategie in Bond und Aktie dupliziert werden (siehe Übung Ü.9). Auch existiert hier eine ganze Familie äquivalenter Martingalmaße, so dass sich die im Binomialansatz angedeutete Alternative „Berechne den Optionspreis in einem approximierenden Trinomialmodell" nicht mehr ohne weitere Modifikationen durchführen lässt. Mehr noch: wir haben bis jetzt noch überhaupt keine Methode zur Berechnung eines Optionspreises in unvollständigen Märkten entwickelt !

Beziehung zwischen Trinomialbäumen und expliziten Finite-Differenzen-Verfahren

Nach Proposition III.13 löst der Optionspreis (unter geeigneten Voraussetzungen) das folgende Cauchy-Problem

$$V_t + \tfrac{1}{2}\sigma^2 p^2 V_{pp} + rpV_p - rV = 0, \quad (t,p)\in[0,T]\times(0,\infty), \qquad \text{(CP)}$$
$$V(T,p) = f(p), \quad p>0.$$

Mit der Substitution $x = ln(p)$ und der Bezeichnung

$$\tilde{V}(t,x) := V(t,p)$$

geht (CP) in das Problem

$$\tilde{V}_t + \tfrac{1}{2}\sigma^2 \tilde{V}_{xx} + \left(r - \tfrac{1}{2}\sigma^2\right)\tilde{V}_x - r\tilde{V} = 0\,,\ (t,x) \in [0,T] \times \mathbf{R}, \qquad \text{(TCP)}$$
$$\tilde{V}(T,x) = f\left(e^x\right)\,,\ x \in \mathbf{R},$$

über. Ein populäres numerisches Lösungsverfahren für (TCP) ist das sogenannte explizite Finite-Differenzen-Verfahren. Es basiert darauf, dass in (TCP) zu gegebener Zeitdiskretisierung 0, Δt, $2\Delta t$,...,T und Raumdiskretisierung $ln(p_1)$, $ln(p_1) \pm \Delta x$, $ln(p_1) \pm 2\Delta x$,.... die auftretenden partiellen Ableitungen durch die folgenden Differenzenquotienten ersetzt werden:

$$\Delta_t \tilde{V}^{(n)}(t,x) := \frac{\tilde{V}^{(n)}(t+\Delta t,x) - \tilde{V}^{(n)}(t,x)}{\Delta t},$$

$$\Delta_x \tilde{V}^{(n)}(t,x) := \frac{\tilde{V}^{(n)}(t+\Delta t,x+\Delta x) - \tilde{V}^{(n)}(t+\Delta t,x-\Delta x)}{2\Delta x},$$

$$\Delta_{xx} \tilde{V}^{(n)}(t,x) := \frac{\tilde{V}^{(n)}(t+\Delta t,x+\Delta x) - 2\tilde{V}^{(n)}(t+\Delta t,x) + \tilde{V}^{(n)}(t+\Delta t,x-\Delta x)}{(\Delta x)^2},$$

Mit den Bezeichnungen

$$t_i := i \cdot \Delta t\ ,\ i=0,1,\ldots,n,$$
$$X(j) := ln(p_1) + j \cdot \Delta x\,,\ j \in \mathbf{Z},$$

ergibt Einsetzen dieser „finiten Differenzen“ anstelle der Differentialquotienten (=partielle Ableitungen) in (TCP) sowie Auflösen nach $\tilde{V}^{(n)}(t_i, X(j))$:

$$\tilde{V}^{(n)}(t_i, X(j)) =$$

$$\frac{1}{1+r\Delta t}\Bigg\{\left(\frac{1}{2}\sigma^2 \frac{\Delta t}{(\Delta x)^2} + \frac{1}{2}\left(r - \frac{\sigma^2}{2}\right)\frac{\Delta t}{\Delta x}\right)\tilde{V}^{(n)}\left(t_i + \Delta t, X(j) + \Delta x\right)$$

$$+\left(1 - \sigma^2 \frac{\Delta t}{(\Delta x)^2}\right)\tilde{V}^{(n)}\left(t_i + \Delta t, X(j)\right)$$

$$+\left(\frac{1}{2}\sigma^2 \frac{\Delta t}{(\Delta x)^2} - \frac{1}{2}\left(r - \frac{\sigma^2}{2}\right)\frac{\Delta t}{\Delta x}\right)\tilde{V}^{(n)}\left(t_i + \Delta t, X(j) - \Delta x\right)\Bigg\} \qquad (11)$$

Da man zur Zeit T bereits alle Werte von $\widetilde{V}^{(n)}(T,x)$ kennt, kann man aus der obigen expliziten Darstellung für $\widetilde{V}^{(n)}$ $(T-\Delta t, X(j))$ dessen Werte berechnen. Per Rückwärtsinduktion mit Schrittlänge Δt gelangt man so nach n Schritten zur Zeit $t=0$ und erhält insbesondere $\widetilde{V}^{(n)}(0,x)$ als Näherung für den Optionspreis $\widetilde{V}(0,x)$.

Der Vergleich von (5), (8), (9) mit der Rekursion (11) zeigt sofort, dass die Rekursion (10) im Trinomialbaum als ein spezielles Finite-Differenzen-Verfahren aufgefasst werden kann (wenn man den Unterschied der beiden Abzinsfaktoren $e^{-r\Delta t}$ und $(1+r\Delta t)^{-1}$ vernachlässigt). Man erhält Konvergenz von $\widetilde{V}^{(n)}(0,x)$ gegen $\widetilde{V}(0,x)$ genau dann, wenn die Stabilitätsbedingung

$$0<\frac{\Delta t}{(\Delta x)^2}\leq\frac{1}{\sigma^2}$$

erfüllt ist (vgl. Abschnitt 8.4 in Wilmott, Dewynne & Howison (1995)). Den Beweis dieser Aussage und die Darstellung weiterer Diskretisierungsverfahren zur Lösung der partiellen Differentialgleichung (TCP) findet man in Wilmott, Dewynne & Howison (1993).

IV.5 Der pfadweise Binomialansatz nach Rogers und Stapleton

Beschreibung der Grundidee

Während man bei der üblichen Binomialmethode – wie in Abschnitt IV.3 – lediglich die Verteilung von $P_1(t)$ durch eine einfachere, diskrete Verteilung approximiert, wird bei der Methode nach Rogers und Stapleton jeder einzelne Pfad von $P_1(t)$ durch eine Treppenfunktion angenähert. Hierbei darf die approximierende Treppenfunktion nur Werte in einer vorgegebenen diskreten Menge annehmen und höchstens um einen vorgegebenen Wert ε vom jeweiligen Pfad von $P_1(t)$ abweichen. Die entscheidende Idee von Rogers und Stapleton besteht nun darin, die Menge der möglichen Werteverläufe einer solchen Treppenfunktion als unendlichen Binomialbaum aufzufassen. Es wird dann ein Algorithmus angegeben, wie man in einem solchen unendlichen Baum die erwartete abgezinste Endzahlung aus der Option als Näherung für den Optionspreis im Black-Scholes-Modell bestimmt.

Algorithmus: Pfadweiser Binomialansatz nach Rogers und Stapleton

1. Erstelle zu vorgegebener Genauigkeit Δy und Startpunkt $y:=ln(p_1)$ einen unendlichen Binomialbaum.

2. Berechne die erwartete abgezinste Endzahlung aus der Option $E^{(\Delta y)}(e^{-rT}B_{\Delta y})$ im unendlichen Binomialmodell als Näherung für $E_Q(e^{-rT}B)$.

Erstellung des unendlichen Binomialbaums

i) Approximation

Wir betrachten den Logarithmus $Y(t)$ des Aktienpreises

$$Y(t) = ln\left(P_1(t)\right) = \underbrace{ln\left(p_1\right)}_{=:y} + \sigma \cdot W(t) + \left(r - \tfrac{1}{2}\sigma^2\right) \cdot t$$

und definieren zu gegebener „Genauigkeit“ $\Delta y > 0$ für jedes $\omega \in \Omega$ und $t \in [0, T]$ eine approximierende Treppenfunktion $Z(t)$ über

$$\tau_0(\omega) := 0,$$

$$\tau_n(\omega) := inf\left\{t \in [0,T] \,\middle|\, t > \tau_{n-1}(\omega), \left|Y(t,\omega) - Y\left(\tau_{n-1}(\omega),\omega\right)\right| > \Delta y\right\}, \; n=1,2,...,$$

$$\xi_0(\omega) := y,$$

$$\xi_n(\omega) := Y\left(\tau_n, \omega\right),$$

$$Z(t,\omega) = \sum_{n=0}^{\infty} \xi_n(\omega) \cdot 1_{\left[\tau_n, \tau_{n+1}\right)}(t).$$

Das bedeutet: Sobald sich $Y(t)$ vom aktuellen Wert der Treppenfunktion $Z(t)$ um Δy entfernt, wird die Treppenfunktion auf diesen Wert von $Y(t)$ gesetzt. Per Konstruktion von $Z(t)$ gilt dann:

$$\sup_{0 \le t \le T} \left|Y(t) - Z(t)\right| \le \Delta y .$$

Man beachte, dass $Z(t)$ bei vorgegebenen y und Δy nur Werte in der Menge $\{y \pm i \cdot \Delta y \mid i \in \mathbb{N}\}$ annehmen kann. Weiter kann $Z(t)$ nur in die benachbarten Zustände $Z(t) \pm \Delta y$ springen, und für festes ω kann $Z(t, \omega)$ nur endlich viele Werte auf $[0,T]$ annehmen. Allerdings gibt es keine obere Schranke für die Anzahl der von $Z(t,\omega)$ auf $[0,T]$ angenommenen Werte.

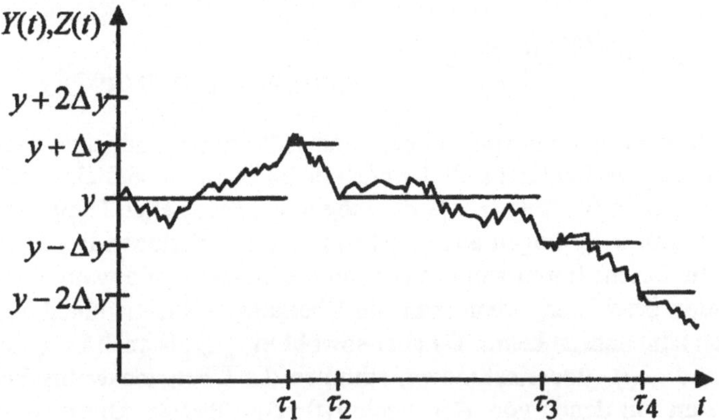

Bild IV.7 Approximation durch eine Treppenfunktion

Man kann sich daher den Werteverlauf von $Z(t,\omega)$ auf $[0,T]$ auch als endlichen Pfad im unendlichen Binomialbaum vorstellen, siehe Bild IV.8.

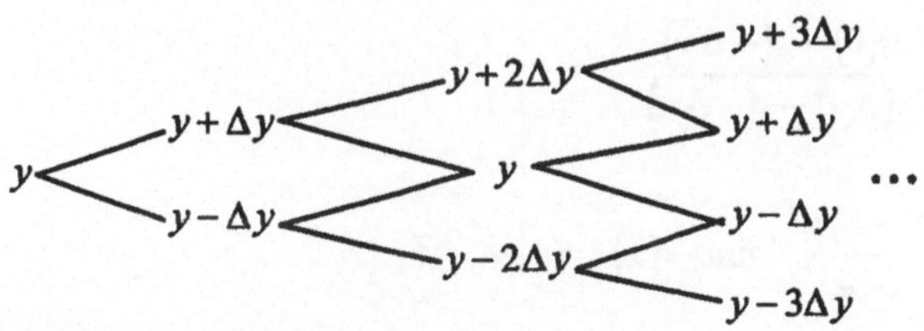

Bild IV.8 Binomialbaum

ii) Berechnung der Übergangswahrscheinlichkeiten

Wir wollen die weiteren Grundlagen des Algorithmus am Beispiel eines Double-Barrier-Knockout-Calls für $Y(t)=ln(P_1(t))$ demonstrieren. Die Endzahlung B sei also gegeben durch

$$B=\left(P_1(T)-K\right)^+\cdot 1_{\left\{ln\left(P_1(t)\right)\in\left(b_*,b^*\right)\text{ für alle } t\in[0,T]\right\}}.$$

Hierbei ist $K>0$ der Ausübungspreis. Die reellen Zahlen $b_*<y<b^*$ definieren das Intervall, in dem sich $Y(t)$ bewegen muss, damit der Call in $t=T$ noch ausgeübt

werden darf. Verlässt $Y(t)$ das Intervall (b_*, b^*), so verfällt die Option wertlos. Nach Korollar III.11 gilt für den Preis dieses Calls:

$$x_B = E_Q\left(e^{-r(T)}\left(P_1(T)-K\right)^+ \cdot 1_{\left\{ln\left(P_1(t)\right)\in\left(b_*,b^*\right) \text{ für alle } t\in[0,T]\right\}}\right).$$

Wir werden diesen Preis nun approximativ mit Hilfe des unendlichen Binomialbaums berechnen. Hierbei lässt sich der unendliche Baum in endliche Teilbäume zerlegen, in dem man für festes $n \in \mathbf{N}$ die möglichen Pfade aller Treppenfunktionen $Z(t)$ mit genau n Sprüngen auf $[0,T]$ mit einem n-Perioden-Binomialbaum identifiziert. In diesem Baum kann man dann die zugehörige erwartete Endzahlung der Option berechnen, wenn man die Übergangswahrscheinlichkeiten von einem Knoten zum andern kennt. Da aber sowohl in τ_{n-1} als auch in τ_n die Werte von $Y(t)$ und $Z(t)$ übereinstimmen, stimmen die Übergangswahrscheinlichkeiten im Baum mit denen von $Y(t)$ nach $Y(t) \pm \Delta y$ überein. Diese lassen sich aber mit Satz 12 berechnen.

Satz 12

Zu vorgegebenem $\Delta y > 0$ beträgt die Wahrscheinlichkeit für eine Aufwärtsbewegung von $Z(t)$ in τ_n, $n \in \mathbf{N}$,

$$q = \frac{s(0)-s(-\Delta y)}{s(\Delta y)-s(-\Delta y)}$$

mit

$$c := \frac{r-\frac{1}{2}\sigma^2}{\sigma^2} \text{ und } s(x) := -e^{-2cx}.$$

Die Wahrscheinlichkeit für eine Abwärtsbewegung von $Z(t)$ in $\tau_n, n \in \mathbf{N}$, beträgt $1-q$.

Beweis:

Da sich die Zuwächse $W(t)-W(s)$ einer Brownschen Bewegung wieder wie eine Brownsche Bewegung $W^*(t-s)$ verhalten, haben alle Übergänge von $Z(t)$ zu den Sprungzeiten $\tau_n, n \in \mathbf{N}$, die gleiche Verteilung, unabhängig vom tatsächlichen Wert von $Y(t)$. Es reicht deshalb, die Behauptung für den Übergang von $Z(\tau_0)$ nach $Z(\tau_1)$ zu zeigen. Nach der Bemerkung vor dem Satz muss man nun nur noch die Wahrscheinlichkeitsverteilung von $Y(t)$ in τ_1 berechnen, da diese mit der von $Z(\tau_1)$ übereinstimmt, falls $\tau_1 < T$ gilt.

Es sei $\tau_1^{(n)} := \tau_1 \wedge n$. Dann liefert die Itô-Formel für zweimal stetig differenzierbares f:

$$f\left(Y\left(\tau_1^{(n)}\right)\right) = f(y) + \int_0^{\tau_1^{(n)}} \left(f'(Y(s))\mu + \tfrac{1}{2} f''(Y(s))\sigma^2\right) ds + \int_0^{\tau_1^{(n)}} f'(Y(s))\sigma \, dW(s)$$

mit

$$\mu := r - \tfrac{1}{2}\sigma^2 .$$

Da nach Definition von τ_1

$$Y(s) \in [y - \Delta y, y + \Delta y] \quad \text{für alle } s \in [0, \tau_1^{(n)}]$$

gilt, ist $f'(Y(s))$ auf $[0, \tau_1^{(n)}]$ beschränkt und somit

$$E\left(\int_0^{\tau_1^{(n)}} f'(Y(s))\, dW(s) \right) = 0 ,$$

folglich

$$E\left(f\left(Y\left(\tau_1^{(n)}\right)\right)\right) = f(y) + E\left(\int_0^{\tau_1^{(n)}} \left(f'(Y(s))\mu + \tfrac{1}{2} f''(Y(s))\sigma^2\right) ds \right). \tag{1}$$

Um nun q zu bestimmen, suchen wir ein $f \in C^2$ mit:

$$\begin{aligned} &\tfrac{1}{2} f''(x)\sigma^2 + f'(x)\mu = 0 \quad \text{für alle } x \in (y - \Delta y, y + \Delta y) \\ &f(y - \Delta y) = 0 \\ &f(y + \Delta y) = 1 \end{aligned} \tag{2}$$

Aus (1) und (2) folgt dann wegen

$$\lim_{n \to \infty} E\left(f\left(Y\left(\tau_1^{(n)}\right)\right)\right) = E\left(f\left(Y(\tau_1)\right)\right)$$

und nach Definition von τ_1 (beachte, dass $P(\tau_1 < \infty) = 1$)

$$E\left(f\left(Y(\tau_1)\right)\right) = q \cdot f(y + \Delta y) + (1 - q) \cdot f(y - \Delta y)$$

die Beziehung

$$q \cdot 1 = f(y) .$$

Explizites Lösen des Randwertproblems (2) durch einmaliges Integrieren, Lösen der dann entstandenen linearen Differentialgleichung 1.Ordnung mit Variation der Konstanten und anschließendes Bestimmen der Integrationskonstanten mit Hilfe der Randbedingungen ergibt:

$$f(x) = \frac{1 - exp\left(-\frac{2\mu}{\sigma^2}\left(x - (y - \Delta y)\right)\right)}{1 - exp\left(-\frac{2\mu}{\sigma^2} \cdot 2\Delta y\right)}$$

$$= \frac{exp\left(\frac{2\mu}{\sigma^2}\Delta y\right) - exp\left(-\frac{2\mu}{\sigma^2}(x - y)\right)}{exp\left(\frac{2\mu}{\sigma^2}\Delta y\right) - exp\left(-\frac{2\mu}{\sigma^2}\Delta y\right)}.$$

Einsetzen von y in $f(x)$ liefert die Behauptung. □

Fortsetzung: Double-Barrier-Knockout-Call

Für die konkrete Anwendung auf den Double-Barrier-Knockout-Call sind nun alle Pfade im Baum wertlos, die die Werte b_* unter- bzw. b^* überschreiten.

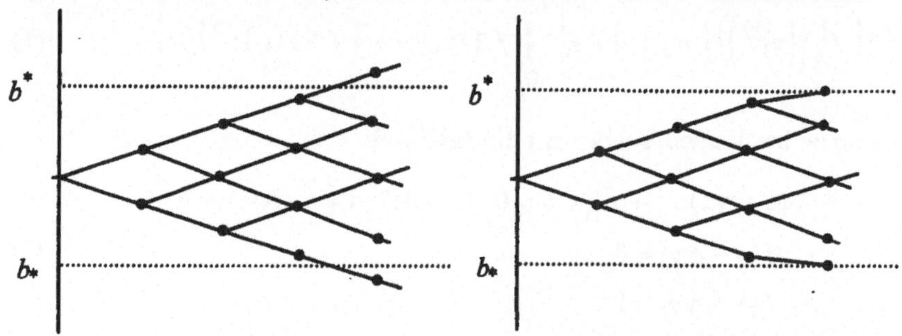

Bild IV.9 Binomialbaum **Bild IV.10** modifizierter Binomialbaum

Ist der Prozess $Z(t)$ nun um weniger als Δy von b^* oder b_* entfernt, so modifizieren wir unsere Definition von $Z(t)$. Würde nämlich $Z(t)$ beim nächsten Sprung aus dem Intervall $[b_*, b^*]$ springen, so wäre die Option bereits wertlos, bevor der zugehörige Knoten im Binomialbaum erreicht wäre (eventuell würde er sogar nie erreicht !). Man wählt deshalb den nächsten Knotenpunkt, so dass er genau auf der Höhe b^* bzw. b_* liegt. Dies entspricht dann einem Sprung der Treppenfunktion schon beim Erreichen von b^* bzw. b_* und nicht erst bei $Z(t)-\Delta y$ bzw. $Z(t)+\Delta y$.

Diese Modifikation von $Z(t)$ hat mehrere wichtige Konsequenzen. So nimmt $Z(t)$ nur Werte im modifizierten Binomialbaum an. Die Endzahlung des Double-Barrier-Knockout-Call im modifizierten Binomialbaum $B_{\Delta y}$ ist nun durch

$$B_{\Delta y} = \left(e^{Z(T)} - K\right)^{+} \cdot 1_{\left\{Z(t) \in \left(b_*, b^*\right) \text{ für alle } t \in [0,T]\right\}}$$

gegeben. Eine weitere wichtige Konsequenz der obigen Modifikation von $Z(t)$ ist die, dass $Z(t)$ genau dann eine der Barrieren erreicht, wenn auch $Y(t)$ dieselbe Barriere erreicht, also

$$1_{\left\{Z(t) \in \left(b_*, b^*\right) \text{ für alle } t \in [0,T]\right\}} = 1_{\left\{Y(t) \in \left(b_*, b^*\right) \text{ für alle } t \in [0,T]\right\}}$$

und die Option verfällt genau dann vor T wertlos im Originalmodell, wenn sie auch im modifizierten Binomialmodell wertlos vor T verfällt. Für die Bewertung des Double-Barrier-Knockout-Calls ist es unerheblich, ob man $Z(t)$ nach dem Erreichen von b_*, b^* konstant hält oder wie ursprünglich definiert fortsetzt. Wichtig für die Bewertung des Double-Barrier-Knockout-Calls ist es aber, dass sich für $Z(t) \in (b^* - \Delta y, b^*)$ oder $Z(t) \in (b_*, b_* + \Delta y)$ auch die Übergangswahrscheinlichkeiten im modifizierten Baum ändern.

Satz 13

a) Gilt $Y(\tau_n) = y^*$ mit $y^* \in (b^* - \Delta y, b^*)$, so gilt

$$q^* = P\left(Z(\tau_{n+1}) = y^* - \Delta y \,\middle|\, Z(\tau_n) = y^*\right) = \frac{s(b^*) - s(y^*)}{s(b^*) - s(y^* - \Delta y)}.$$

Mit Wahrscheinlichkeit $1 - q^*$ erreicht $Z(\tau_{n+1})$ den Wert b^*, und die Option verfällt wertlos.

b) Im Fall $Y(\tau_n) = y_*$ mit $y_* \in (b_*, b_* + \Delta y)$ gilt

$$q_* = P\left(Z(\tau_{n+1}) = y_* + \Delta y \,\middle|\, Z(\tau_n) = y_*\right) = \frac{s(y_*) - s(b_*)}{s(y_* + \Delta y) - s(b_*)}.$$

Mit Wahrscheinlichkeit $1 - q_*$ gilt $Z(\tau_{n+1}) = b_*$, und die Option verfällt wertlos.

Beweis:

Analoges Vorgehen zum Beweis von Satz 12. Lediglich die Randbedingungen sind jetzt in $y^* - \Delta y$ und b^* (bzw. b_* und $y_* + \Delta y$) zu stellen. □

Fügt man die beiden letzten Sätze zusammen, so erhält man eine Rekursion zur Berechnung des Erwartungswertes der Endzahlung bei gegebener Anzahl der Auf- und Abwärtsbewegungen von $Z(t)$.

Proposition 14

Die erwartete Endzahlung $\Psi(k, y)$ der Option im Binomialmodell bei gegebener Anzahl $k \in \mathbb{N} \cup \{0\}$ der Aufwärts- und Abwärtsbewegungen von $Z(t)$ auf $[0, T]$ und gegebenen Anfangswert $Z(0) = y \in (b_*, b^*)$ lässt sich induktiv gemäß

$$\Psi(0, y) = \left(e^y - K\right)^+ ,$$

$$\Psi(n+1, y) = q(y) \cdot \Psi(n, y + \Delta y) + \underline{q}(y) \cdot \Psi(n, y - \Delta y) \text{ , } n = 0,1,2,...,$$

berechnen. Hierbei sind die Wahrscheinlichkeiten $q(y)$ für $y \in (b_* + \Delta y,\ b^* - \Delta y)$ durch q aus Satz 12 gegeben. Für die gleichen y gilt $\underline{q}(y) = 1 - q(y)$. Für $y \in (b_*,\ b_* + \Delta y)$ gilt $\underline{q}(y) = 0$ und $q(y)$ ist durch q_* aus Satz 13 b) gegeben. Für $y \in (b^* - \Delta y,\ b^*)$ ist $q(y) = 0$ und $\underline{q}(y)$ durch q^* durch aus Satz 13 a) gegeben.

Beweis:

Beachtet man, dass das jeweilige Nullsetzen von $q(y)$ an der oberen bzw. $\underline{q}(y)$ an der unteren Grenze des Baums bewirkt, dass Pfade, bei denen die Option wertlos verfällt, nicht in den Optionspreis eingehen, so folgt die restliche Behauptung aus den beiden vorausgegangenen Sätzen. □

Zur Berechnung der abgezinsten erwarteten Endzahlung der Option im modifizierten Binomialmodell,

$$E^{(\Delta y)}\left(e^{-rT} B_{\Delta y}\right) = \sum_{n=0}^{\infty} P(\upsilon = n) \cdot \Psi(n, y) \cdot e^{-rT} ,$$

fehlt nur noch die Verteilung der Anzahl υ der Auf-und Abwärtsbewegungen im Binomialmodell. Wegen der Beziehung

$$\left\{\omega \,\middle|\, \upsilon(\omega) \geq n\right\} = \left\{\omega \,\middle|\, \tau_n(\omega) \leq T\right\}$$

lässt sie sich aus der Verteilung der τ_n bestimmen:

$$P(\upsilon = n) = P(\upsilon \leq n) - P(\upsilon \leq n-1) = P(\tau_n \geq T) - P(\tau_{n-1} \geq T) .$$

Hierzu beachte man den folgenden Satz:

Satz 15

a) Die Zufallsvariablen $\{\tau_{n+1}-\tau_n\}_{n\in\mathbb{N}\cup\{0\}}$ sind unabhängig und identisch verteilt mit Laplace-Transformierter

$$\varphi(\lambda)=E\left(e^{-\lambda\tau_1}\right)=\frac{cosh\left(\mu\sigma^{-2}\Delta y\right)}{cosh\left(\gamma\Delta y\right)}$$

mit $\mu := r-\frac{1}{2}\sigma^2$, $\gamma := \dfrac{\sqrt{\mu^2+2\lambda\sigma^2}}{\sigma^2}$, $\lambda>0$.

b)
$$E\left(\tau_1\right)=\frac{\Delta y}{\mu}\cdot tanh\left(\frac{\mu}{\sigma^2}\cdot\Delta y\right) \quad \text{für } \mu\neq 0.$$

$$E\left(\tau_1^2\right)=2\left(E\left(\tau_1\right)\right)^2+\frac{\sigma^2\Delta y}{\mu^3}\cdot tanh\left(\frac{\mu}{\sigma^2}\right)\Delta y-\left(\frac{\Delta y}{\mu}\right)^2 \quad \text{für } \mu\neq 0.$$

c) $\tau_{n+1}-\tau_n$ ist unabhängig von ξ_{n+1}.

Beweis:

a) Analog zum Beweis von Satz 12 erhält man $\varphi(\lambda)$ als explizite Lösung des Randwertproblems

$$\begin{aligned}&\tfrac{1}{2}\sigma^2 g''(z)-\mu g'(z)-\lambda g(z)=0 \quad \text{für alle } z\in\left(y-\Delta y,y+\Delta y\right)\\ &g\left(y-\Delta y\right)=1 \;,\quad g\left(y+\Delta y\right)=1\end{aligned} \tag{3}$$

Hierfür ist lediglich $f\left(Y\left(\tau_1\right)\right)$ durch $g\left(Y\left(\tau_1\right)\right)\cdot e^{-\lambda\tau_1}$ zu ersetzen.

b) Differenzieren von $\varphi(\lambda)$ liefert die explizite Form von $E(\tau_1)$, $E(\tau_1^2)$ (siehe auch Übung Ü.14).

c) Wie im Beweis von Satz 12 kann man sich auf den Fall $n=0$ zurückziehen. Es gilt:

$$E\left(e^{-\lambda\tau_1}\right)=q\cdot E\left(e^{-\lambda\tau_1}\middle|\xi_1=y+\Delta y\right)+(1-q)\cdot E\left(e^{-\lambda\tau_1}\middle|\xi_1=y-\Delta y\right)$$

Analog zum Beweis von a) (bzw. von Satz 12) erhält man

$$g(y)=q\cdot E\left(e^{-\lambda\tau_1}\middle|\xi_1=y+\Delta y\right)$$

durch Lösen des Randwertproblems (3) in a), wobei man aber nun die Randbedingungen

$$g(y-\Delta y)=0 \quad , \quad g(y+\Delta y)=1$$

wählt. Aus der expliziten Form von $g(y)$, $\varphi(\lambda)$, und q erhält man dann

$$E\left(e^{-\lambda\tau_1}\right)=E\left(e^{-\lambda\tau_1}\middle|\xi_1=y+\Delta y\right).$$

Analog zeigt man

$$E\left(e^{-\lambda\tau_1}\right)=E\left(e^{-\lambda\tau_1}\middle|\xi_1=y-\Delta y\right),$$

d.h. bedingte und unbedingte Laplace-Transformierte stimmen überein, woraus die behauptete Unabhängigkeit folgt. □

Da $\tau_n=\sum_{i=1}^n\left(\tau_i-\tau_{i-1}\right)$ gilt und die Summanden unabhängig und gleich verteilt sind, folgt aus dem zentralen Grenzwertsatz

$$\frac{\tau_n-n\cdot E(\tau_1)}{\sqrt{n\cdot Var(\tau_1)}}\xrightarrow{n\to\infty}N(0,1) \quad \text{in Verteilung},$$

woraus sich für große n die Verteilung der τ_n approximativ bestimmen ließe. Diese Näherung ist aber für kleine n zu ungenau! Statt dessen verwenden Rogers und Stapleton das folgende Resultat aus Petrov (1995), das wir hier nur angeben:

Satz 16

Es gilt

$$P\left(\frac{\tau_n-n\cdot E(\tau_1)}{\sqrt{n\cdot Var(\tau_1)}}\le x\right)=\Phi(x)+\frac{\alpha_3\left(1-x^2\right)e^{-\frac{x^2}{2}}}{\sqrt{72\pi n}}+o\left(n^{-1/2}\right)$$

mit

$$\alpha_3:=E\left(\left(\frac{\tau_1-E(\tau_1)}{\sqrt{Var(\tau_1)}}\right)^3\right),$$

wobei Φ die Verteilungsfunktion der Standard-Normalverteilung bezeichnet.

Mit Hilfe der Laplace-Transformierten $\varphi(\lambda)$ aus Satz 15 lässt sich (für $\mu \neq 0$) α_3 berechnen als:

$$\alpha_3 = \frac{\Delta y \cdot (A + B - C)}{\left(\frac{\mu}{\sigma^2}\right)^5 \sigma^6 \left(s(\Delta y) - 1\right)^3},$$

$$A = 12 \frac{\mu}{\sigma^2} \Delta y \left(s(2\Delta y) + s(\Delta y)\right),$$

$$B = 8 \cdot \left(\frac{\mu}{\sigma^2}\right)^2 (\Delta y)^2 \left(s(\Delta y) - s(2\Delta y)\right),$$

$$C = 3 \cdot \left(1 + s(\Delta y) - s(2\Delta y) - s(3\Delta y)\right).$$

Fassen wir das gesamte Vorgehen zusammen, so erhalten wir

Algorithmus: Verfahren nach Rogers und Stapleton

1. Zu gegebenem Startwert $y = ln(P_1(0))$ und gegebener Genauigkeit Δy berechne „alle" Werte

$$\Psi(k, y), \; k \in \mathrm{N} \cup \{0\}$$

gemäß Proposition 14.

2. Berechne $P(\upsilon = n) = P(\tau_n \geq T) - P(\tau_{n-1} \geq T)$ approximativ aus der Verteilung von $\{\tau_n\}_n$ mit Hilfe von Satz 16 (unter Vernachlässigung der $o(n^{-1/2})$ -Terme).

3. Bestimme

$$E^{(\Delta y)}\left(e^{-rT} B_{\Delta y}\right) = \sum_{n=0}^{\infty} P(\upsilon = n) \cdot \Psi(n, y) \cdot e^{-rT}$$

als Näherung für $E_Q(e^{-rT}B)$.

Statt „∞" oder „alle" ist in allen drei Schritten ein hinreichend großes $N >> 1$ zu wählen.

Konvergenz des Verfahrens

Da für festes $\Delta y > 0$

$$\sup_{0 \leq t \leq T} \left|Y(t) - Z(t)\right| < \Delta y$$

gilt, folgt die gleichmäßige Konvergenz von $Z(t)$ gegen $Y(t)$. Mit Hilfe dieser Abschätzung lässt sich je nach Typ der Option sogar eine Fehlerabschätzung angeben. So gilt im Fall des Double-Barrier-Knockout-Calls, wobei wir der Einfachheit halber $b^*>ln(K)>b_*$ annehmen, die Fehlerabschätzung

$$\begin{aligned}
\left|B_{DB}^{Call}-B_{\Delta y}\right| &= \left|\left(e^{Y(T)}-K\right)^+-\left(e^{Z(T)}-K\right)^+\right|\cdot 1_{\left\{Y(t)\in\left(b_*,b^*\right)\text{ für alle } t\in[0,T]\right\}} \\
&\leq \left|\left(e^{Y(T)}-K\right)^+-\left(e^{Z(T)}-K\right)^+\right|\cdot 1_{\left\{Y(T)\in\left(b_*,b^*\right)\right\}} \\
&\leq \max\left\{\max_{Y(T)\in\left[ln(K),b^*\right)}\left|\left(e^{Y(T)}-K\right)^+-\left(e^{Z(T)}-K\right)^+\right|,\right. \\
&\qquad\left.\max_{Y(T)\in\left(b_*,ln(K)\right]}\left|\left(e^{Y(T)}-K\right)^+-\left(e^{Z(T)}-K\right)^+\right|\right\} \\
&\leq \max\left\{\left(e^{b^*}-e^{b^*-\Delta y}\right),K\cdot e^{\Delta y}-K\right\} \\
&= \max\left\{e^{b^*}\left(1-e^{-\Delta y}\right),K\left(e^{\Delta y}-1\right)\right\},
\end{aligned}$$

woraus sofort die Konvergenz des Verfahrens für $\Delta y \to 0$ folgt.

Vorteile des Verfahrens

Ein konzeptioneller Vorteil des Verfahrens ist darin zu sehen, dass die Pfade des approximierenden Prozesses $Z(t)$, $t\in[0,T]$, gleichmäßig gegen die Pfade $Y(t)$, $t\in[0,T]$, des Logarithmus des Preisprozesses konvergieren. Die entscheidende Konsequenz hieraus ist die explizite Fehlerabschätzung. Ein weiterer Vorteil des Verfahrens ist seine Flexibilität. So lassen sich die Knoten im Binomialbaum so wählen, dass im Fall des Double-Barrier-Knockout-Calls die Option genau dann wertlos im modifizierten Binomialbaum verfällt, wenn sie auch im Black-Scholes-Modell verfällt. Dies lässt sich im Binomialmodell nicht ohne weiteres durchführen, da ja die Momentenbedingungen erfüllt werden müssen. Insbesondere wird durch die Anpassung des Binomialbaums im Verfahren von Rogers und Stapleton der „Sägezahneffekt" bei der Konvergenz für wachsende Feinheit $\Delta y \to 0$ vermieden. Numerische Beispiele für das Verhalten des Algorithmus und seine Anpassung auf andere Optionstypen sind in Rogers und Stapleton (1998) beschrieben.

Nachteile des Verfahrens

Das Verfahren ist konzeptionell recht aufwendig und insbesondere schwerer verständlich als das einfache Binomialmodell. Es ist auch rechenintensiver als das einfache Binomialmodell, kann aber in Bezug auf Effizienz mit diesem verglichen werden, da es in der Regel genauere Ergebnisse liefert.

Übungsaufgaben

Ü.1 Man zeige, dass mit den Bezeichnungen aus dem Beweis von Proposition 1 gelten:

$$I_1 = P_1(t)\Phi^{(\rho_1)}\left(g_1(t), h_1(t)\right)$$

$$I_2 = K_1 e^{-r(T-t)}\Phi^{(\rho_1)}\left(g_2(t), h_2(t)\right)$$

Ü.2 Man beweise Lemma 2.

Ü.3 Man führe die Berechnung des Preises der Wahl-Option mit Laufzeit T und Endzahlung

$$B_W = max\left(X_{T_1,K_1}^{Call}\left(P_1(T), T\right), X_{T_2,K_2}^{Put}\left(P_1(T), T\right)\right)$$

explizit durch.

Ü.4 Im zweidimensionalen Black-Scholes-Modell sei Q_1 das eindeutige Martingalmaß für $P_0(t)$, $P_1(t)$, $P_2(t)$, wenn $P_1(t)$ als Numeraire verwendet wird.

a) Bestimme die Radon-Nikodym-Dichte von Q_1 bzgl. P.

b) Zeige, dass

$$W^{(1)}(t) = W(t) + \begin{pmatrix} \left(\frac{(b_1 - r)\sigma_{22} - (b_2 - r)\sigma_{12}}{\sigma_{11}\sigma_{22} - \sigma_{12}\sigma_{21}} - \sigma_{11}\right)t \\ \left(\frac{(b_2 - r)\sigma_{11} - (b_1 - r)\sigma_{21}}{\sigma_{11}\sigma_{22} - \sigma_{12}\sigma_{21}} - \sigma_{12}\right)t \end{pmatrix}$$

eine Q_1-Brownsche Bewegung ist.

Ü.5 Mit den Bezeichnungen aus Proposition 3 zeige man die folgenden Gleichheiten

a) $X_{min}^{Put}(0) = X_{min}^{Call}(0) + Ke^{-rT} - p_1\Phi(d_3(0)) - p_2\Phi(d_4(0))$

b) $X_{max}^{Call}(0) = X_{(1)}^{Call}(0) + X_{(2)}^{Call} - X_{min}^{Call}$

c) $X_{max}^{Put}(0) = X_{(1)}^{Put}(0) + X_{(2)}^{Put} - X_{min}^{Put}$

Hinweise: zu a) Zerlege die Endzahlung des Put in

$$\left(min\left(P_1(T), P_2(T)\right) - K\right)^+ + K - min\left(P_1(T), P_2(T)\right)$$

und verwende die bereits bewiesene Formel für einen Call auf das Minimum mit Ausübungspreis 0. Zu b), c) Verwende die bekannten Beziehungen zwischen dem Minimum und Maximum reeller Zahlen.

Ü.6 Führe die expliziten Rechnungen zur Bestimmung des Preises $X_{do}{}^{Call}(0)$ des europäischen Down-and-Out-Calls durch.

Ü.7 Berechne den Preis $X_{do}{}^{Put}(0)$ eines europäischen Down-and-Out-Puts.

Ü.8 a) Zeige, dass das Binomialmodell bestehend aus einer Aktie und dem Bond vollständig ist, und berechne das zugehörige Martingalmaß Q_n.

b) Zeige, dass sich der Preis einer Option B im Binomialmodell als $E_{Q_n}(e^{-rT}B)$ ergibt.

Ü.9 Zeige durch ein Beispiel, dass ein europäischer Call im Trinomialmodell im allgemeinen nicht durch eine Handelsstrategie in Bond und Aktien dupliziert werden kann.

Ü.10 Man gebe im Ein-Perioden-Modell zwei verschiedene äquivalente Martingalmaße an.

Ü.11 Führe die Beweise der Aussagen a) und b) von Satz 15.

Ü.12 Leite Teil b) von Lemma 4 unter Verwendung des Satzes von Girsanov aus Teil a) von Lemma 4 her.

Hinweis: Beachte, dass $\tilde{W}(t)$ Q-Brownsche Bewegung ist, betrachte dann $Q(W(t) \leq w, M(t) < x)$ und rechne diesen Wert mit Hilfe der Dichte von Q bzgl. P explizit aus.

Ü.13 a) Bestimme im Binomialmodell die Parameter u, d, q, wenn man zusätzlich zu den Momentenbedingungen IV.3 (1) und (2) die Beziehung $u=1/d$ fordert.

b) Cox, Ross und Rubinstein (1979) schlagen vor,

$$u = e^{\sigma\sqrt{\Delta t}} \quad , \quad d = e^{-\sigma\sqrt{\Delta t}}$$

zu wählen. Zeige, dass bei dieser Wahl zwar die Forderung IV.3 (1) aber nicht IV.3 (2) erfüllt ist. Wie ist die linke Seite von IV.3 (2) zu wählen, damit bei obiger Wahl von u, d auch IV.3 (2) erfüllt ist? Wie ist diese linke Seite zu interpretieren?

Ü.14 Sei τ_1 definiert wie in Abschnitt IV.5, siehe auch Satz 15. Berechne $E(\tau_1)$ und $E(\tau_1{}^2)$.

Kapitel V: Optimale Portfolios

V.1 Einleitung und Aufgabenstellung

Bisher haben wir im zeitstetigen Marktmodell Portfolios zusammengestellt, um ein gegebenes Auszahlungsprofil zu erzeugen (duplizieren) oder eine Mindestauszahlung bereitzustellen (Hedging-Strategie). Die Kosten der Duplikation bzw. der Hedging-Strategie bestimmten dann den Preis dieses Auszahlungsprofils. Nun aber wollen wir umgekehrt vorgehen und zu einem gegebenen festen Anfangskapital ein zulässiges, selbst-finanzierendes Paar aus Portfolio- und Konsumprozess suchen, das uns einen möglichst vorteilhaften Zahlungsstrom liefert. Eine ähnliche Aufgabe hatten wir uns schon ganz zu Beginn des Buches gestellt, nämlich im Ein-Perioden-Modell. Dort suchten wir unter anderem eine Portfoliozusammenstellung, die uns eine möglichst große Rendite des Portfolios liefert, deren Varianz aber unter einer bestimmten Schranke liegt. Diesmal wollen wir das Problem allgemeiner angehen und betrachten dazu das sogenannte Portfolioproblem.

Allgemeine Formulierung des Portfolioproblems

Das **Portfolioproblem** eines Investors in einem Finanzmarkt besteht darin, zu gegebenem Startkapital $x>0$ eine optimale Investment- und Konsumstrategie zu bestimmen. Das heißt, er muss festlegen (in Abhängigkeit von den Preisverläufen der Wertpapiere), **wie viele** Anteile er von **welchem** Wertpapier **wann** halten muss und **wie viel** Vermögen er **wann** konsumieren darf, um seinen **Nutzen** aus **Konsum** im Zeitraum $[0,T]$ und/oder **Endvermögen** im Zeithorizont $t=T$ zu maximieren. Das Portfolioproblem setzt sich also aus einem Auswahlproblem („welche“ Wertpapiere), einem Mengenproblem („wie viele“ Anteile, „wie viel“ Vermögen) und einer zeitlich dynamischen Komponente („wann“) zusammen. Wir wollen hierbei erlauben, dass der Investor in jedem Zeitpunkt $t \in [0,T]$ über seine Handlungen entscheiden darf. Ihm sollen als Informationen im wesentlichen die Kenntnis der Aktienpreise der Vergangenheit zur Verfügung stehen. Er besitze keinerlei Kenntnis zukünftiger Preise oder Insiderinformationen.

> ***Allgemeine Voraussetzungen für dieses Kapitel***
>
> Wir übernehmen hier die Voraussetzungen von Kapitel II, Abschnitt II.2, Seite 64.
>
> Außerdem gelte: das selbst-finanzierende Paar (π, c) bestehend aus einem Portfolio-Prozess π und einem Konsumprozess c sei zulässig für das Startvermögen $x>0$, also $(\pi, c) \in A(x)$ (siehe Definition II.47).

Lösungsansätze im zeitstetigen Marktmodell

Man unterscheidet im wesentlichen zwei Ansätze zur Lösung des Portfolioproblems im zeitstetigen Marktmodell aus Kapitel II. Der in zeitlicher Abfolge erste Lösungsansatz ist die Methode der stochastischen Steuerung und geht auf Robert Merton (1969,1990) zurück. Die Hauptidee Mertons besteht in der Interpretation des Portfolioproblems als ein stochastisches Steuerungsproblem, auf das sich dann anschließend Standardmethoden der zeitstetigen stochastischen Steuerung anwenden lassen. Wir werden diese Methode in Abschnitt V.4 – nach einem vorausgehenden Exkurs zur stochastischen Steuerung – vorstellen. Aus der Methode der stochastischen Steuerung heraus wurden in den letzten Jahren auch Methoden zur Behandlung des Portfolioproblems unter Transaktionskosten entwickelt (siehe z.B. Korn (1997)), worauf wir in diesem Buch aber nicht mehr eingehen werden.

Die sogenannte Martingalmethode stellt den zweiten Hauptansatz zur Lösung des zeitstetigen Portfolioproblems dar. Sie wurde in den 80'er Jahren von Cox und Huang (1989), Karatzas, Leboczky und Shreve (1987) und Pliska (1986) in verschiedenen Varianten eingeführt. Gemeinsamer Bestandteil dieser Varianten ist die Zerlegung des Portfolioproblems in die Berechnung der optimalen Auszahlungen (Konsum und/oder Endvermögen) mit Methoden der konvexen Analysis und der anschließenden Bestimmung eines zugehörigen Portfolioprozesses. Die Existenz dieses Portfolioprozesses ist im vollständigen Marktmodell aus Abschnitt II.3 durch Satz II.48 sichergestellt. Wir werden die Martingalmethode im Abschnitt V.2 vorstellen und im Abschnitt V.3 eine Anwendung auf das Portfolioproblem geben, wenn statt Aktien Optionen gehandelt werden.

Aufgabenstellung

Um einen Zahlungsstrom objektiv beurteilen zu können, führen wir ein Funktional J ein, das den Nutzen aus dem Zahlungsstrom misst. Ein „möglichst vorteilhafter Zahlungsstrom" ist dann einer, bei dem das Funktional einen möglichst großen Wert annimmt. Man sucht also nun zu einem vorgebenen Anfangsvermögen $x>0$ einen selbst-finanzierenden Portfolioprozess $(\pi,c)\in A(x)$, der den erwarteten Nutzen aus Konsum und/oder Endvermögen

$$J(x;\pi,c)=E\left(\int_0^T U_1(t,c(t))\,dt+U_2(X(T))\right)$$

maximiert, wobei $X(T)$ der zu x und (π, c) gehörende Vermögensprozess ist, und U_1, U_2 Nutzenfunktionen gemäß der nachfolgenden Definition sind.

Definition 1

a) Die Funktion $U:(0,\infty)\to\mathbf{R}$ sei strikt konkav, stetig differenzierbar und es gelte

$$U'(0):=\lim_{x\downarrow 0}U'(x)=+\infty\,,\ U'(\infty):=\lim_{x\to\infty}U'(x)=0\,.$$

Dann heißt U eine **Nutzenfunktion.**

b) Die Funktion $U:[0,T]\times(0,\infty)\to\mathbf{R}$ sei stetig, so dass für alle $t\in[0,T]$ die Funktion $U(t,.)$ Nutzenfunktion im Sinne von a) ist. Wir nennen dann U ebenfalls eine Nutzenfunktion.

Beispiele für Nutzenfunktionen

a) $U(x)=ln(x)$

b) $U(x)=\sqrt{x}$

c) $U(x)=x^\alpha$ für $0<\alpha<1$

d) $U(t,x)=e^{-\rho t}\cdot U_1(x)$, $\rho>0$, U_1 Nutzenfunktion wie z.B. in a), b).

Bemerkungen zur Gestalt der Nutzenfunktion

a) Nach der Definition oben ist die Nutzenfunktion U streng monoton wachsend. Somit führt jede zusätzliche Einheit an Vermögen auch zu mehr Nutzen. Zusätzlich verlangen wir von einer Nutzenfunktion, dass sie strikt konkav ist, was insbesondere bedeutet, dass $U'(x)$ streng monoton fällt. Damit liegt ein abnehmender Grenznutzen vor, d.h. der Nutzenzuwachs aus einer zusätzlichen Geldeinheit nimmt mit wachsendem x ab. Der Grenznutzen in $x=0$ ist unendlich, nach dem

Motto „wenig ist sehr viel besser als gar nichts“, und verschwindet in $x=\infty$, was man als „Sättingungseffekt“ bezeichnen kann.

b) Man kann die im folgenden vorgestellten Methoden zur Portfolio-Optimierung auch auf eine größere Klasse von Nutzenfunktionen als die in Definition 1 eingeführte anwenden. Diese Klasse würde z.B. auch die populäre, aber theoretisch stark kritisierte quadratische Nutzenfunktion

$$U(x) = -\frac{1}{2}(x-a)^2$$

beinhalten. Allerdings würde die benötigte Notation viel komplizierter. Eine umfassende Behandlung solcher Nutzenfunktionen findet man z.B. in Korn (1997).

Damit der Erwartungswert in $J(x;\,\pi,\,c)$ existiert, könnte man fordern, nur solche Portfolioprozesse (π,c) zu betrachten, bei denen er endlich ist. Allerdings wäre ein unendlicher Nutzen das Ziel jeden Investors, falls er ihn erreichen könnte. Wir fordern daher von einer zulässigen Strategie (π,c) nur eine schwächere Integrierbarkeitsbedingung

Definition 2

Das Problem

$$\max_{(\pi,c)\in A'(x)} J(x;\pi,c)$$

mit **(P)**

$$A'(x) = \left\{ (\pi,c) \in A(x) \,\middle|\, E\left(\int_0^T U_1(t,c(t))^- \, dt + U_2(X(T))^- \right) < \infty \right\}.$$

heißt das **(zeitstetige) Portfolioproblem.**

Bemerkungen

i) Mit der Einschränkung auf die Menge $A'(x)$ ist das Integral immer definiert und der Erwartungswert existiert, kann aber auch unendlich werden.

ii) Im Fall positiver Nutzenfunktionen, $U_1(t,.)>0$ und $U_2(.)>0$, gilt trivialerweise $A(x)=A'(x)$.

Es werden im folgenden zwei Methoden zur Lösung des Portfolioproblems vorgestellt. Hierbei basiert die erste Methode, die Martingalmethode, ganz wesentlich auf der Vollständigkeit des Marktes, während die zweite Methode, die Methode der stochastischen Steuerung, eine Anwendung von Standardmethoden aus der Theorie der stochastischen Steuerung auf das Portfolioproblem (P) ist.

V.2 Die Martingalmethode

> ***Allgemeine Voraussetzungen für diesen Abschnitt***
>
> Wir übernehmen zusätzlich hier die Bezeichnungen aus Abschnitt II.3, Seite 74. Insbesondere gelte $d=m$. Damit sind die Voraussetzungen zu Satz II.48 über die Vollständigkeit des Marktes erfüllt.

Die Idee

Die Martingalmethode basiert im wesentlichen auf einer Zerlegung des zeitlich dynamischen Problems (P) in ein statisches Optimierungsproblem („Bestimmung des optimalen Auszahlungsprofils") und in ein Darstellungsproblem („Berechne den zum optimalen Auszahlungsprofil gehörenden Portfolioprozess").

Motivation

Zunächst betrachten wir ein Portfolioproblem ohne Konsum, also $c\equiv 0$ und $U_1\equiv 0$. Das selbst-finanzierende Paar $(\pi, 0)$ mit dem Portfolio-Prozess π sei zulässig für das Startvermögen $x>0$. Mit Satz II.48 über die Vollständigkeit des Marktes gilt dann für den zugehörigen Vermögensprozess $X^{\pi}(T)$:

$$E\Big(H(T)X^{\pi}(T)\Big)\leq x \quad \text{für } T\geq 0.$$

Die Endzahlung $B\geq 0$ sei F_T-meßbar mit $E(H(T)B)=x$. Solch eine Zufallsvariable gibt es immer, dazu wählt man z.B.

$$B:=\frac{x}{E\big(H(T)\big)}.$$

Nach Satz II.48 existiert dann ein Portfolioprozess $(\pi, 0)\in A(x)$ mit $B=X^{\pi}(T)$ P-fast sicher. Definiere nun

$$B(x) := \left\{ B \geq 0 \middle| B\ F_T - meßbar,\ E(H(T)B) \leq x,\ E\left(U_2(B)^-\right) < \infty \right\}$$

Offensichtlich stellt $B(x)$ die Menge aller mit Anfangsvermögen aus $(0, x]$ erzielbarer Endvermögen dar, für die $E(U_2(B)^-)<\infty$ gilt. Um also das optimale Endvermögen $X^{\pi}(T)$ für unser Portfolioproblem

$$\max_{(\pi,0)\in A'(x)} E\left(U_2\left(X^{\pi}(T)\right)\right) \tag{P}$$

zu bestimmen, reicht es, über alle $B\in B(x)$ zu optimieren, d.h. das Problem

$$\max_{B\in B(x)} E\left(U_2(B)\right) \tag{O}$$

zu lösen. Man beachte, dass in (O) nur noch über eine Menge von Zufallsvariablen zu optimieren ist. Die zeitliche Dimension von (P) (es wurde ja über Prozesse $(\pi, 0)\in A'(x)$ maximiert) ist verschwunden, weshalb wir (O) als ein statisches Optimierungsproblem bezeichnen. Ist nun B^* ein optimales Endvermögen für (O), so muss zur vollständigen Lösung des Portfolioproblems nun noch das Darstellungsproblem

- Finde ein $(\pi, 0) \in A'(x)$ mit $X^{\pi}(T)=B^*$ P- fast sicher (D)

gelöst werden.

Um die Lösung des Problems (O) zu motivieren, wiederholen wir kurz die gewöhnliche Lagrange-Methode der Optimierung aus der Analysis:

Lösen von Optimierungsproblemen mit Hilfe der Lagrange-Methode

Die Funktion $f:\mathbf{R}^n\rightarrow\mathbf{R}$ sei strikt konkav und $g:\mathbf{R}^n\rightarrow\mathbf{R}^k$ konvex, $f,g\in C^1$. Dann gilt:

$\hat{x}$ löst das Optimierungsproblem

$$\max_{x\in\mathbf{R}^n} f(x)$$

$$NB\ \ g(x)=0$$

$\Leftrightarrow$ Es gibt ein $\hat{\lambda}\in\mathbf{R}^k$, so dass für $\left(\hat{x},\hat{\lambda}\right)\in\mathbf{R}^{n+k}$ gilt

$$\frac{\partial}{\partial x_i} f(x) - \sum_{j=1}^{k} \lambda_j \frac{\partial}{\partial x_i} g(x) = 0 \quad , \quad i=1,\ldots,n$$

$$g_i(x) = 0 \quad , \; i=1,\ldots,k$$

In Worten: $(\hat{x},\hat{\lambda}) \in \mathbf{R}^{n+k}$ ist die Nullstelle der Ableitung der Lagrange-Funktion

$$L(x,\lambda) = f(x) - \lambda' g(x).$$

Die Lagrange-Methode im Portfolioproblem - Motivation

Wir definieren nun für das Optimierungsproblem (O) das Analogon zur Lagrange-Funktion als

$$L(B,y) := E\big(U_2(B) - y\cdot(H(T)B - x)\big)$$

mit $y>0$. Formales Differenzieren von L nach B und y auf der linken Seite und Differentiation auf der rechten Seite liefert die Gleichungen

$$0 = L_B(B,y) = E\big(U_2'(B) - yH(T)\big),$$
$$0 = L_y(B,y) = x - E\big(H(T)B\big).$$

Wir wollen diese Vorgehensweise nicht rechtfertigen, sondern sie nur verwenden, um die Form des optimalen Endvermögens heuristisch herzuleiten. Ein B mit

$$U_2'(B) - yH(T) = 0 \qquad P\text{-fast sicher}$$

würde die erste Gleichung lösen. Da $U_2'(.)$ nach Annahme ganz $\mathbf{R}^+$ als Bild besitzt und streng monoton fallend ist, ist $U_2'(.)$ auf $\mathbf{R}^+$ invertierbar und wir erhalten

$$B = \left(U_2'\right)^{-1}\big(yH(T)\big). \tag{1}$$

Nun setzen wir dies in die zweite Gleichung ein:

$$0 = x - \underbrace{E\Big(H(T)\cdot\left(U_2'\right)^{-1}\big(y\cdot H(T)\big)\Big)}_{=:\,\chi(y)}.$$

Kann man nun diese Gleichung eindeutig nach y auflösen, so hat man über (1) einen möglichen Kandidaten für das optimale Endvermögen gefunden. Wir definieren deshalb

$$Y(u) := \chi^{-1}(u) \quad , \quad I_2 := \left(U_2'\right)^{-1}$$

und erhalten als möglichen Kandidaten für das optimale Endvermögen

$$B^* = I_2\big(Y(x)\cdot H(T)\big) > 0.$$

Unser Ziel wird es nun sein, zu beweisen, dass B^* tatsächlich optimal ist.

Bezeichnungen

Wir definieren analog zu oben :

$$I_2(y) := \left(U_2'\right)^{-1}(y) \qquad \text{für } y\in(0,\infty),$$
$$I_1(t,y) := \left(U_1'\right)^{-1}(t,y) \qquad \text{für } y\in(0,\infty)\text{ , } t \text{ fest,}$$
$$\chi(y) := E\left(\int_0^T H(t) I_1\big(t, y\cdot H(t)\big)dt + H(T) I_2\big(y\cdot H(T)\big)\right)$$

wobei $U_1{}'(.,.)$ die partielle Ableitung von U_1 nach x, also nach der zweiten Komponente, bezeichnet.

Die Eigenschaften von $\chi(y)$ werden im folgenden Lemma zusammengefaßt:

Lemma 3

Es gelte $\chi(y)<\infty$ für alle $y>0$. Dann ist χ auf $(0,\infty)$ stetig, streng monoton fallend mit

$$\chi(0) := \lim_{y\downarrow 0}\chi(y) = \infty \ , \quad \chi(\infty) := \lim_{y\to\infty}\chi(y) = 0 .$$

Beweis:

i) Stetigkeit von χ folgt aus der Stetigkeit von H, I_1, I_2 und dem Satz von der dominierten Konvergenz.

ii) $I_1(t,.)$, $I_2(.)$ sind streng monoton fallend auf $(0,\infty)$. Da $H(t)>0$ für alle $t\in[0,T]$ gilt, ist somit auch $\chi(y)$ streng monoton fallend in y.

iii) Wegen

$$\lim_{y\downarrow 0} I_1(t,y) = \lim_{y\downarrow 0} I_2(y) = +\infty \quad \text{und} \quad \lim_{y\to\infty} I_1(t,y) = \lim_{y\to\infty} I_2(y) = 0$$

und der Monotonie von I_1, I_2 folgen die Aussagen über $\chi(0)$ und $\chi(\infty)$ aus dem Satz über die monotone Konvergenz. □

Bemerkung

Aus Lemma 3 folgt insbesondere, dass

$$Y(x) := \chi^{-1}(x)$$

auf $(0,\infty)$ existiert mit

$$Y(0) := \lim_{x\downarrow 0} Y(x) = +\infty \quad \text{und} \quad Y(\infty) := \lim_{x\to\infty} Y(x) = 0 .$$

Das folgende einfache Lemma wird ein wichtiges Werkzeug für den Beweis des Hauptsatzes der Martingalmethode sein:

Lemma 4

U sei eine Nutzenfunktion mit $I:=(U')^{-1}$. Dann gilt

$$U(I(y)) \geq U(x) + y(I(y) - x) \quad \text{für } 0<y,\ x<\infty.$$

Beweis:

Da U konkav ist, gilt

$$U(I(y)) \geq U(x) + U'(I(y))(I(y) - x) = U(x) + y(I(y) - x) \qquad \square$$

Jetzt sind wir soweit, das Portfolioproblem zu lösen:

Satz 5 - Optimaler Konsum und optimales Endvermögen

Gegeben sei das Portfolioproblem **(P)**. Es sei $x>0$ und $\chi(y)<\infty$ für alle $y>0$. Setze $Y(x) := \chi^{-1}(x)$. Dann existiert zu

$$B^* := I_2(Y(x) \cdot H(T)) \;, \qquad \text{„optimales Endvermögen“}$$

$$c^*(t) := I_1(t, Y(x) \cdot H(t)) \;, \qquad \text{„optimaler Konsum“}$$

ein selbst-finanzierender Portfolioprozess $\pi^*(t)$, $t\in[0,T]$, so dass

$$(\pi^*, c^*) \in A'(x) \quad , \quad X^{x,\pi^*,c^*}(T) = B^* \quad P\text{-fast sicher}$$

gelten und (π^*, c^*) das Portfolioproblem **(P)** löst. Dabei sei $X^{x,\pi^*,c^*}(t)$ der zu (π^*, c^*) mit Anfangsvermögen x gehörende Vermögensprozess.

Beweis:

i) Per Definition von B^*, $c^*(t)$ gilt

$$E\left(\int_0^T H(t)c^*(t)\,dt + H(T)B^*\right) = x$$

Man beachte, dass $Y(x)\cdot H(t)>0$ gilt und wegen $I_1, I_2>0$ auch B^* und c^* positiv sind. Die Existenz eines Portfolioprozesses π^* zum Auszahlungsprofil $(c^*(t), B^*)$ mit $(\pi^*, c^*)\in A(x)$ folgt aus dem Satz II.48 über die Vollständigkeit des Marktes.

ii) Als nächstes zeigen wir, dass für den bis auf Ununterscheidbarkeit eindeutigen Portfolioprozess π^* auch $(\pi^*, c^*)\in A'(x)$ gilt. Nach Lemma 4 gelten

$$U_1\left(t,c^*(t)\right) \geq U_1(t,1) + Y(x)\cdot H(t)\cdot\left(c^*(t)-1\right),$$

$$U_2\left(B^*\right) \geq U_2(1) + Y(x)\cdot H(T)\cdot\left(B^*-1\right).$$

Daraus folgt mit der Beziehung

$$a \geq b \Rightarrow a^- \leq b^- \leq |b|$$

und der Tatsache, dass $Y(x)\cdot H(t)$, B^* und c^* positiv sind, die Ungleichungskette

$$E\left(\int_0^T U_1\left(t,c^*(t)\right)^- dt + U_2\left(B^*\right)^-\right)$$

$$\leq E\left(\int_0^T \left(\left|U_1(t,1)\right| + Y(x)\cdot H(t)\left(c^*(t)+1\right)\right) dt\right.$$

$$\left. + \left|U_2(1)\right| + Y(x)\cdot H(T)\left(B^*+1\right)\right)$$

$$= \left|U_2(1)\right| + \int_0^T \left|U_1(t,1)\right| dt + Y(x)\left(x + E\left(H(T)\right) + \int_0^T E\left(H(t)\right) dt\right) < \infty$$

Für die letzte Abschätzung beachte man, dass $U_1(t,x)$ stetig und der Erwartungswert $E(H(t))$ auf $[0,T]$ beschränkt ist.

iii) Schließlich zeigen wir die Optimalität von (π^*, c^*). Gegeben sei nun ein beliebiger Portfolioprozess $(\pi, c)\in A'(x)$ mit Vermögensprozess $X^{x,\pi,c}$. Aus

$$U_1\left(t,c^*(t)\right) \geq U_1\left(t,c(t)\right) + Y(x)\cdot H(t)\left(c^*(t)-c(t)\right)$$

$$U_2\left(B^*\right) \geq U_2\left(X^{x,\pi,c}(T)\right) + Y(x) \cdot H(T)\left(B^* - X^{x,\pi,c}(T)\right)$$

folgt

$$E\left(\int_0^T U_1\left(t, c^*(t)\right) dt + U_2\left(B^*\right)\right)$$

$$\geq J(x;\pi,c) + Y(x) \cdot \left(E\left(\int_0^T H(t) c^*(t)\, dt + H(T) B^*\right) - E\left(\int_0^T H(t) c(t)\, dt + H(T) X^{x,\pi,c}(T)\right)\right)$$

$$= J(x;\pi,c) + Y(x) \cdot \underbrace{\left(x - E\left(\int_0^T H(t) c(t)\, dt + H(T) X^{x,\pi,c}(T)\right)\right)}_{\geq 0}$$

$$\geq J(x;\pi,c)\ .$$

Für die letzte Abschätzung beachte man den Satz II.48 über die Vollständigkeit des Marktes. □

Beispiel „Logarithmischer Nutzen"

Wir wählen nun speziell den Logarithmus als Nutzenfunktion. Man beachte hier, dass Werte kleiner 1 negativen Nutzen haben ! Es gilt nun:

$$U_1(t,x) = U_2(x) = ln(x)$$

$$\Rightarrow I_1(t,y) = I_2(y) = \frac{1}{y}$$

$$\Rightarrow \chi(y) = E\left(\int_0^T H(t) \cdot \frac{1}{y \cdot H(t)} dt + H(T) \cdot \frac{1}{y \cdot H(T)}\right) = \frac{1}{y}(T+1)$$

$$\Rightarrow Y(x) = \chi^{-1}(x) = \frac{1}{x}(T+1)$$

Hiermit und mit Satz 5 ergeben sich der optimale Konsum und das optimale Endvermögen wie folgt:

$$c^*(t) = I_1(t, Y(x) \cdot H(t)) = \frac{x}{T+1} \cdot \frac{1}{H(t)},$$

$$B^* = I_2(Y(x) \cdot H(T)) = \frac{x}{T+1} \cdot \frac{1}{H(T)}.$$

Wir können in diesem speziellen Beispiel den Portfolioprozess explizit berechnen, denn nach Beweisteil b) von Satz II.48 gilt:

$$H(t) \cdot X^{x,\pi^*,c^*}(t) = E\left(\int_t^T H(s) c^*(s)\, ds + H(T) B^* \mid F_t\right) \tag{2}$$

$$= x \cdot \frac{T-t+1}{T+1}$$

Daraus folgt

$$x = x \cdot \frac{T-t+1}{T+1} + x \cdot \frac{t}{T+1} = H(t) \cdot X^{x,\pi^*,c^*}(t) + \int_0^t H(s) c^*(s)\, ds.$$

Die Itô-Formel, angewendet auf das Produkt $H(t) \cdot X^{x,\pi^*,c^*}(t)$ auf der rechten Seite der Gleichung, liefert nun (siehe Beweisteil a) von Satz II.45)

$$x = x + \int_0^t \underbrace{H(s) \cdot X^{x,\pi^*,c^*}(s)\left(\pi^*(s)' \sigma(s) - \theta(s)'\right)}_{=: f(s)} dW(s)$$

Also muss

$$f(s) = 0 \quad P\text{- fast sicher für alle } s \in [0, T]$$

gelten. Da $H(s) \cdot X^{x,\pi^*,c^*}(s)$ positiv ist, ergibt sich somit

$$\pi^*(t) = \left(\sigma(t)'\right)^{-1} \theta(t) \quad \text{für alle } t \in [0, T].$$

Im Spezialfall $d = 1$ und r, b, σ konstant erhalten wir:

$$\pi^*(t) = \frac{b-r}{\sigma^2} \qquad \text{„relative lokale Risikoprämie“.}$$

Es ist an dieser Stelle wichtig, darauf hinzuweisen, dass die Einfachheit der Form von $\pi^*(t)$ etwas Trügerisches hat, denn ein konstanter Portfolioprozess $\pi^*(t)$ bedeutet, dass man dauernd handeln muss, da sich Aktienpreis und Bondpreis verschieden entwickeln. Das konstante Verhältnis $(1-\pi)/\pi$ von Bond- zu Aktienvermögen wäre bei Verzicht auf Handlungen des Investors augenblicklich nicht mehr gegeben ! Aus (2) erhalten wir eine weitere Darstellung für die Konsumrate:

$$c^*(t) = \frac{1}{T-t+1} X^{x,\pi^*,c^*}(t)$$

Damit ist die Konsumrate proportional zum gegenwärtigen Vermögens des Investors und umgekehrt proportional zur Restzeit $(T-t)$.

Das Vorgehen im obigen Beispiel zur Berechnung von π^* lässt sich verallgemeinern. Es gilt nämlich:

Satz 6 - Lösung des Darstellungsproblems (D)

Gegeben sei das Portfolioproblem (P). Es seien $x>0$ und $\chi(y)<\infty$ für alle $y>0$, c^* und B^* wie in Satz 5. Außerdem gelte für ein $f \in C^{1,2}([0,T]\times\mathbf{R}^d)$ mit $f(0,0,...,0)=x$ die Beziehung

$$\frac{1}{H(t)} \cdot E\left(\int_t^T H(s)c^*(s)\,ds + H(T)B^* \middle| F_t\right) = f\big(t, W_1(t),\dots,W_d(t)\big)$$

Dann folgt für $t \in [0,T]$:

$$\pi^*(t) = \frac{1}{X^{x,\pi^*,c^*}(t)} \sigma^{-1}(t) \nabla_x f\big(t, W_1(t),\dots W_d(t)\big),$$

wobei $\nabla_x f$ den Gradienten von $f(t, x_1,...,x_d)$ bzgl. der x-Koordinaten bezeichnet.

Beweis:

Mit der mehrdimensionalen Itô-Formel II.40 gilt

$$\begin{aligned}
\frac{1}{H(t)} \cdot E\left(\int_t^T H(s)c^*(s)\,ds + H(T)B^* \middle| F_t\right) &= f\big(t, W_1(t),\dots,W_d(t)\big) \\
&= f(0,\dots,0) + \int_0^t \left(f_t\big(s, W_1(s),\dots,W_d(s)\big) + \tfrac{1}{2}\sum_{i=1}^d f_{x_i x_i}\big(s, W_1(s),\dots,W_d(s)\big)\,ds \right) \\
&\quad + \sum_{i=1}^d \int_0^t f_{x_i}\big(s, W_1(s),\dots,W_d(s)\big)\,dW_i(s)
\end{aligned}$$

Wie im Beweis des Satzes II.48 über die Vollständigkeit des Marktes gilt aber auch

$$\frac{1}{H(t)} \cdot E\left(\int_t^T H(s)c^*(s)\,ds + H(T)B^* \middle| F_t \right) = X^{x,\pi^*,c^*}(t)$$

$$= x + \int_0^t \left(\left(r(s) + \pi^*(s)' \left(b(s) - r(s) \cdot \underline{1} \right) \right) X^{x,\pi^*,c^*}(s) - c(s) \right) ds$$

$$+ \int_0^t X^{x,\pi^*,c^*}(s) \pi^*(s)' \sigma(s)\,dW(s)$$

Für die letzte Gleichung beachte man, dass (π^*, c^*) selbst-finanzierend ist und daher die Vermögensgleichung (VG), siehe Abschnitt II.2, gilt. Man vergleicht nun die beiden Darstellungen bzgl. der dW-Koeffizienten. Aus der Eindeutigkeit der Darstellung eines Itô-Prozesses folgt die Behauptung. □

Mit Hilfe des Beweises von Satz 5 lassen sich auch die Lösung des reinen Konsumproblems sowie des reinen Endvermögenproblems angeben.

Korollar 7

a) Das optimale Endvermögen B^* im Problem

$$\max_{(\pi,0)\in A'(x)} E\left(U_2\left(X^{x,\pi}(T)\right)\right) \tag{E}$$

ist durch

$$B^* := I_2\left(Y(x) \cdot H(T)\right)$$

gegeben, wobei in der Definition von $\chi(y)$ dann $I_1(t, y) \equiv 0$ zu setzen ist.

b) Der optimale Konsumprozess $c^*(t)$ im Problem

$$\max_{(\pi,c)\in A'(x)} E\left(\int_0^T U_1\left(t, c(t)\right) dt\right) \tag{K}$$

ist durch

$$c^*(t) := I_1\left(t, Y(x) \cdot H(t)\right)$$

gegeben, wobei in der Definition von $\chi(y)$ dann $I_2(y) \equiv 0$ zu setzen ist.

V.3 Optimale Portfolios aus Optionen

Als eine Anwendung der im vorausgegangenen Abschnitt vorgestellten Martingalmethode der Portfolio-Optimierung im vollständigen Markt, wollen wir nun ein Portfolio-Problem betrachten, in dem statt Aktien Optionen auf diese Aktien gehandelt werden (siehe auch Korn und Trautmann (1998)).

> ***Allgemeine Voraussetzungen für diesen Abschnitt***
>
> Wir übernehmen hier die Bezeichnungen aus Abschnitt II.3, Seite 74. Insbesondere gelte $d=m$. Damit sind die Voraussetzungen zu Satz II.48 über die Vollständigkeit des Marktes erfüllt.
>
> Weiter beschränken wir uns auf konstante Marktkoeffizienten r, b, σ.

Beschreibung des Marktmodells

Wir betrachten nun einen Markt, an dem als Wertpapiere ein Bond, d Aktien und d Optionen auf diese Aktien gehandelt werden. Doch diesmal wollen wir unser Portfolio nur aus Bond und Optionen zusammenstellen. Der Preisverlauf der Optionen habe die Form

$$f^{(i)}\left(t, P_1(t), \ldots, P_d(t)\right) \quad , i=1,\ldots,d \ , \ f \in C^{1,2}, \tag{1}$$

wobei die jeweiligen Optionspreise die Bedingungen und Aussage von Proposition III.13 erfüllen (z.B. für europäische Puts und Calls im Black-Scholes-Modell erfüllt). Sei

$$\varphi(t) = \left(\varphi_0(t), \varphi_1(t), \ldots, \varphi_d(t)\right)$$

eine zulässige Handelsstrategie in Bond und Optionen, d.h. die Integrale

$$\int_0^t \varphi_0(s)\, dP_0(s)$$

$$\int_0^t \varphi_i(s)\, df^{(i)}\left(s, P_1(s), \ldots, P_d(s)\right)$$

seien definiert und $\varphi(t)$ sei F_t-progressiv messbar. Der zugehörige Vermögensprozess $X(t)$ wird nun beschrieben durch

$$X(t) = \varphi_0(t)P_0(t) + \sum_{i=1}^{d} \varphi_i(t) f^{(i)}\big(t, P_1(t), \ldots, P_d(t)\big).$$

U sei eine Nutzenfunktion. Wir betrachten nun das Problem

$$\max_{\varphi} E\big(U\big(X(T)\big)\big) \qquad \textbf{(OP)}$$

Motivation
Zur Motivation der Lösung des Problems (OP) betrachten wir die folgenden Schemata zur Darstellung der Lösung des Portfolio- und des Optionsbewertungsproblems

Schema 1 zur Optionsbewertung:

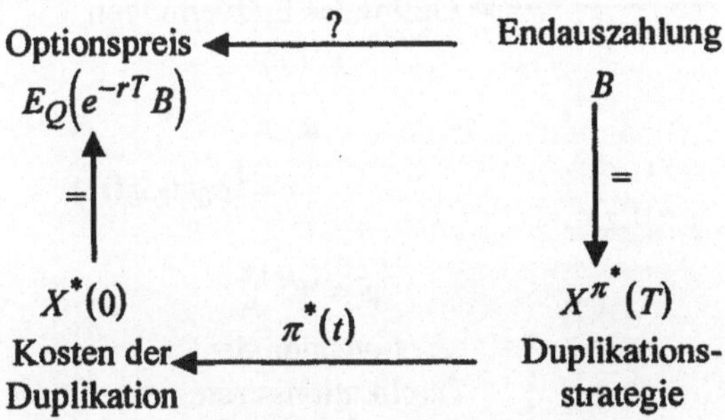

Ausgehend von der Endauszahlung B einer Option suchen wir den Preis der Option. Dazu duplizieren wir die Endauszahlung mit einer geeigneten Portfoliostrategie, so dass deren Endvermögen genau der Endauszahlung entspricht. Die Kosten der preiswertesten Duplikationsstrategie ergeben den Preis der Option.

Schema 2 zur Portfolio-Optimierung mit Aktien :

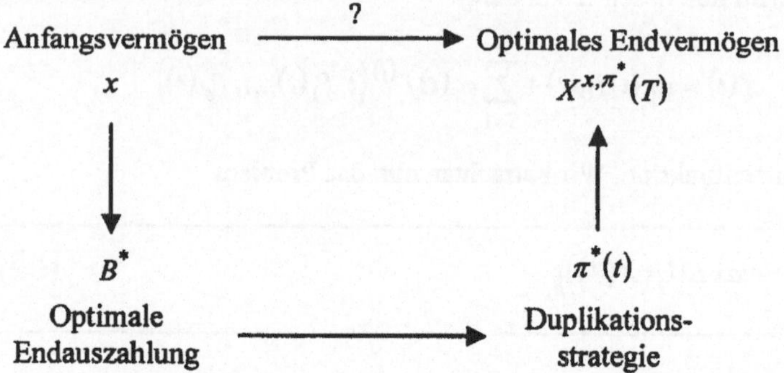

Gegeben ist ein Anfangsvermögen x mit dem wir (im einfachsten Fall) mit einer geeigneten Portfoliostrategie ein optimales Endvermögen erzielen wollen, das uns möglichst großen Nutzen verspricht. Zunächst bestimmen wir eine nutzenoptimale Endauszahlung B^* und suchen dazu die Duplikationsstrategie, die uns das optimale Endvermögen liefert.

Schema 3 zur Portfolio-Optimierung mit Optionen :

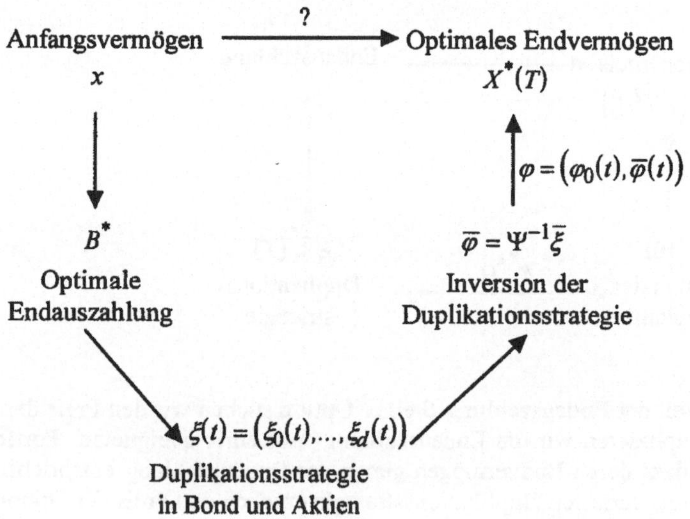

Wie oben suchen wir hier zu einem gegebenen Anfangsvermögen x ein nutzenoptimales Endvermögen. Wiederum bestimmen wir eine optimale Endauszahlung B^*, zu der wir zunächst die Duplikationsstrategie mit Bond und Aktien $\xi(t)=(\xi_0(t),..., \xi_d(t))$ bestimmen. Da Aktien nun nicht in unserem Portfolio gehalten werden sollen, wird die Aktienposition durch Bond und Optionen dupliziert. Die so entstandene Bond-Optionsstrategie liefert das optimale Endvermögen $X^*(T)$. Dies wird durch folgenden Satz formalisiert:

Satz 8

Die **Delta-Matrix** $\Psi(t)=(\Psi_{ij}(t))_{ij}$, $i, j = 1,..., d$ mit

$$\Psi_{ij} := f_{p_j}^{(i)}\left(t, P_1(t),..., P_d(t)\right)$$

sei für alle $t\in[0, T)$ regulär. Dann besitzt das Options-Portfolioproblem (OP) die folgende explizite Lösung

a) Das optimale Endvermögen B^* stimmt mit dem optimalen Endvermögen im zugehörigen Aktien-Portfolioproblem (P) überein.

b) Sei $\xi(t)=(\xi_0(t),...,\xi_d(t))$ die optimale Handelsstrategie des zugehörigen Aktien-Portfolioproblems (P). Dann ist die optimale Handelsstrategie $\varphi(t):= (\varphi_0(t),\varphi_1(t),...,\varphi_d(t))$ gegeben durch

$$\overline{\varphi}(t) = \left(\Psi(t)'\right)^{-1} \cdot \overline{\xi}(t),$$

$$\varphi_0(t) = \frac{\left(X(t) - \sum_{i=1}^{d} \varphi_i(t) f^{(i)}\left(t, P_1(t),..., P_d(t)\right)\right)}{P_0(t)},$$

mit $\overline{\varphi}(t) := \left(\varphi_1(t),...,\varphi_d(t)\right)$ und $\overline{\xi}(t) := \left(\xi_1(t),...,\xi_d(t)\right)$.

Beweis:

i) Nach Proposition III.13 gilt

$$f^{(i)}\left(t, P_1(t),..., P_d(t)\right) = \sum_{j=0}^{d} \Psi_{ij}(t) \cdot P_j(t) \quad, i=1,...,d,$$

wobei

$$\Psi_{i0} := \frac{f^{(i)}\left(t, P_1(t), \ldots, P_d(t)\right) - \sum_{j=1}^{d} \Psi_{ij}(t) P_j(t)}{P_0(t)}.$$

Da die Handelsstrategie $(\Psi_{i0}(t), \Psi_{i1}(t), \ldots, \Psi_{id}(t))$ selbst-finanzierend ist, gilt außerdem

$$df^{(i)}\left(t, P_1(t), \ldots, P_d(t)\right) = \sum_{j=0}^{d} \Psi_{ij}(t)\, dP_j(t).$$

Sei nun φ eine zulässige und selbst-finanzierende Handelsstrategie in Bond und Optionen. Dann gilt für den zugehörigen Vermögensprozess

$$dX(t) = \varphi_0(t) \cdot dP_0(t) + \sum_{i=1}^{d} \varphi_i(t)\, df^{(i)}\left(t, P_1(t), \ldots, P_d(t)\right).$$

Mit der obigen Darstellung der Optionspreise erhalten wir

$$\begin{aligned} dX(t) &= \left(\varphi_0(t) + \sum_{i=1}^{d} \varphi_i(t) \Psi_{i0}(t)\right) dP_0(t) + \sum_{j=1}^{d}\left(\sum_{i=1}^{d} \varphi_i(t) \Psi_{ij}(t)\right) dP_j(t) \\ &=: \zeta_0(t)\, dP_0(t) + \sum_{j=1}^{d} \zeta_j(t)\, dP_j(t), \end{aligned}$$

also ist auch die Handelstrategie ζ in Bond und Aktien selbst-finanzierend. Die Zulässigkeit von ζ im Aktien-Portfolioproblem ergibt sich dann aus der von φ für das Options-Portfolioproblem (und der Tatsache, dass Ψ Duplikationsstrategie ist).

ii) Sei $\xi(t)$ die optimale Handelsstrategie des zugehörigen Aktien-Portfolio-Problems mit Vermögensprozess $X(t)$, dann erhalten wir

$$X(T) = B^* \ P\text{-fast sicher},$$

$$dX(t) = \xi_0(t)\, dP_0(t) + \sum_{i=1}^{d} \xi_i(t)\, dP_i(t).$$

Um nun eine Handelsstrategie in Bond und Optionen zu erhalten, die den gleichen Vermögensprozess $X(t)$ besitzt, machen wir den Ansatz

$$dX(t) = \varphi_0(t)\, dP_0(t) + \sum_{i=1}^{d} \varphi_i(t)\, df^{(i)}\left(t, P_1(t), \ldots, P_d(t)\right)$$

und erhalten mit Beweisteil i)

$$dX(t) = \left(\varphi_0(t) + \sum_{j=1}^{d} \varphi_j(t) \Psi_{j0}(t) \right) dP_0(t) + \sum_{i=1}^{d} \left(\sum_{j=1}^{d} \varphi_j(t) \Psi_{ji}(t) \right) dP_i(t).$$

Vergleich der Koeffizienten der dP_i-Terme beider Darstellungen von $X(t)$ ergibt die gewünschte Form der letzten d Komponenten von $\varphi(t)$. Vergleich der dt-Koeffizienten beider Darstellungen von $dX(t)$ liefert

$$\xi_0(t) = \varphi_0(t) + \sum_{j=1}^{d} \varphi_j(t) \cdot \Psi_{j0}(t).$$

Wegen

$$\xi_0(t) = \frac{X(t) - \sum_{i=1}^{d} \xi_i(t) P_i(t)}{P_0(t)} = \frac{X(t) - \sum_{i=1}^{d} \left(\sum_{j=1}^{d} \varphi_j(t) \Psi_{ji}(t) \right) P_i(t)}{P_0(t)}$$

gilt nun auch

$$\varphi_0(t) = \frac{X(t) - \sum_{i=0}^{d} \sum_{j=1}^{d} \varphi_j(t) \Psi_{ji}(t) P_i(t)}{P_0(t)}$$

$$= \frac{X(t) - \sum_{j=1}^{d} \varphi_j(t) \sum_{i=0}^{d} \Psi_{ji}(t) P_i(t)}{P_0(t)}$$

$$= \frac{X(t) - \sum_{j=1}^{d} \varphi_j(t) f\left(t, P_1(t), \ldots, P_d(t)\right)}{P_0(t)},$$

woraus auch folgt, dass $(\varphi_0(t), \varphi_1(t), \ldots, \varphi_d(t))$ selbst-finanzierend ist. Um zu zeigen, dass $\varphi(t)$ zulässig ist, reicht es, zu zeigen, dass die stochastischen Integrale

$$\sum_{i=1}^{d} \int_0^t \varphi_i(s) df^{(i)}(s, P_1(s), \ldots, P_d(s))$$

definiert sind. Wählt man die Darstellung für die *df*-Terme, die explizite Form für $\varphi(t)$ und die Zulässigkeit der Strategie $\xi(t)$ im Aktien-Portfolio-Problem, dann erhalten wir die Zulässigkeit im Options-Portfolio-Problem.

iii) Wir haben nun in ii) gezeigt, dass man mit Hilfe der Bond-Options-Strategie $\varphi(t)$ den gleichen Nutzen wie im Aktien-Portfolio-Problem erzielen kann. Es kann aber im Options- Portfolioproblem auch kein höherer Nutzen erzielt werden, da dann die zur optimalen Strategie gehörende Bond-Aktien-Strategie ζ (wie in i)) auch im Aktien-Portfolio einen höheren Nutzen als ξ erzielen würde, was aber einen Widerspruch darstellt. □

Bemerkungen

a) Das optimale Endvermögen hängt unter den gegebenen Voraussetzungen nur von der Nutzenfunktion ab, nicht aber von der Wahl der handelbaren Wertpapiere.

b) Die optimale Strategie hängt sehr stark von den verwendeten Optionen ab, nämlich über die Delta-Matrix (genauer: über die Duplikationsstrategie der Optionen).

Beispiel „Logarithmischer Nutzen"

Als Nutzenfunktion wählen wir

$$U(x) = ln(x).$$

Wir betrachten hier speziell das Black-Scholes-Modell mit $d=1$. Aus dem Beispiel „logarithmischer Nutzen" im vorigen Abschnitt wissen wir, dass für die Aktienposition der optimalen Handelsstrategie gilt:

$$\xi_1(t) = \frac{\pi^*(t) \cdot X(t)}{P_1(t)} = \frac{b-r}{\sigma^2} \cdot \frac{X(t)}{P_1(t)}.$$

Somit ergibt sich für die optimale Handelsstrategie in Bond und Option in Abhängigkeit von der Delta-Matrix die Strategie

$$\varphi_1(t) = \frac{b-r}{\sigma^2} \cdot \frac{X(t)}{\Psi_1(t) \cdot P_1(t)}.$$

Führt man jetzt noch den Portfolioprozess in Optionen ein, so erhält man noch einige bemerkenswerte Konsequenzen:

$$\pi_{opt}(t) := \frac{\varphi_1(t)\cdot f^{(1)}\left(t,P_1(t)\right)}{X(t)} = \frac{b-r}{\sigma^2}\cdot\frac{X(t)\cdot f^{(1)}\left(t,P_1(t)\right)}{X(t)\cdot\Psi_1(t)\cdot P_1(t)}$$

$$= \frac{b-r}{\sigma^2}\cdot\frac{f^{(1)}\left(t,P_1(t)\right)}{f_{p_1}^{(1)}\left(t,P_1(t)\right)\cdot P_1(t)} = \pi_{Akt}(t)\cdot\frac{f^{(1)}\left(t,P_1(t)\right)}{f_{p_1}^{(1)}\left(t,P_1(t)\right)\cdot P_1(t)}, \quad (2)$$

wobei $\pi_{Akt}(t)$ der optimale Portfolioprozess aus dem zugehörigen Aktien-Portfolioproblem (P) ist. Der optimale Portfolioprozess in (OP) unterscheidet sich also von dem in (P) nur um den Faktor

$$\frac{f^{(1)}\left(t,P_1(t)\right)}{f_{p_1}^{(1)}\left(t,P_1(t)\right)\cdot P_1(t)}.$$

Insbesondere gilt:

Proposition 9

Im Black-Scholes-Modell mit $d=1$ gilt mit der Wahl $U(x)=ln(x)$:

a) $\pi_{Opt}(t)=\pi_{Akt}(t)$ für alle $t\in[0,T]$

$$\Leftrightarrow f^{(1)}\left(t,P_1(t)\right)=k\cdot P_1(t) \text{ mit einer Konstanten } k\in\mathbf{R}\backslash\{0\}.$$

b) Im Fall einer europäischen Call-Option gilt

$$\pi_{Opt}(t)<\pi_{Akt}(t) \text{ für alle } t\in[0,T].$$

Beweis:

a) folgt direkt aus obiger Beziehung (2) zwischen π_{Opt} und π_{Akt}.

b) Es gilt

$$f^{(1)}\left(t,P_1(t)\right)=\Phi\left(d_1(t)\right)\cdot P_1(t)-\Phi\left(d_2(t)\right)\cdot e^{-r(T-t)}\cdot K$$
$$<\Phi\left(d_1(t)\right)\cdot P_1(t)=f_{p_1}^{(1)}\left(t,P_1(t)\right)\cdot P_1(t).$$

Hieraus folgt mit (2) die Behauptung, da

$$\frac{f^{(1)}\left(t, P_1(t)\right)}{f_{P_1}^{(1)}\left(t, P_1(t)\right) \cdot P_1(t)} < 1 \quad \text{gilt.}$$ □

Bemerkung

Teil a) der Proposition 9 besagt, dass $\pi_{Opt}(t)$ im Black-Scholes-Modell nur im entarteten Fall, dass der Contingent Claim als Endzahlung gerade ein Vielfaches des Aktienpreises ist, konstant ist. Teil b) besagt, dass für die Wahl einer europäischen Call-Option das ins riskante Gut investierte Kapital im Options-Portfolioproblem immer kleiner als im Aktien-Portfolio-Problem ist.

Beispiel

Wir betrachten jetzt einen europäischen Call mit den Marktkoeffizienten
$r = 0,\ b = 0.05,\ \sigma = 0.25,\ T = 1,\ K = 100,\ P_0(0) = 1.$

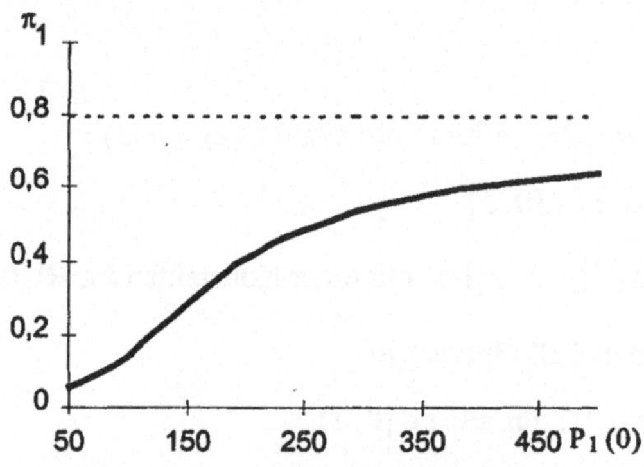

Bild V.1 Portfolio mit Optionen

Das Schaubild zeigt den Anteil des Portfolios, der in Aktien bzw. in Optionen, also $\pi_{Opt}(0)$ (dicke Linie) bzw. $\pi_{Akt}(0)$ (gestrichelte Linie), investiert wird in Abhängigkeit des Preises der Aktie $P_1(0)$ an. Wir beobachten :

- Je tiefer die Option im Geld ist (d.h. $P_1(0) > K$), desto stärker nähert sich $\pi_{Opt}(0)$ dem optimalen Aktien-Portfolio $\pi_{Akt}(0)$ an.

- Je weiter die Option aus dem Geld ist (d.h. $P_1(0)<K$), desto kleiner wird $\pi_{Opt}(0)$.

Exkurs 8: Stochastische Steuerung

> ***Allgemeine Voraussetzung für diesen Abschnitt***
> $X(t)$ sei ein n-dimensionaler Itô-Prozess.

Eine stochastische Differentialgleichung der Form

$$dX(t) = \mu(t, X(t), u(t))dt + \sigma(t, X(t), u(t))dW(t) \qquad \textbf{(GSD)}$$

wobei $W(t)$ m-dimensionale Brownsche Bewegung und $u(t)$ ein d-dimensionaler stochastischer Prozess ist, der von uns gewählt werden kann – die sogenannte „Steuerung" – heißt eine gesteuerte stochastische Differentialgleichung. Aufgabenstellung in der stochastischen Steuerung ist es, eine bzgl. einem Kostenfunktional optimale Steuerung $u(t)$ zu bestimmen. Bevor wir den Begriff der Steuerung präzisieren und geeignete Bedingungen an die Koeffizientenfunktionen der stochastischen Differentialgleichung formulieren, wollen wir zur Veranschaulichung ein simples Beispiel betrachten:

Beispiel - Maximieren des Erwartungswertes bei quadratischen Steuerungskosten

Unser zu steuernder Prozess $X(t)$ habe die Form

$$X(t) = x + W(t) + \int_0^t u(s)\,ds$$

wobei $W(t)$ eine eindimensionale Brownsche Bewegung ist. Als mögliche Steuerungshandlung können wir in jedem Zeitpunkt $t \in [0,T]$ die Intensität $u(t)$ eines „Driftprozesses", d.h.

$$\int_0^t u(s)ds \ ,$$

wählen. Wir nehmen an, dass durch die Wahl von $u(t)$ Kosten der Form $a \cdot u^2(t)$ entstehen. Unser Ziel ist es, durch Steuerung einen möglichst hohen Wert von $X(T)$ für ein festes $T>0$ zu erhalten, wobei allerdings die Steuerungskosten angemessen zu berücksichtigen sind. Wir betrachten deshalb das Problem, die Differenz

$$E\left(\int_0^T a \cdot u^2(t)\,dt - b \cdot X(T)\right)$$

mit a, $b>0$, durch optimale Wahl der Steuerung $u(t)$ zu minimieren. Wie man sich leicht überlegen kann, gilt unter geeigneten Voraussetzungen an $u(t)$

$$E(X(T)) = x + E\left(\int_0^T u(s)\,ds\right).$$

Man könnte also die obige Differenz umschreiben in

$$E\left(\int_0^T \left(a \cdot u^2(t) - b \cdot u(t)\right)dt - b \cdot x\right).$$

Minimieren in $u(t)$ unter dem Integranden liefert dann die optimale Wahl

$$u^*(t) = \frac{b}{2a}.$$

Wir werden trotzdem im Folgenden dieses Beispiel zu Demonstrationszwecken noch mal mit den hierfür etwas überdimensioniert erscheinenden Methoden der stochastischen Steuerung lösen. Weitere Anwendungsbeispiele werden dann im Abschnitt über „Portfolio-Optimierung mittels stochastischer Steuerung" gegeben.

Allgemeine Voraussetzungen für diesen Abschnitt :

Gegeben seien mit n, $d \in \mathbf{N}$

$$Q_0 := [t_0, t_1) \times \mathbf{R}^n \text{ mit } 0 \le t_0 < t_1 < \infty$$

$$\overline{Q}_0 := [t_0, t_1] \times \mathbf{R}^n$$

$$U \subset \mathbf{R}^d \text{ abgeschlossen.}$$

Weiterhin seien die Koeffizientenfunktionen in (GSD)

$$\mu: \overline{Q}_0 \times U \to \mathbf{R}^n$$

$$\sigma: \overline{Q}_0 \times U \to \mathbf{R}^{n,m}$$

stetig und $\mu(.,.,u)$, $\sigma(.,.,u)$ seien in $C^1(\overline{Q}_0)$ für $u \in U$.
Zusätzlich gelte mit einer Konstanten $C > 0$

$$|\mu_t| + |\mu_x| \leq C \ , \ |\sigma_t| + |\sigma_x| \leq C$$
$$|\mu(t,x,u)| + |\sigma(t,x,u)| \leq C \cdot (1 + |x| + |u|)$$

wobei $|.|$ jeweils geeignete Normen sind (genauer: Euklidische bzw. Spektralnorm).

Beispiele für Koeffizientenfunktionen, die diese Voraussetzungen erfüllen, sind im Fall $n=1$ durch

$$\mu(t,x,u) = ax + bu \ , \ \sigma(t,x,u) = c_1 x + c_2 u \, ,$$

oder bei beschränktem U durch

$$\mu(t,x,u) = a \cdot x \cdot u \ , \ \sigma(t,x,u) = c \cdot x \cdot u$$

gegeben.

Schreibweise

Falls der Prozess $X(s)$ die gesteuerte stochastische Differentialgleichung **(GSD)** mit Anfangswert x im Startzeitpunkt t löst, dann schreibt man für dessen Erwartungswert

$$E^{t,x}(X(s)).$$

Eine analoge Schreibweise verwendet man auch für Funktionen von $X(s)$ (vgl. auch S.136).

Definition 10

Sei $(\Omega, F, \{F_t\}_{t \in [t_0,t_1]}, P)$ ein mit einer Filterung versehener Wahrscheinlichkeitsraum. Ein U-wertiger, progressiv messbarer Prozess $u(t)$, $t \in [t_0, t_1]$, heißt eine **zulässige Steuerung**, falls für alle Werte $x \in \mathbf{R}^n$ die stochastische Differentialgleichung **(GSD)** mit der Anfangsbedingung $X(t_0)=x$ eine eindeutige Lösung $\{X(t)\}_{t\in[t_0,t_1]}$, besitzt und

$$E\left(\int_{t_0}^{t_1}|u(s)|^k\,ds\right)<\infty \tag{1}$$

für alle $k\in\mathbf{N}$ sowie

$$E^{t,x}\left(\|X(.)\|^k\right):=E^{t,x}\left(\sup_{s\in[t,t_1]}|X(s)|^k\right)<\infty \tag{2}$$

für alle $k\in\mathbf{N}$ gelten.

Bemerkung

a) Die obige Definition schränkt die Menge zulässiger Steuerungen stärker ein als die üblicherweise in der Theorie der stochastischen Steuerung gegebene Definition (vgl. z.B. Fleming/Rishel (1975) oder Fleming/Soner (1993)). Der Hauptgrund hierfür liegt in der Ursache, dass man für Existenzaussagen für eine Lösung der gesteuerten stochastischen Differentialgleichung bei Verwendung der üblichen Definition einer stochastischen Steuerung den Begriff der **schwachen Lösung** einer stochastischen Differentialgleichung benötigt. Wir wollen sowohl diesen Begriff als auch die übliche Definition einer zulässigen Steuerung hier nicht angeben, da wir sie für unsere Anwendungen nicht benötigen werden.

b) Beispiele zulässiger stochastischer Steuerungen im Sinne der Definition 10 sind alle beschränkten, progressiv messbaren Prozesse mit stetigen Pfaden in U. Hierbei folgt die Existenz- und Eindeutigkeit der Lösung der zugehörigen gesteuerten stochastischen Differentialgleichung aus Satz III.15. Die übrigen Forderungen an eine zulässige Steuerung sind aufgrund der Beschränktheit der Prozesse trivialerweise erfüllt. Die Klasse zulässiger Steuerungen ist hingegen weit größer. Allerdings benötigt man für explizite Beispiele weiterer Klassen zulässiger Steuerungen allgemeinere Existenz- und Eindeutigkeitsaussagen für stochastische Differentialgleichungen mit messbaren Koeffizientenfunktionen $\mu(t,x,u)$, $\sigma(t,x,u)$ oder aber explizite Annahmen über die Gestalt von $\mu(.,.,.)$, $\sigma(.,.,.)$ (siehe z.B. Abschnitt 2.6 in Krylov (1980) oder Abschnitt 5.4 in Fleming/Rishel (1975)). Mit Hilfe solch allgemeinerer Existenz- und Eindeutigkeitsaussagen kann gezeigt werden, dass Forderung (1) zusammen mit den allgemeinen Voraussetzungen Forderung (2) impliziert (siehe z.B. Krylov (1980)).

Aufgabenstellung und Begriffe

Wir wollen nun ein etwas allgemeineres Problem betrachten, in dem nur so lange gesteuert wird, wie sich $X(t)$ innerhalb einer vorgegeben offenen Teilmenge O von $\mathbf{R}^n$ bewegt. Hierzu sei entweder $O=\mathbf{R}^n$ oder eine offene Menge, so dass der Rand ∂O eine kompakte, $(n-1)$-dimensionale C^3-Mannigfaltigkeit ist.
(Beachte: $\overline{O} = O \cup \partial O$). Setze

$$Q := [t_0, t_1) \times O$$
$$\overline{Q} := [t_0, t_1] \times \overline{O}$$
$$\tau := \inf\{t \geq t_0 | (t, X(t)) \notin Q\}$$

Wir betrachten das **Kostenfunktional**

$$J(t,x;u) = E^{t,x}\left(\int_t^\tau L(s, X(s), u(s))\, ds + \Psi(\tau, X(\tau))\right)$$

mit den stetigen Funktionen L, Ψ als Kostenfunktionen, die den polynomialen Wachstumsbedingungen

$$|L(t,x,u)| \leq C\left(1 + |x|^k + |u|^k\right),$$
$$|\Psi(t,x)| \leq C\left(1 + |x|^k\right),$$

mit einem $k \in \mathbf{N}$ auf $\overline{Q} \times U$ bzw. auf $\overline{Q}$ genügen. Hierbei nennt man

$$L(s, X(s), u(s))$$

laufende Kosten (engl. „running cost“) und

$$\Psi(\tau, X(\tau))$$

Endkosten (engl. „terminal cost“).

Unser Ziel ist es dann, zu gegebenen Startwerten $(t_0, x) \in Q$ durch Wahl einer zulässigen Steuerung $u(.)$ das Kostenfunktional zu minimieren:

$$\min_{u \in A(t_0,x)} J(t_0,x;u) \qquad \textbf{(SSP)}$$

wobei

$$J(t_0,x;u) = E^{t_0,x}\left(\int_{t_0}^{\tau} L(s,X(s),u(s))\,ds + \Psi(\tau,X(\tau))\right)$$

und $A(t_0,x)$ die Menge aller zulässigen Steuerungen $u(.)$ mit Start in $(t_0,x) \in Q$ sei (d.h. der zu steuernde Prozess besitzt in t_0 den Wert $X(t_0)=x$).

Die Funktion

$$V(t,x) := \inf_{u \in A(t,x)} J(t,x;u) \quad , \ (t,x) \in Q$$

nennt man auch **Wertfunktion** des Minimierungsproblems. Sie gibt den Verlauf der minimalen Kosten in (SSP) als Funktion der Anfangsparameter (t,x), Startzeit und Startwert des zu steuernden Prozesses, an.

Heuristische Herleitung der HJB-Gleichung

Das klassische Hilfsmittel zur Lösung des stochastischen Steuerungsproblems **(SSP)** ist die sogenannte **Hamilton-Jacobi-Bellman-Gleichung** (kurz HJB-Gleichung). Sie soll hier zunächst heuristisch hergeleitet werden. Ein formaler Beweis der Beziehung zwischen der Wertfunktion von (SSP) und der HJB-Gleichung folgt später.

Wir nehmen der Einfachheit halber $O = \mathbf{R}^n$ an. Betrachte hierzu die folgende Beziehung, das sogenannte **Bellman-Prinzip**:

$$V(t,x) = \inf_{u \in A(t,x)}\left(E^{t,x}\left(\int_{t}^{\theta} L(s,X(s),u(s))\,ds + V(\theta,X(\theta))\right)\right),$$

$$V(t_1,x) = \Psi(t_1,x) \quad \text{für alle } x \in \mathbf{R}^n,$$

für $t \in [t_0,\ t_1]$, $\theta \in [t,\ t_1]$. Das Bellman-Prinzip besagt, dass sich die minimalen Kosten $V(t,x)$ auch dadurch ergeben, das Infimum über die zusammengesetzten Strategien „Wähle die Steuerung $u(.)$ auf $[t,\theta]$“ – hierdurch entstehen dann die Kosten

$$E^{t,x}\left(\int_t^\theta L(s,X(s),u(s))\,ds\right)$$

und „verhalte dich auf $[\theta, t_1]$ ausgehend von $X(\theta)$ optimal" – was zu Kosten von $V(\theta, X(\theta))$ führt - zu bilden. Später werden wir das Bellman-Prinzip beweisen. Wir nehmen hier an, dass es gültig ist und alle im Folgenden durchgeführten Operationen (wie z.B. Vertauschungen von Grenzprozessen) erlaubt sind und auftretende stochastische Integrale Erwartungswert Null besitzen. Anwendung der mehrdimensionalen Itô-Formel II.40 auf $V(\theta, X(\theta))$ liefert somit:

$$\begin{aligned} V(t,x) = \inf_{u\in A(t,x)} E^{t,x}\Bigg(&\int_t^\theta L(s,X(s),u(s))\,ds + V(t,x) \\ &+ \int_t^\theta \Big[V_t(s,V(s)) + V_x(s,V(s))\mu(s,X(s),u(s)) \\ &+ \tfrac{1}{2}\cdot Spur\Big(\sigma(s,X(s),u(s))\sigma(s,X(s),u(s))'\,V_{xx}(s,X(s))\Big)\Big]\,ds\Bigg). \end{aligned}$$

Mit der Bezeichnung $a:=\sigma\sigma'$, Subtraktion von $V(t, x)$, Division durch $(\theta - t)$ und Grenzübergang $\theta \downarrow t$ erhalten wir dann formal

$$\begin{aligned} 0 &= \inf_{u\in A(t,x)} E^{t,x}\Bigg(\lim_{\theta\downarrow t}\frac{1}{\theta-t}\int_t^\theta \Big[L(s,X(s),u(s)) + V_t(s,X(s)) \\ &\qquad + \tfrac{1}{2}\cdot Spur\big(a(s,X(s),u(s))V_{xx}(s,X(s))\big) + V_x(s,X(s))\cdot\mu(s,X(s),u(s))\Big]\,ds\Bigg) \\ &= \inf_{u\in A(t,x)} E^{t,x}\Big[L(t,X(t),u(t)) + V_t(t,X(t)) \\ &\qquad + \tfrac{1}{2}\cdot Spur\big(a(t,X(t),u(t))\,V_{xx}(t,X(t))\big) + V_x(t,X(t))\cdot\mu(t,X(t),u(t))\Big], \end{aligned}$$

falls V eine $C^{1,2}$-Funktion ist. Da zur Zeit t sowohl der Wert von $X(t)$ als auch der von $u(t)$ bekannt ist, kann man in der letzten Gleichung den Erwartungswert weglassen und erhält

$$0 = \inf_{u\in U}\Big(L(t,x,u) + V_t(t,x) + \tfrac{1}{2}\cdot Spur\big(a(t,x,u)V_{xx}(t,x)\big) + V_x(t,x)\cdot\mu(t,x,u)\Big),$$

die sogenannte HJB-Gleichung für (SSP). Beachte, dass als Konsequenz dieser formalen Umformung hier nun kein zufälliger Ausdruck mehr auftritt! Es ist auch nur noch das Infimum über alle möglichen Startwerte $u \in U$ von zulässigen Steuerungen zu bilden, da nur diese in der partiellen Differentialgleichung auftreten. Man kann nun die Wertfunktion $V(t,x)$ bestimmen, indem man zunächst die Minimierung in der HJB-Gleichung (in Abhängigkeit von dem unbekannten Funktionen V_t , V_x , V_{xx}) durchführt, dann das so erhaltene Minimum u^* einsetzt, den Infimumoperator weglässt und die so entstandene partielle Differentialgleichung mit Randbedingung

$$V(T,x) = \Psi(x) \quad \text{für alle } x \in \mathbf{R}^n$$

löst. Man erhält dann eine optimale Strategie $u^*(.)$, falls das Infimum angenommen wird, indem man $u^*(t)$ als ein Argument des Infimums für $(t, x)=(t, X(t))$ wählt, so dass $u^*(t)$ progressiv messbar ist (falls möglich).

Wir geben nun auch einen formalen Beweis für den Zusammenhang zwischen der Wertfunktion $V(t,x)$ und der HJB-Gleichung, einen sogenannten Verifikationssatz.

Bezeichnungen

a) Zu $G \in C^{1,2}(Q), (t,x) \in Q$, $a := \sigma\sigma'$, $u \in U$ sei

$$A^u G(t,x) := G_t(t,x) + \tfrac{1}{2} \sum_{i,j=1}^{n} a_{ij}(t,x,u) \cdot G_{x_i x_j} + \sum_{i=1}^{n} \mu_i(t,x,u) \cdot G_{x_i}(t,x).$$

b) $\partial^* Q := \left([t_0, t_1) \times \partial O \right) \cup \left(\{t_1\} \times \overline{O} \right).$

Satz 11 - Verifikationssatz für Lösungen der HJB-Gleichung

Sei $G \in C^{1,2}(Q) \cap C(\overline{Q})$ mit $|G(t,x)| \le K\left(1 + |x|^k\right)$ für geeignete Konstanten $K>0$ und $k \in \mathbf{N}$ eine Lösung der Hamilton-Jacobi-Bellman-Gleichung:

$$\inf_{u \in U} \left(A^u G(t,x) + L(t,x,u) \right) = 0, \quad (t,x) \in Q, \qquad \text{(HJB1)}$$

$$G(t,x) = \Psi(t,x), \quad (t,x) \in \partial^* Q. \qquad \text{(HJB2)}$$

Dann gelten

a) $G(t,x) \le J(t,x;u)$ für alle $(t,x) \in Q$ und $u(.) \in A(t,x)$.

b) Existiert für alle $(t,x) \in Q$ ein $u^*(.) \in A(t,x)$ mit

$$u^*(s) \in \arg\min_{u \in U}\left(A^u G\left(s, X^*(s)\right) + L\left(s, X^*(s), u\right)\right)$$

für alle $s \in [t, \tau]$, wobei $X^*(s)$ der gemäß (GSD) zu $u^*(.)$, gehörende Prozess ist, so gilt

$$G(t,x) = V(t,x) = J\left(t,x,u^*\right).$$

Bemerkung

a) Beachte, dass der Wert $X^*(s)$ nicht von $u^*(s)$ wohl aber von $u^*(r)$, $r \in [t_0, s)$, abhängt. Es handelt sich deshalb in b) nicht um eine implizite, sondern um eine explizite Definition von $u^*(s)$.

b) Da die Wertfunktion $V(t, x)$ eines stochastischen Steuerungsproblems eindeutig ist (die minimalen Kosten sind eindeutig, nicht notwendigerweise die minimierende Strategie), kann es auch nur eine Lösung der HJB-Gleichung von polynomialen Wachstum geben.

Beweis des Satzes 11:

a) Sei $(t,x) \in Q$. Wir zeigen, dass für jede Stoppzeit θ mit $t \le \theta \le \tau$ und jede zulässige Steuerung u gilt:

$$G(t,x) \le E^{t,x}\left(\int_t^\theta L\left(s, X(s), u(s)\right) ds + G\left(\theta, X(\theta)\right)\right). \tag{3}$$

Wegen $G(s,y) = \Psi(s,y)$ für $(s,y) \in \partial^* Q$ folgt hieraus für $\theta = \tau$ die Behauptung.

<u>Sei zunächst O beschränkt:</u>

Da G Lösung der HJB-Gleichung ist, gilt

$$0 \le A^{u(s)} G\left(s, X(s)\right) + L\left(s, X(s), u(s)\right) \tag{4}$$

für jede zulässige Steuerung $u(.)$, $t \le s \le \tau$. Anwendung der mehrdimensionalen Itô-Formel II.40 auf $G(\theta, X(\theta))$ ergibt

$$G(\theta, X(\theta)) - G(t,x) - \int_t^\theta A^{u(s)} G(s, X(s))\, ds$$

$$= \int_t^\theta G_x(s, X(s))\sigma(s, X(s), u(s))\, dW(s)$$

Wegen der Beschränktheit von O verschwindet der Erwartungswert des stochastischen Integrals, da G_x auf O beschränkt ist und wegen den allgemeinen Voraussetzungen an $\sigma(s,x,u)$ und Forderung (1) auch

$$E^{t,x}\left(\int_t^\tau \left|\sigma(s, X(s), u(s))\right|^2 ds\right) \le D \cdot E^{t,x}\left(\int_t^\tau \left(1 + |u(s)|^2\right) ds\right) < \infty$$

mit einer geeigneten Konstante $D>0$ gilt. Erwartungswertbildung in der letzten Gleichung und Anwendung von Ungleichung (4) liefert dann die zu zeigende Ungleichung (3).

Betrachte nun ein allgemeines O:

Wir zeigen (3), indem wir O durch beschränkte Mengen O_p approximieren. Genauer:

$$O_p := O \cap \left\{x \in \mathbf{R}^n \,\middle|\, |x| < p,\ dist(x, \partial O) > \tfrac{1}{p}\right\}$$

$$Q_p := \left[t_0, t_1 - \tfrac{1}{p}\right) \times O_p\ ,\ 0 < \tfrac{1}{p} < t_1 - t_0\,.$$

Ist τ_p die Austrittszeit von $(s, X(s))$ aus Q_p, so gilt (beachte, dass O_p beschränkt ist !):

$$G(t,x) \le E^{t,x}\left(\int_t^{\theta_p} L(s, X(s), u(s))\, ds + G\left(\theta_p, X\left(\theta_p\right)\right)\right) \tag{5}$$

mit

$$\theta_p := min\left(\theta, \tau_p\right).$$

Wegen $\theta_p \to \theta$ für $p \to \infty$ P-fast sicher folgt aus der Annahme, dass die Kostenfunktion L einer polynomialen Wachstumsbedingung genügt und aus den Bedingungen (1) und (2) in Definition 10 mittels dominierter Konvergenz

$$\lim_{p\to\infty} E^{t,x}\left(\int_t^{\theta_p} L(s,X(s),u(s))\,ds\right) = E^{t,x}\left(\int_t^{\theta} L(s,X(s),u(s))\,ds\right).$$

Wegen der Stetigkeit von G folgt weiter

$$\lim_{p\to\infty} G\left(\theta_p, X\left(\theta_p\right)\right) = G(\theta, X(\theta)) \quad P\text{-fast sicher.}$$

Da außerdem

$$\left|G\left(\theta_p, X\left(\theta_p\right)\right)\right| \le K\left(1+\left|X\left(\theta_p\right)\right|^k\right) \le K\left(1+\|X(.)\|^k\right)$$

und

$$E^{t,x}\left(\|X(.)\|^j\right) < \infty \quad \text{für alle } j \in \mathbf{N},$$

für jede zulässige Steuerung $u(.)$ gelten, folgt mit $j>k$, dass

$$E^{t,x}\left(\left|G\left(\theta_p, X\left(\theta_p\right)\right)\right|^{\alpha}\right)$$

für $\alpha=j/k$ und $p>1/(t_1-t_0)$ beschränkt ist. Also ist die Familie $\{G(\theta_p,X(\theta_p))\}_p$ gleichmäßig integrierbar, und wir erhalten

$$\lim_{p\to\infty} E^{t,x}\left(G\left(\theta_p, X\left(\theta_p\right)\right)\right) = E^{t,x}\left(G(\theta, X(\theta))\right),$$

also insgesamt die Konvergenz von (5) gegen die von (3), was die Aussage zeigt.

b) Für $u^*(.)$ wie in Behauptung b) erhalten wir Gleichheit in (3), was dann Behauptung b) impliziert. □

Bemerkung

Im Beweis von Satz 11 wurde unter anderem gezeigt, dass unter der Annahme der Existenz einer $C^{1,2}$-Lösung der HJB-Gleichung (und einer optimalen Steuerung $u^*(.)$) das folgende **Bellman-Prinzip** gilt:

Für alle Stoppzeiten θ mit $t \le \theta \le \tau$ folgt

$$V(t,x) = \inf_{u(.)\in A(t,x)} E^{t,x}\left(\int_t^{\theta} L(s,X(s),u(s))\,ds + V(\theta, X(\theta))\right).$$

Satz 11 rechtfertigt den folgenden Algorithmus zur Lösung des Steuerungsproblems (SSP):

Algorithmus: Lösung des Steuerungsproblems

1. Schritt:

Löse die Minimierungsaufgabe (HJB1) in der HJB-Gleichung in Abhängigkeit von der unbekannten Funktion G (und ihren partiellen Ableitungen).

2. Schritt:

Es sei

$$u^*(s) := u^*\big(s,x,G(s,x),G_t(s,x),G_x(s,x),G_{xx}(s,x)\big)$$

eine Lösung der Minimierungsaufgabe. Löse dann die partielle Differentialgleichung

$$A^{u^*(t)}G(t,x) + L\big(t,x,u^*(t)\big) = 0, \quad (t,x) \in Q,$$
$$G(t,x) = \Psi(t,x), \qquad (t,x) \in \partial^* Q,$$

3. Schritt:

Überprüfe die benötigten Voraussetzungen.

Bemerkung zur Existenz einer Lösung

Die Existenz einer „klassischen" $C^{1,2}$-Lösung der HJB-Gleichung in Satz 11 ist im Allgemeinen nicht gesichert. Typische Existenzaussagen benötigen sehr starke Voraussetzungen an die Koeffizientenfunktionen μ, σ, an die Kostenfunktionen L, Ψ, und an O. Um Resultate aus der Theorie der parabolischen partiellen Differentialgleichungen verwenden zu können, fordert man die gleichmäßige Parabolizität, d.h. dass für alle $(t, x, u) \in Q_0 \times U$ die Matrizen $a(t, x, u)$ gleichmäßig positiv definit sind, genauer: es existiert ein $c > 0$ mit

$$\xi^T a(t,x,u)\xi \geq c|\xi|^2 \quad \text{für alle } (t, x, u) \in Q_0 \times U, \ \xi \in \mathbf{R}. \tag{6}$$

Wir zitieren ein solches Existenzresultat, benötigen es aber nicht für unsere weiteren Anwendungen:

Satz 12 - Krylov (1980)

Es gelte (6) und weiter

a) U ist kompakt,

b) O ist beschränkt (und ∂O C^3-Mannigfaltigkeit),

c) Die Funktionen a, μ, L, und ihre partiellen Ableitungen nach t sowie nach x_i, $x_i x_j$ sind stetig auf $\overline{Q} \times U$,

d) $\Psi \in C^3(\overline{Q}_0)$.

Dann besitzt die HJB-Gleichung genau eine Lösung in $C_p(\overline{Q}) \cap C^{1,2}(Q)$, wobei $C_p(\overline{Q})$ die Menge der stetigen Funktionen auf $\overline{Q}$ von höchstens polynomialen Wachstum bezeichnet.

Ist O unbeschränkt, so gelten analoge Existenzaussagen, wenn a, μ, L, Ψ beschränkt sind (siehe z.B. Fleming/Soner (1993), IV.4). Des weiteren können die Bedingungen an a, μ, L, Ψ abgeschwächt werden, wenn man eine einfachere Struktur für a, μ annimmt (z.B.: μ, σ linear in x und in u).

Fortsetzung des Beispiels

Wir wollen das soeben gelernte Vorgehen nun am -eigentlich schon gelösten - Beispiel vom Beginn dieses Abschnitts demonstrieren. Die zum Prozess

$$X(t) = x + W(t) + \int_0^t u(s)\,ds$$

und zum Kostenfunktional

$$J(x,t;u) = E^{t,x}\left(\int_t^T a \cdot u^2(s)\,ds - b \cdot X(T)\right)$$

gehörende HJB-Gleichung hat für $Q = [0,T) \times \mathbf{R}$, $U = \mathbf{R}$, die Form

$$\min_{u \in \mathbf{R}} \left\{ \tfrac{1}{2} G_{xx} + u \cdot G_x + G_t + au^2 \right\} = 0\,,\ (t,x) \in Q\,,$$
$$G(T,x) = -bx\ ,\quad x \in \mathbf{R}.$$

Wir gehen nun gemäß dem Algorithmus vor:

1. Schritt:

Formales Minimieren liefert als Kandidat für die optimale Steuerung

$$u^*(t) = -\tfrac{1}{2a} G_x(t, X(t)).$$

2. Schritt:

Einsetzen von $u^*(t) = -\frac{1}{2a} G_x(t,x)$ in die HJB-Gleichung liefert die (nicht-lineare) partielle Differentialgleichung

$$\tfrac{1}{2} G_{xx} - \tfrac{1}{4a} G_x^2 + G_t = 0\,,\ (t,x) \in Q\,,$$
$$G(T,x) = -bx \quad, x \in \mathbf{R}.$$

Zu ihrer Lösung machen wir nun den Ansatz

$$G(t,x) = -bx + h(t)\,.$$

Hieraus erhält man als neue Formulierung unserer partieller Differentialgleichung die gewöhnliche Differentialgleichung

$$-\frac{1}{4} \cdot \frac{b^2}{a} + h'(t) = 0\,,$$
$$h(T) = 0\,,$$

für $h(t)$, die offenbar durch

$$h(t) = \frac{1}{4} \cdot \frac{b^2}{a} (t - T)$$

eindeutig gelöst wird. Wir erhalten somit

$$G(t,x) = -bx + \frac{1}{4} \cdot \frac{b^2}{a} (t - T)\,,$$
$$u^*(t) = \frac{b}{2a}\,.$$

3. Schritt:

Ein Bestandteil, der unbedingt zur vollständigen Lösung eines stochastischen Steuerungsproblems mit Hilfe der HJB-Gleichung gehört, ist die Überprüfung aller zur Anwendung der Theorie benötigten Voraussetzungen. Dies wird bei vielen Anwendungen oft vergessen und kann im Einzelfall recht kompliziert sein. In unserem simplen Beispiel bereitet es allerdings keine Probleme.

- $X(t)$ löst als Brownsche Bewegung mit Drift $b/2a$ die zu $u^*(t)$ gehörende stochastische Differentialgleichung eindeutig.
- $u^*(t)=b/2a$ erfüllt offenbar die Momentenbedingung in Definition 10 und ist als Konstante progressiv messbar. Bedingung (2) folgt aus Lemma III.16.
- $G(t,x)$ liegt in $C^{1,2}$ und erfüllt offenbar die Bedingungen polynomialen Wachstums, stimmt also mit $V(t,x)$ überein.

Wir wollen nun noch ohne Beweis einige Erweiterungen der bisher entwickelten Theorie für zwei weitere Formulierungen des stochastischen Steuerungsproblems geben (für Beweise sei auf die Kapitel III und IV in Fleming/Soner (1993) verwiesen).

Bemerkungen

a) Hat das Kostenfunktional $J(t,x;u)$ die Form

$$J(t,x;u) = E^{t,x}\left(\int_t^\tau \Gamma(s)L(s,X(s),u(s))\,ds + \Gamma(\tau)\Psi(\tau,X(\tau))\right)$$

mit

$$\Gamma(s) = exp\left(\int_t^s q(r,X(r),u(r))\,dr\right)$$

für eine beschränkte, stetige Funktion $q(s,x,u)$, so gilt ein zu Satz 11 analoges Ergebnis, falls man statt (HJB1) die Gleichung

$$\inf_{u\in U}\left(A^u G(t,x) + L(t,x,u) + q(t,x,u)G(t,x)\right) = 0 \qquad \text{(HJB1*)}$$

betrachtet. Dieser Fall beinhaltet den der diskontierten Kosten, d.h. der Wahl

$$\Gamma(s) = exp(-\beta(s-t))$$

für ein $\beta>0$.

b) Im Fall eines unendlichen Horizonts, d.h. einer gesteuerten stochastischen Differentialgleichung auf $[0,\infty)$, nehmen wir an, dass die Koeffizientenfunktionen μ und σ autonom sind (also unabhängig von t), aber weiterhin den für diesen Abschnitt allgemeinen Voraussetzungen genügen. Die analoge Annahme gelte für die Kostenfunktionen $L(x,u)$ und $\Psi(x)$. Bezeichnet nun τ die erste Austrittszeit von $X(s)$ aus O, so wollen wir das folgende Kostenfunktional minimieren

$$J(x,u) = E^x\left(\int_0^\tau e^{-\beta s} L(X(s),u(s))\,ds + e^{-\beta\tau}\Psi(X(\tau))1_{\{\tau<\infty\}}\right)$$

wobei $\beta>0$ ein Abzinsfaktor ist und $\tau=\infty$ gilt, falls $X(s)$ niemals O verlässt, was z.B. bei $O=\mathbf{R}^n$ der Fall ist. Unter einer zulässigen Steuerung wollen wir nun einen progressiv messbaren U-wertigen Prozess $u(.)$ verstehen, der mit $t_0=0$ die Bedingung (1) in Definition 10 für jedes endliche t_1 erfüllt. In Analogie zu Satz 11 gilt dann:

Satz 13 - Verifikationssatz für Lösungen der HJB-Gleichung bei unendlichem Horizont

Sei $\beta>0$ und sei $G\in C^2(O)\cap C(\overline{O})|$ mit $G(x)|\leq K(1+|x|^k)$ für geeignete Konstanten $K>0$ und $k\in\mathbf{N}$ eine Lösung der HJB-Gleichung

$$\inf_{u\in U}\left(\frac{1}{2}Spur\left(a(x,u)G_{xx}(x)\right) + G_x(x)\mu(x,u) + L(x,u) - \beta G(x)\right) = 0,\ x\in O,$$

$$G(x) = \Psi(x)\ ,\ x\in\partial^* O.$$

Dann gelten

a) $G(x)\leq J(x, u)$ für alle $x\in O$ und alle zulässigen Steuerungen u.

b) Existiert für alle $x\in O$ eine zulässige Steuerung u^* mit

$$u^*(s)\in \arg\min_{u\in U}\left[\frac{1}{2}Spur\left(a(X^*(s),u)G_{xx}(X^*(s))\right) + G_x(X^*(s))\mu(X^*(s),u)\right.$$
$$\left. + L(X^*(s),u) - \beta G(X^*(s))\right]$$

für alle $s\in[0,\tau]$, wobei $X^*(s)$ der zu $u^*(.)$ gehörende Prozess ist, so gilt

$$G(x) = V(x) = J(x,u^*)$$

c) Im Fall $\beta=0$ gelten die Aussagen aus a) und b), falls O beschränkt ist und für alle zulässigen Steuerungen u die erste Austrittszeit τ fast sicher endlich ist.

V.4 Portfolio-Optimierung mittels stochastischer Steuerung

Der Ansatz der stochastischen Steuerung in der zeitstetigen Portfolio-Optimierung wurde von Robert Merton in den späten sechziger Jahren eingeführt (siehe z.B. Merton (1969), Merton (1971)) Sein Kernpunkt besteht im wesentlichen darin, die im vorausgegangenen Exkurs entwickelten Methoden auf das Portfolioproblem anzuwenden.

Allgemeine Voraussetzungen für diesen Abschnitt

Wir beschränken uns hier auf einen Markt mit konstanten Marktkoeffizienten r, b, σ. Es gelte $m \geq d$ und die Matrix $\sigma \in \mathbb{R}^{d,m}$ habe maximalen Rang.

Es kann also auch der Fall eines unvollständigen Marktes behandelt werden, was nicht weiter überraschend ist, da die Eigenschaft der Vollständigkeit auch im Exkurs zur stochastischen Steuerung keine Rolle spielte.

Grundlegende Idee:

Die Vermögensgleichung eines Investors mit Strategie (π, c) wird als gesteuerte stochastische Differentialgleichung der Form

$$dX^u(t) = \mu\big(t, X^u(t), u(t)\big)dt + \sigma\big(t, X^u(t), u(t)\big)dW(t)$$

aufgefasst, wobei μ, σ, u die folgende Gestalt haben

$$\begin{aligned} u &= (u_1, u_2) := (\pi, c) \\ \mu(t,x,u) &= \big(r + u_1'(b - r \cdot \underline{1})\big)x - u_2 \qquad (1) \\ \sigma(t,x,u) &= x\, u_1' \sigma \end{aligned}$$

Entsprechend der verschiedenen Varianten von Verifikationssätzen aus Exkurs 8 werden wir verschiedene Varianten des Portfolioproblems betrachten. Wir beginnen mit dem gewohnten Problem (P):

Optimaler Konsum und optimales Endvermögen bei endlichem Horizont

Unser Ziel ist es also, das Nutzenfunktional

$$J(t,x;u) := E^{t,x}\left(\int_t^T U_1(t,u_2(t))\,dt + U_2(X^u(T))\right)$$

durch Wahl von $u=(\pi,c)$ zu maximieren. Sei hierzu

$$V(t,x) = \sup_{u\in A(t,x)} J(t,x;u)$$

die Wertfunktion des Portfolioproblems. Die zugehörige HJB-Gleichung hat dann die Form

$$\max_{u_1\in[\alpha_1,\alpha_2]^d,\,u_2\in[0,\infty)} \left\{\frac{1}{2}u_1'\sigma\sigma' u_1 x^2 V_{xx}(t,x) + \left(\left(r+u_1'(b-r\cdot\underline{1})\right)x-u_2\right)V_x(t,x)+U_1(t,u_2)+V_t(t,x)\right\}=0 \qquad (2)$$

$$V(T,x)=U_2(x)$$

für gegebenes $-\infty<\alpha_1\leq\alpha_2<+\infty$.

Bemerkungen

a) Zwar wurde in der Definition einer zulässigen Steuerung die eindeutige Lösbarkeit der gesteuerten stochastischen Differentialgleichung gefordert, aber nicht, dass diese Lösung $X^u(t)$ nicht-negativ sein sollte, wie dies z. B. in unserer Definition einer zulässigen Strategie $(\pi,c)\in A(x)$ gemacht wird. Es könnte deshalb auch sein, dass eine optimale Steuerung zu einem negativen Vermögen führen würde. Wir werden allerdings in unseren Beispielen sehen, dass dort die optimale Steuerung zu einem strikt positiven Vermögensprozess führt. Eine Vorzeichenbedingung an den Vermögensprozess ließe sich dort also nachträglich fordern, ohne die optimale Lösung zu verändern !

b) Während die Form der HJB-Gleichung (2) eine direkte Anwendung des Verifikationssatzes 11 ist (mit der Wahl $Q=[0,T)\times\mathbf{R}$ und dem Ersetzen von „*inf*" durch „*sup*"), benötigt die Bedingung

$$\pi(t)=u_1(t)\in[\alpha_1,\alpha_2]^d \qquad (3)$$

einer kurzen Erläuterung. Der Grund für diese zusätzliche Forderung liegt in der Anwendbarkeit des Verifikationssatzes. Die dortigen generellen Forderungen

$$|\mu_t|+|\mu_x|\le C \quad |\sigma_t|+|\sigma_x|\le C$$
$$|\mu(t,x,u)|+|\sigma(t,x,u)|\le C\cdot(1+|x|+|u|)$$

sind bei den Koeffizienten der Form (1) für unbeschränkten Wertebereich für x nur dann zu erfüllen, wenn die Wertemenge der zulässigen $u_1(t)$ beschränkt ist. Wir werden allerdings in den nachfolgenden Beispielen zeigen, dass die Forderung (3) (zumindest dort) keine echte Forderung ist, wenn man das Intervall $[\alpha_1,\alpha_2]^d$ geschickt wählt.

Lösung der zugehörigen HJB-Gleichung

Wir wollen nun das Portfolio-Problem (P) für die spezielle Wahl

$$U_1(t,c)=\frac{1}{\gamma}e^{-\beta t}c^{\gamma}\ ,\ U_2(x)=\frac{1}{\gamma}x^{\gamma} \tag{4}$$

mit $\beta>0$, $\gamma\in(0,1)$ lösen.

1. Schritt: Löse das (formale) Maximierungsproblem.

Unter der Annahme, dass $V(t,x)$ strikt konkav in x ist und der Vermögensprozess $X(t)$ strikt positiv ist (muss beides später noch überprüft werden !), führt die Maximierung in der HJB-Gleichung (2) zu den Kandidaten

$$u_1(t)=-(\sigma\sigma')^{-1}(b-r\cdot\underline{1})\cdot\frac{V_x(t,x)}{x\cdot V_{xx}(t,x)} \tag{5}$$

$$u_2(t)=\left(e^{\beta t}\cdot V_x(t,x)\right)^{1/\gamma-1}, \tag{6}$$

wobei wir zusätzlich annehmen, dass immer $(u_1,u_2)\in[\alpha_1,\alpha_2]^d\times[0,\infty)$ gilt. Beachte auch, dass es für die Maximalität von u_1, u_2 gemäß (5), (6) unter den obigen Annahmen bereits hinreichend war, dass sie die eindeutigen Nullstellen der jeweiligen partiellen Ableitungen der in (2) zu maximierenden Funktion waren.

2. Schritt: Löse die partielle Differentialgleichung

Setzt man u_1, u_2 der Form (5) in (2) ein, so erhält man die folgende partielle Differentialgleichung für $V(t,x)$

$$0=-\tfrac{1}{2}\left(b-r\cdot\underline{1}\right)'\left(\sigma\sigma'\right)^{-1}\left(b-r\cdot\underline{1}\right)\frac{V_x^2(t,x)}{V_{xx}(t,x)}+r\cdot x\cdot V_x(t,x)$$

$$+V_x^{\frac{\gamma}{\gamma-1}}(t,x)\cdot e^{\frac{\beta t}{\gamma-1}}\cdot\left(\frac{1-\gamma}{\gamma}\right)+V_t(t,x). \quad (7)$$

Zur Lösung von (7) legt die Endbedingung $V(T,x)=\frac{1}{\gamma}x^{\gamma}$ den Separationsansatz

$$V(t,x)=f(t)\cdot\tfrac{1}{\gamma}x^{\gamma}\ ,\ f(T)=1 \quad (8)$$

nahe. Bildet man hiervon alle in (7) vorkommenden partiellen Ableitungen und setzt deren Form in (7) ein, so erhält man nach Division durch den in allen Termen vorkommenden Ausdruck x^{γ} die gewöhnliche Differentialgleichung

$$0=\left[-\tfrac{1}{2}\left(b-r\cdot\underline{1}\right)'\left(\sigma\sigma'\right)^{-1}\left(b-r\cdot\underline{1}\right)\cdot\frac{1}{\gamma-1}+r\right]\cdot f(t)$$

$$+\tfrac{1-\gamma}{\gamma}e^{\frac{\beta t}{\gamma-1}}f(t)^{\frac{\gamma}{\gamma-1}}+f'(t). \quad (9)$$

Beachte, dass es hierfür wesentlich ist, dass der Quotient $V_x^2(t,x)/V_{xx}(t,x)$ durch den Ansatz (8) eine sehr einfache Form erhält. Mit den Abkürzungen

$$a_1 := -\tfrac{1}{2}\left(b-r\cdot\underline{1}\right)'\left(\sigma\sigma'\right)^{-1}\left(b-r\cdot\underline{1}\right)\tfrac{1}{\gamma-1}+r\ ,$$

$$a_2(t) := \tfrac{1-\gamma}{\gamma}e^{\frac{\beta t}{\gamma-1}}$$

erhält (9) die Form

$$f'(t)=-a_1 f(t)-a_2(t)f(t)^{\frac{\gamma}{\gamma-1}} \quad (10)$$

mit Randbedingung $f(T)=1$. Die Substitution

$$g(t)=f(t)^{\frac{1}{1-\gamma}} \quad (11)$$

ergibt

$$g'(t)=f'(t)\cdot\tfrac{1}{1-\gamma}f(t)^{\frac{\gamma}{1-\gamma}}. \quad (12)$$

Einsetzen von (11) in (10) führt nach Division durch $(1-\gamma)\cdot f(t)^{\frac{1}{1-\gamma}}$ und Verwenden von (11) auf die folgende lineare Differentialgleichung für $g(t)$

$$g'(t) = -\frac{a_1}{1-\gamma} g(t) - \frac{a_2(t)}{1-\gamma}, \quad g(T)=1. \tag{13}$$

Explizites Lösen von (13) mittels Variation der Konstanten ergibt

$$g(t) = e^{\frac{a_1}{1-\gamma}(T-t)} + \frac{1-\gamma}{\gamma(a_1-\beta)} \left(e^{\frac{a_1-\beta}{1-\gamma}T} - e^{\frac{a_1-\beta}{1-\gamma}t} \right) e^{\frac{a_1}{1-\gamma}(T-t)}, \tag{14}$$

woraus sich dann die entsprechende Form von $f(t)$ über (11) und die Form von $V(t,x)$ über (8) ergibt. Zwar lässt sich die rechte Seite von (14) noch vereinfachen, aber die angegebene Form hat den Vorteil, dass aus ihr direkt ersichtlich wird, dass $g(t)$ strikt positiv ist. Beachte hierzu insbesondere, dass a_1, β beide positiv sind und dass das Vorzeichen des Ausdrucks in Klammern gleich dem seines Vorfaktors ist. Eine weitere Konsequenz der Existenz einer Lösung der HJB-Gleichung der Form (8) ist die Form von (π, c) als

$$\pi(t) = u_1\left(t, X^u(t)\right) = \tfrac{1}{1-\gamma}(\sigma\sigma')^{-1}\left(b - r\cdot \underline{1}\right) =: \pi^*, \tag{15}$$

$$c(t) = u_2\left(t, X^u(t)\right) = \left(e^{\beta t}\cdot f(t)\right)^{\frac{1}{\gamma-1}} \cdot X^u(t).$$

<u>3. Schritt:</u> Überprüfung der gemachten Annahmen

i) $V(t,x)$ der Form (8) mit dem berechneten $f(t)$ ist offenbar strikt konkav, da $f(t)$ strikt positiv ist. Weiter ist $V(t,x)$ eine klassische $C^{1,2}$-Lösung der HJB-Gleichung, die den geforderten polynomialen Wachstumsbedingungen genügt.

ii) Der Vermögensprozess $X^u(t)$ zum optimalen $u(t)$ genügt wegen (15) der stochastischen Differentialgleichung

$$dX^u(t) = X^u(t)[(r + \pi^{*\prime}\left(b - r\cdot\underline{1}\right) - \left(e^{\beta t}\cdot f(t)\right)^{\frac{1}{\gamma-1}}) dt + \pi^{*\prime}\,\sigma\, dW(t)]$$

$$X^u(0) = x$$

Insbesondere hat diese Gleichung eine eindeutige Lösung, die sogar strikt positiv ist und wegen Lemma III.16 auch die geforderte Momentenbedingung (2) aus Exkurs 8 erfüllt.

iii) Wegen der Positivität von $X^u(t)$ und $f(t)$ ist $c(t)$ gemäß (15) auch positiv. π^* ist sogar konstant. Wir wählen nun α_1, α_2 mit $\alpha_1 < 0 < \alpha_2$, so dass

$$\pi^* \in \left[\frac{\alpha_1}{2}, \frac{\alpha_2}{2}\right]^d$$

gilt, also die Bedingung (3) im optimalen π^* erfüllt und nicht aktiv ist. Folglich kann Bedingung (3) für große Werte von α_1, α_2 auch weggelassen werden, ohne dass sich die optimale Strategie ändert. Da kleine Werte von α_i aber im unbeschränkten Problem (P) keine Rolle spielen, haben wir nicht nur das zu (2) gehörende beschränkte stochastische Steuerungsproblem, sondern sogar das Portfolioproblem (P) gelöst, also gilt:

Proposition 14

Das Portfolioproblem

$$\max_{(\pi,c)\in A(x)} E\left(\int_0^T e^{-\beta t}\frac{1}{\gamma}c(t)^\gamma\,dt + \frac{1}{\gamma}X(T)^\gamma\right) \tag{16}$$

wird durch die Strategie (π, c) gemäß

$$\pi^*(t) = \frac{1}{1-\gamma}(\sigma\sigma')^{-1}\left(b - r\cdot\underline{1}\right),$$

$$c^*(t) = \left(e^{\beta t}f(t)\right)^{\frac{1}{\gamma-1}}X(t),$$

gelöst, wobei $f(t)$ durch (14) und (11) gegeben ist.

Bemerkung

a) Im Allgemeinen ist es äußerst schwierig, Aussagen über eine reguläre Lösung von (2) zu machen.

b) Ähnlich wie beim partiellen Differentialgleichungs-Ansatz der Optionsbewertung ist auch beim Ansatz der stochastischen Steuerung die optimale Strategie ein Abfallprodukt der Bestimmung des optimalen Nutzens. Allerdings erhält man dieses „Abfallprodukt" auch nur dann explizit, wenn man die partielle Differentialgleichung explizit lösen kann.

c) Es ist bemerkenswert, dass die Form des optimalen Portfolioprozesses unabhängig von der Zeit ist. Die Form des optimalen Konsumprozesses kann so interpretiert werden, dass die Konsumgeschwindigkeit (oder Konsumrate) proportional zum gegenwärtigen Vermögen $X(t)$ ist, wobei der Proportionalitätsfaktor allerdings von der Zeit abhängt.

Optimaler Konsum bei unendlichem Horizont

Wir wollen nun ein sogenanntes Lebenszeit-Konsum-Problem lösen; genauer betrachten wir das Problem

$$\max_{(\pi,c)\in A(x)} E^x\left(\int_0^\infty e^{-\beta t}\frac{1}{\gamma}c(t)^\gamma\,dt\right) \qquad \text{(LK)}$$

mit $\beta>0$, $\gamma\in(0,1)$, $x>0$.

Um dies nun in ein äquivalentes stochastisches Steuerungsproblem umzuformen, müssen wir beachten, dass die Forderung

$$X(t)\geq 0 \quad \text{für alle } t\geq 0,$$

die ja in $(\pi,c)\in A(x)$ enthalten ist, besagt, dass der Investor alle Wertpapiere sofort verkaufen muss, wenn zum erstenmal $X(t)=0$ gilt. Sei deshalb

$$\tau := \inf\{t>0 \mid X(t)=0\}$$

Wir betrachten dann in Analogie zum Konsum/Vermögensbeispiel das stochastische Steuerungsproblem mit Wertfunktion

$$V(x) = \sup_{u\in U(x)} E^x\left(\int_0^\tau e^{-\beta t}\frac{1}{\gamma}c(t)^\gamma\,dt\right), \tag{17}$$

wobei $U(x)$, die Menge zulässiger Steuerungen bei Start in x, durch die Forderungen

$$u_1(t)\in[\alpha_1,\alpha_2]^d,\ u_2(t)\geq 0 \ \text{ für alle } t\geq 0 \text{ mit } u(t)=(u_1(t),u_2(t)) \tag{18}$$

charakterisiert ist (natürlich sollen auch die sonstigen Anforderungen an eine zulässige Steuerung erfüllt sein !). Wie im Fall des unbeschränkten, zufälligen Horizonts im Exkurs 8 stellen wir die zugehörige HJB-Gleichung auf als

$$\max_{(u_1,u_2)\in[\alpha_1,\alpha_2]^d\times[0,\infty)} \left\{\frac{1}{2}u_1'\sigma\sigma' u_1 x^2 V''(x) + \left(\left(r+u_1'(b-r\cdot\underline{1})\right)x-u_2\right)V'(x)-\beta V(x)+\frac{1}{\gamma}u_2^\gamma\right\}=0. \tag{19}$$

Es ergeben sich wieder die folgenden Schritte:

1. Maximierung

Die übliche Annahme „$V \in C^2$ strikt konkav und streng monoton wachsend" liefert als Kandidaten für die optimalen Steuerungen

$$u_1^*(t) = -(\sigma\sigma')^{-1}\left(b - r \cdot \underline{1}\right)\frac{V'(x)}{x \cdot V''(x)},$$

$$u_2^*(t) = V'(x)^{\frac{1}{\gamma-1}},$$

wobei wir weiter annehmen, dass $(u_1{}^*, u_2{}^*)$ den Forderungen (18) genügen. Einsetzen von $u_1{}^*$, $u_2{}^*$ in (19) führt zur Differentialgleichung

$$0 = -\frac{1}{2}\left(b - r \cdot \underline{1}\right)'(\sigma\sigma')^{-1}\left(b - r \cdot \underline{1}\right)\frac{V'(x)^2}{V''(x)} + r \cdot x \cdot V'(x)$$
$$- \beta \cdot V(x) + V'(x)^{\frac{\gamma}{\gamma-1}} \cdot \left(\frac{1-\gamma}{\gamma}\right) \qquad (20)$$

2. Lösen der Differentialgleichung

Die Forderung einer polynomial beschränkten Lösung von (20) im Verifikationssatz legt den Ansatz

$$V(x) = \frac{1}{\gamma} A x^{\gamma}$$

mit einem $A > 0$ nahe. Verwendung des Ansatzes und der entsprechenden Ableitungen von $V(x)$ liefert nach Einsetzen in (20) und Division durch den allen Termen gemeinsamen Faktor Ax^{γ} die folgende Gleichung für A

$$0 = -\tfrac{1}{2}\left(b - r \cdot \underline{1}\right)'(\sigma\sigma')^{-1}\left(b - r \cdot \underline{1}\right) \cdot \frac{1}{\gamma - 1} + r - \beta \cdot \tfrac{1}{\gamma} + \frac{1-\gamma}{\gamma} A^{\frac{1}{\gamma-1}}.$$

Diese Gleichung hat genau dann eine positive Lösung A, wenn gilt

$$\beta > r \cdot \gamma - \frac{1}{2}\left(b - r \cdot \underline{1}\right)(\sigma\sigma')^{-1}\left(b - r \cdot \underline{1}\right) \cdot \frac{\gamma}{\gamma - 1}, \qquad (21)$$

d.h. falls der Abzinsfaktor β hinreichend groß gewählt ist. In diesem Fall gilt

$$A = \left(\frac{\gamma}{1-\gamma}\left[\frac{\beta}{\gamma} - \left(r - \frac{1}{2(\gamma - 1)}\left(b - r \cdot \underline{1}\right)'(\sigma\sigma')^{-1}\left(b - r \cdot \underline{1}\right)\right)\right]\right)^{\gamma-1}.$$

3. Überprüfen der Annahmen

i) Unter (21) ist $V(x)= x^{\gamma}\cdot A/\gamma$ offenbar eine C^2-Lösung von (20) bzw von (19), die den genannten Bedingungen genügt.

ii) Weiter sind, bei geeigneter Wahl von α_1, α_2, dann $u_1^*(t)$, $u_2^*(t)$ zulässige (und somit optimale!) Steuerungen, da sie die explizite Form

$$u_1^*(t) = \frac{1}{1-\gamma}(\sigma\sigma')^{-1}(b - r\cdot\underline{1})$$

$$u_2^*(t) = A^{\frac{1}{\gamma-1}}\cdot X(t)$$

haben. Der zugehörige Vermögensprozess $X^*(t)$ hat dann die Form

$$X^*(t) = x\cdot exp\Big(\Big[r + \tfrac{1}{1-\gamma}(b - r\cdot\underline{1})'(\sigma\sigma')^{-1}(b - r\cdot\underline{1}) - A^{\frac{1}{\gamma-1}}\Big)t$$
$$- \tfrac{1}{2}\left(\tfrac{1}{1-\gamma}\right)^2\left\|(b - r\cdot\underline{1})'(\sigma\sigma')^{-1}\sigma\right\|^2 t + \tfrac{1}{1-\gamma}(b - r\cdot\underline{1})'(\sigma\sigma')^{-1}\sigma W(t)\Big],$$

ist also strikt positiv.

Insgesamt erhalten wir also mit Hilfe des Verifikationssatzes für den Fall des unbeschränkten Horizonts:

Propostion 15

Unter der Voraussetzung (21) wird das Lebenszeit-Konsum-Problem (LK) durch das Paar (π^*, c^*) mit

$$\pi^*(t) = \frac{1}{1-\gamma}(\sigma\sigma')^{-1}(b - r\cdot\underline{1}),$$

$$c^*(t) = A^{\frac{1}{\gamma-1}}\cdot X(t)$$

gelöst.

Bemerkungen

a) Der durch den unendlichen Horizont verursachte Unterschied zum vorhergehenden Problem spiegelt sich in dem zeitunabhängigen Proportionalitätsfaktor $A^{1/(\gamma-1)}$ des optimalen Konsums wider.

b) Eine solch einfache Form der optimalen Strategien (π^*, c^*) ist im allgemeinen Fall nicht zu erwarten. Mehr noch, es gilt sogar die Beziehung:

$\pi^*(t) \equiv const$, $c^*(t) = \delta X(t)$ lösen das Problem

$$\max_{(\pi,c)\in A'(x)} E^x\left(\int_0^\infty e^{-\beta t} U(c(t))\, dt\right)$$

$\Leftrightarrow$ $U(c) = \alpha c^\gamma + d$ für geeignetes $\gamma \in (0,1)$, α, $d > 0$.

(siehe z.B. Prop. 3.39 auf S.54 in Korn (1997)).

c) Ist die Wachstumsbedingung (21) nicht erfüllt, so kann die Endlichkeit der Wertfunktion nicht sichergestellt werden.

Übungsaufgaben

Ü.1 Löse mit Hilfe der Martingalmethode das Portfolioproblem (P) im Fall konstanter Marktkoeffizienten, wenn als Nutzenfunktionen

$$U_1(t,x) = U_2(x) = \frac{1}{\gamma} x^\gamma, \quad \gamma \in (0,1) \text{ fest,}$$

gewählt werden.

a) Bestimme zunächst den optimalen Konsum $c^*(t)$ und das optimale Endvermögen B^*.

b) Bestimme den optimalen Portfolioprozess $\pi^*(t)$.

Ü.2 Löse mit Hilfe der Martingalmethode das Konsumproblem (K) (siehe Korollar 7) für die Wahl der Nutzenfunktion

$$U_1(t,x) = \frac{1}{\gamma} e^{-\beta t} x^\gamma, \quad \gamma \in (0,1),\ \beta > 0 \text{ fest.}$$

Wie hängen die optimalen Strategien (π^*, c^*) von β ab?

Ü.3 Man betrachte im Beispiel „Logarithmischer Nutzen" aus Abschnitt V.3 die Option mit Endzahlung

$$B = \left| P_1(T) - K \right| .$$

a) Bestimme den Preis von B sowie die zugehörende duplizierende Handelsstrategie $\Psi(t)=(\Psi_0(t), \Psi_1(t))$.

b) Man zeige, dass für obige Option Satz 8 richtig bleibt, wenn man mit den dortigen Bezeichnungen

$$\varphi_1(t) := \begin{cases} \dfrac{\xi_1(t)}{\Psi_1(t)}, & \text{falls } \Psi_1(t) \neq 0 \\ 0 & \text{, sonst} \end{cases}$$

setzt.

c) Betrachte für festes $t \in [0,T]$ den optimalen Optionsportfolioprozess $\pi_{Opt}(t)$ als Funktion von $P_1(t)$. Was passiert im Wert von $P_1(t)$, für den $\Psi_1(t)$ verschwindet.

Ü.4 Löse für ein $T>0$ das folgende stochastische Steuerungsproblem

$$\min_{u(.)} E^{0,x}\left(\int_0^T \left(M \cdot X(s)^2 + N \cdot u(s)^2 \right) ds + D \cdot X(T)^2 \right)$$

mit

$$dX(s) = \left(A \cdot X(s) + B \cdot u(s) \right) ds + \sigma\, dW(s) ,$$
$$X(0) = x \in \mathbf{R} ,$$

wobei $M, N, D>0, A, B, \sigma \in \mathbf{R}$ und $U=\mathbf{R}$ sind.

Hinweis: Wähle zum Lösen der HJB-Gleichung den Ansatz $\upsilon(t,x)=f(t)x^2+g(t)$ im 2. Schritt des Lösungsalgorithmus.

Ü.5 Löse für ein $T>0$ das stochastische Steuerungsproblem

$$\max_{u(.)} E\left(X(T)^{\gamma} \right)$$

mit

$$dX(t) = au(t)\, dt + u(t)\, dW(t) ,$$
$$X(0) = x > 0 ,$$

wobei $x>0$, $a \in \mathbf{R}$, $0<\gamma<1$, $U=\mathbf{R}$, $O=(0,\infty)$ und $\tau=\inf\{t \in [0,T] \mid X(t)=0\} \wedge T$.

Zeige insbesondere, dass die optimale Strategie $u^*(t)$ und die Wertfunktion $V(t,x)$ die Formen

$$u^*(t) = \frac{a}{1-\gamma} X(t),$$

$$V(t,x) = exp\left(a^2 \cdot \frac{\gamma}{2(1-\gamma)}(T-t) \right) \cdot x^\gamma ,$$

besitzen.

Ü.6 Man zeige, dass das Konsumproblem mit unendlichen Horizont

$$\max_{(\pi,c)\in A'(x)} E^x \left(\int_0^\infty e^{-\beta t} U(c(t))\, dt \right) , \beta>0$$

im Markt mit konstanten Koeffizienten genau dann das optimale Lösungspaar

$$\pi^*(t) \equiv \pi \in \mathbf{R}^d ,$$

$$c^*(t) = \delta \cdot X(t),$$

für geeignete Konstanten $\pi \in \mathbf{R}$, $\delta > 0$ besitzt, wenn

$$U(c) = \alpha \cdot c^\gamma + d$$

für geeignete $\gamma \in (0,1)$, α, $d>0$ gilt.

Ü.7 Löse das Vermögensmaximierungsproblem (E) (siehe Korollar 7) im Fall konstanter Koeffizienten mit $d=m=1$,

$$U_2(x) = \frac{1}{\gamma} x^\gamma ,$$

wenn an Stelle des Bonds eine Aktie mit Preis

$$P_0(t) = p_0 \cdot exp\left(\left(b_0 t - \frac{1}{2}\sigma_0^2 \right) t + \sigma_0 W(t) \right)$$

vorhanden ist, mit Hilfe stochastischer Steuerung.

Ü.8 Man zeige, dass das Marktmodell aus Aufgabe 7 vollständig ist. Verwende hierbei nicht Satz III.34.
Hinweis: Man überlege zunächst, wie sich durch Kombination der beiden Aktien ein risikoloses Portfolio erzeugen lässt.

Literaturverzeichnis

BACHELIER L. (1900) *Théorie de la spéculation*, Annales Scientifique de l'École Normal Superieure 17, 21–86.

BAUER H. (1990) *Maß- und Integrationstheorie*, de Gruyter, Berlin.

BECHERER D. (1998) *The numeraire portfolio for unbounded semimartingales*, preprint, Technische Universität Berlin.

BILLINGSLEY P. (1968) *Convergence of Probability Measures*, J. Wiley & Sons, New York.

BINGHAM N.H., KIESEL R. (1998) *Risk-neutral Valuation: Pricing and Hedging of Financial Derivatives*, Springer, Berlin.

BLACK F., SCHOLES M. (1973) *The pricing of options and corporate liabilities*, Journal of Political Economics 81, 637–654.

CHUNG K.L., DOOB J.L. (1965) *Fields, optionality and measurability*, American Journal of Mathematics 87, 397–424.

COX J.C., HUANG C.F. (1989) *Optimal consumption and portfolio policies when asset prices follow a diffusion process*, Journal of Economic Theory 49, 33-83.

COX J.C., ROSS S.A., RUBINSTEIN M. (1979) *Option pricing: a simplified approach*, Journal of Financial Economics 7, 229–263.

DELBAEN F., SCHACHERMAYER W. (1994) *A general version of the fundamental theorem of asset pricing*, Mathematische Annalen 300, 463–520.

FLEMING W.H., RISHEL R.W. (1975) *Deterministic and Stochastic OptimalControl*, Springer , Berlin.

FLEMING W.H., SONER M.H. (1993) *Controlled Markov Processes and Viscosity Solutions* , Springer , Berlin.

FÖLLMER H., SCHWEIZER M. (1991) *Hedging of contingent claims under incomplete information*, in: *Applied Stochastic Analysis* (Hrsg.: M.H.A Davis und R.J. Elliott), *Stochastics Monographs* 5, 389-414, Gordon & Breach, New York.

FÖLLMER H., SONDERMANN D. (1986) *Hedging of non-redundant claims*, in: *Contributions to Mathematical Economics: Essays in Honour of G. Debreu* (Hrsg.: W. Hildenbrand und A. MasColell), 205–223, North-Holland, Amsterdam.

GILL P.E., MURRAY W. (1978) *Numerically stable methods for quadratic programming*, Mathematical Programming 14, 349–372.

GOLDFARB D., IDNANI A. (1983) *A numerically stable dual method for solving strictly convex quadratic programs*, Mathematical Programming 27, 1–33.

GRÜNEWALD B. (1998) *Absicherungsstrategien für Optionen bei Kurssprüngen*, Gabler Verlag, Wiesbaden.

HARRISON J.M., PLISKA S.R. (1981) *Martingales and stochastic integrals in the theory of continuous trading*, Stochastic Processes and Applications 11, 215–260.

HARRISON J.M., PLISKA S.R. (1983) *A stochastic calculus model of continuous trading: Complete markets*, Stochastic Processes and Their Applications 15, 313–316.

HELLWIG K. (1987) *Bewertung von Ressourcen*, Physica Verlag, Heidelberg.

HENZE N. (1999) *Stochastik für Einsteiger*, 2. Auflage, Vieweg Verlag, Braunschweig/Wiesbaden.

HULL J. (1993) *Introduction to Futures and Options Markets*, Prentice Hall, Englewood Cliffs.

IRLE A. (1998) *Finanzmathematik*, Teubner, Stuttgart.

JAILLET P., LAMBERTON D., LAPEYRE B. (1990) *Variational inequalities and the pricing of American options*, Acta Applicandae Mathematica 21, 263–289.

JARROW R., TURNBULL S. (1996) *Derivative Securities*, South-Western College Publishing, Cincinnati.

KARATZAS I., LEHOCZKY J.P., SHREVE S.E. (1987) *Optimal portfolio and consumption decisions for a "small investor" on a finite horizon*, SIAM Journal on Control and Optimization 27, 1157 – 1186.

KARATZAS I., SHREVE S.E. (1991) *Brownian Motion and Stochastic Calculus*, Springer, New York.

KARATZAS I., SHREVE S.E. (1998) *Methods of Mathematical Finance*, Springer, New York.

KORN R. (1997) *Optimal Portfolios*, World Scientific, Singapore.

KORN R. (1998) *Value preserving portfolio strategies and the minimal martingale measure*, Mathematical Methods of Operations Research 47(2), 169-179.

KORN R., TRAUTMANN S. (1998) *Optimal control of option portfolios*, Berichte zur Stochastik und verwandte Gebiete 98-4, Fachbereich Mathematik, Johannes Gutenberg-Universität Mainz, erscheint in: OR-Spektrum.

KRENGEL U. (1998) *Einführung in die Wahrscheinlichkeitstheorie und Statistik*, vieweg studium - Aufbaukurs Mathematik, 4. Auflage, Braunschweig/Wiesbaden.

KRYLOV N. (1980) *Controlled Diffusion Processes*, Springer, Berlin.

LAMBERTON D., LAPEYRE B. (1996) *Introduction to Stochastic Calculus Applied to Finance*, Chapman and Hall, London.

LONG J.B. (1990) *The numeraire portfolio*, Journal of Financial Economics 26, 29-69.

MARKOWITZ H. (1952) *Portfolio selection*, Journal of Finance 7, 77–91.

MERTON R.C. (1969) Lifetime portfolio selection under uncertainty: the continuous case, Reviews of Economical Statistics 51, 247–257.

MERTON R.C. (1971) Optimum consumption and portfolio rules in a continuous time model, Journal of Economic Theory 3, 373–413.

MERTON R.C. (1990) Continuous-Time Finance, Blackwell, Cambridge MA.

MUSIELA M., RUTKOWSKI M. (1997) Martingale Methods in Financial Modelling, Springer, Berlin.

MYNENI R. (1992) *The pricing of the American Option*, Annals of Applied Probabiltiy 2, 1–23.

ØKSENDAL B. (1992) *Stochastic Differential Equations*, 3rd edition, Springer, Berlin.

PETROV V.V. (1995) *Limit Theorems of Probability Theory: Sequences of independent random variables*, Oxford University Press.

PLISKA S.R. (1986) *A stochastic calculus model of continuous trading: Optimal portfolios*, Mathematics of Operations Research 11, 371–382.

REVUZ D., YOR M. (1991) *Continuous Martingales and Brownian Motion*, Springer, Berlin.

ROGERS L.C.G., STAPLETON E.S. (1998) *Fast accurate binomial pricing*, Finance and Stochastics 2, 3–18.

ROGERS L.C.G., WILLIAMS D.W. (1987) *Diffusions, Markov Processes and Martingales , Volume II,* Wiley, Chichester.

RUBINSTEIN R.Y. (1981) *Simulation and the Monte-Carlo Method*, Wiley, New York.

SCHMITZ N. (1996) *Vorlesungen über Wahrscheinlichkeitstheorie*, Teubner, Stuttgart.

SCHWEIZER M. (1992) *Mean-variance hedging for general claims*, Annals of Applied Probability 2, 171–179.

TIETZE J. (1996) *Einführung in die Finanzmathematik*, Vieweg, Braunschweig/Wiesbaden.

VON WEIZSÄCKER H., WINKLER G. (1990) *Stochastic Integrals*, Advanced Lectures in Mathematics, Vieweg, Braunschweig/Wiesbaden.

WIENER , N. (1923) *Differential space*, Journal of Mathematical Physics 2, 131-174.

WIESEMANN T. (1995) *Wertorientiertes Portfoliomanagement : Ein Modell zur intertemporalen Portfoliowerterhaltung* , Dissertation, Universität Ulm.

WILMOTT P., DEWYNNE J.N., HOWISON S.D. (1993) *Option Pricing: Mathematical Models and Computation* , Oxford Financial Press, Oxford.

WILMOTT P., DEWYNNE J.N., HOWISON S.D. (1995) *Mathematics of Financial Derivatives*, Cambridge University Press, Cambridge.

ZHANG P.G. (1997) *Exotic Options*, World Scientific, Singapore.

Stichwortverzeichnis